图 1-8

图 1-8　应用于橡胶工业的机器人实例

图 5-12 双星轮胎智能硫化生产线

图 5-16 科捷龙门机器人把轮胎成品装入钢托盘，准备送入立体仓库

A Research Report on Intelligent Manufacturing in the Rubber Industry

橡胶工业智能制造研究报告

范仁德　等 编著

化学工业出版社

·北京·

内容简介

　　智能制造是制造业转型升级的必然选择，是国家重大发展战略。橡胶工业推行智能制造取得了长足进展。本书用各种实际案例，从多个角度来介绍中国橡胶工业智能制造取得的成绩以及存在的不足，剖析了影响企业智能制造发展的原因，最后从橡胶新材料、智能产品、智能装备、智能产线、智能车间等方面给出了中国橡胶工业智能制造的途径。

　　本书可为广大橡胶行业企业开展数字化转型、落地智能制造场景提供具体指引，也希望对关心中国橡胶工业智能制造的企业和个人能够有所帮助。

图书在版编目（CIP）数据

橡胶工业智能制造研究报告 / 范仁德等编著. —北京：
化学工业出版社，2023.6
ISBN 978-7-122-42969-8

Ⅰ.①橡… Ⅱ.①范… Ⅲ.①橡胶工业-智能制造系统-
研究报告 Ⅳ.①TQ33

中国国家版本馆 CIP 数据核字（2023）第 029717 号

责任编辑：赵卫娟　宋向雁　　　　　　　　　　　装帧设计：王晓宇
责任校对：宋　玮

出版发行：化学工业出版社（北京市东城区青年湖南街 13 号　邮政编码 100011）
印　　装：北京建宏印刷有限公司
710mm×1000mm　1/16　印张 19½　彩插 2　字数 359 千字　2023 年 4 月北京第 1 版第 1 次印刷

购书咨询：010-64518888　　　　　　　　　　　　售后服务：010-64518899
网　　址：http://www.cip.com.cn
凡购买本书，如有缺损质量问题，本社销售中心负责调换。

定　　价：198.00 元　　　　　　　　　　　　　　版权所有　违者必究

范仁德先生是橡胶行业受人尊敬的学术型老领导、老专家，几十年来，不仅在管理岗位指导行业发展，还以敏锐的专家眼光，始终关注行业前沿领域，跟进国内外技术发展方向，不断在新材料、新技术、新装备等方面引导行业技术进步。

十几年前，范老就特别重视橡胶行业绿色发展，关注新材料在橡胶行业绿色低碳发展中的作用，并以杜仲橡胶为重点推动生物基材料在橡胶行业的开发和应用。目前国内杜仲橡胶、蒲公英橡胶等生物基天然橡胶的开发应用已经取得了初步成果，杜仲橡胶在医用、体育防护用品、制鞋领域和轮胎领域等已经开始应用，在防腐涂料领域的应用也取得重要进展；蒲公英橡胶从高品质育种到经济种植再到绿色提取，已经实现了与国际并跑，并开始走上了全产业链综合开发道路，前途逾见光明。

早在 20 世纪 80 年代末，国外就提出了智能制造的概念，2013 年德国正式推出"工业 4.0"，智能制造作为国家战略开始受到各国的关注，我国也适时发布了《智能制造发展规划（2016—2020 年）》《"十四五"智能制造发展规划》。范老在 10 年前就开始关注智能制造，并敏锐地体会到智能制造是抢占未来经济和科技发展制高点的战略选择，对推动我国制造业供给侧结构性改革，打造我国制造业竞争新优势，实现制造强国具有重要的战略意义。为此，近十几年来，范老一直关注智能制造的发展动向，致力于推动智能制造在橡胶行业中的发展与应用。

这十几年来，范老不断潜心研究，在行业会议、刊物上发表了大量的论述，涵盖推动机器人在轮胎等橡胶制品工厂的应用、工业和信息化融合、电子商务与工业互联网发展、精益生产和智能制造、新工业革命时期橡胶工业的创新发展、前沿科技对橡胶行业的影响、数字化转型、理念创新与智能制造、绿色智能制造等方面，较为全面覆盖了智能制造的各个方面，对我国橡胶工业借智能制造之势从大国向强国发展起到了积极的推动作用。

这些论述，也使范老在橡胶工业智能化发展方面逐步形成了完整的思路。本书较为全面地阐述了智能制造的理念和内容、发展历程、国家战略和政策支撑等，多方位总结了橡胶工业的技术进步和智能制造的重大进展、橡胶工业强国战略等，是范老这么多年推动橡胶工业智能化发展研究和实践的结晶，对橡胶界的企业家、管理者、科技工作者等均有重要的参考价值。

　　未来橡胶工业的发展，应高度契合国家提出的"双碳"目标要求，并逐步向智能化方向发展。做强中国橡胶工业，要有国际化视野和勇于创新的精神，更要靠全体橡胶人的共同努力和拼搏，而范老这样毕生致力于推动橡胶工业技术进步的前辈，给后人树立了榜样。未来是光明的，希望中国橡胶界产、学、研携手并进，共创橡胶工业强国的宏伟蓝图。

2022 年 10 月

（中国工程院院士、华南理工大学校长　张立群教授）

范仁德先生长期致力于中国橡胶工业的发展，为中国橡胶工业做大、做强，再到转型升级，倾注了个人大量的心血，为行业的发展作出了巨大贡献，也为中国橡胶工业的未来发展奠定了很好的基础。

智能制造不仅仅是橡胶行业，更是中国制造业转型升级、实现高质量发展的必然选择。本书从全球智能制造发展格局、中国推进智能制造的产业基础、经济需求、行业特性、关键路径选择等方面展开了详尽的、系统化的阐述，为广大橡胶行业企业开展数字化转型、落地智能制造场景提供了具体指引。我作为一名长期奋战在橡胶工业一线的工作者，看到这样一本针对橡胶行业智能制造的专著很欣喜，相信大家也会在本书中有很多收获。

数字化、网络化、智能化是制造业转型的主线。在橡胶行业，面临着流程制造和离散制造交互运行的混合制造模式，推进智能制造的复杂度、难度会比想象的更难，这个过程会付出更多的产业智慧。橡胶轮胎作为安全产品，品质是第一位的，我们寄希望于通过大数据、人工智能、机器视觉等技术代替人的重复性工作，减少人对关键环节的质量影响，发现人的知识或经验难以发现的缺陷；同时寄希望于通过混合现实、数字孪生等技术增强人机交互性能，降低设备的运维难度，保证生产制造过程的平稳、顺畅；在"双碳"目标的引导下，橡胶轮胎行业也必须从绿色、安全角度出发，从原材料、生产过程、制成品及后处理等环节研究低碳技术，为人们的美好生活贡献橡胶人的力量。就如何做好一条好轮胎而言，除了生产工艺，还需要研究橡胶材料，只有一流的材料、一流的工艺保障，才可能生产出高品质的橡胶轮胎产品。

展望未来，在橡胶产业的智能化升级、企业的智能技术研究及落地过程中会有更多的新技术、新成果。虽然我们已经制定了行业的智能制造路线图，但每个企业的智能化实现路径是各具特色的，没有完全可复制的方法。智能化的路径要与企业的管理理念、生产模式等融合才能发挥最大的效用，要有耐心去坚持、要用智能化去激发产业智慧，找到最适合的智能化升级节奏和方法。

　　本书中有很多橡胶工业领域的智能制造经验，相信会对我们未来的工作有很多有益的借鉴。未来虽会有很多掣肘行业智能化发展的困难，但仍希望所有的橡胶人共同努力，贡献集体智慧，共同推进行业的高质量发展。

　　范仁德先生作为青岛科技大学（原山东化工学院）的老学长，在耄耋之年，仍然在为行业的发展殚精竭虑、辛勤耕耘，是行业后人所敬仰和学习的楷模。在其新书即将付梓之际，仅表示衷心祝贺，也希望这本书的出版能够激励行业同仁为建设橡胶强国而持续努力。

2022 年 10 月

（中国橡胶工业协会主席团企业执行主席、
赛轮集团股份有限公司董事长、
国家橡胶与轮胎工程技术研究中心主任
袁仲雪教授）

当知道我的老领导、协会的老会长范仁德先生要在八十高龄还要为行业出一本书，系统地介绍橡胶工业智能制造时，内心既敬佩又感动。敬佩老先生这一生无怨无悔地奋斗在橡胶行业，孜孜以求，为中国橡胶工业的发展出谋划策，尽心尽力；感动老先生这一生不负光阴，以解决行业发展热点难点问题为己任，不断求索，成为行业里"活到老学到老"的典范。

想想一转眼与范老先生认识竟有 28 年。1994 年我刚从青岛化工学院毕业，分配到范老先生负责的部门咨询合作部工作，在为国内外橡胶企业提供信息咨询和相关业务交流合作中发现范老先生对国际上的先进技术、先进产品、先进装备尤其感兴趣，而且有敏锐的鉴别力。很多优秀的外资企业就是那时在范老先生的介绍下进入中国市场，给中国橡胶行业带来了新鲜血液。我清晰地记得当时中国鲜有企业生产聚酯线绳三角带，范老先生那个时候就指出中国三角带的未来发展方向是聚酯线绳化；我还记得他在全行业推广芳纶纤维的使用，推广动态脱硫罐。范老先生在工作中对自己要求十分严格，不断学习各种橡胶专业知识，这对我触动很大。和他一起去工厂参观的时候，企业人员都对他非常尊敬，因为他总能够帮助企业找出问题，并给出合理化的建议。他的专业和敬业精神至今仍深深地影响着我。

范老先生 2012 年从协会会长职务退下来后，他主动请缨，潜心研究，组织行业专家编写了《中国橡胶工业强国战略研究》。这次出版的《橡胶工业智能制造研究报告》是他近十年来对中国橡胶工业智能制造的心得体会。书中系统地介绍了智能制造的概念、理论基础、系统框架、关键技术，提出了数字化是智能制造的基础，企业数字化转型的要点，以及网络平台化、工业互联网如何支撑智能制造，强调了精益生产与智能制造是相辅相成的关系。范老先生还站在橡胶强国战略的角度指出智能制造对中国橡胶工业转型发展的重要性，用各种实际案例从多个角度、各个专业来介绍中国橡胶工业智能制造取得的成绩以及存在的不足，剖析了影响企业智能制造发展的原因，最后从橡胶新材料、智能产品、智能装备、智能产线、智能车间等 18 个方面给出了中国橡胶工业智能制造的途径。书中内容紧跟时代步伐，讲解深入浅出，涉及机器人及元宇宙等众多热点问题。

　　本书不但对橡胶行业从业人员来说是一本很好的参考书，而且对关心中国橡胶工业智能制造的企业和个人也很有启发。希望本书能给读者带来收获，也希望全行业能把智能制造作为中国橡胶行业转型升级的重大契机和抓手，助力实现中国橡胶工业强国的梦想。

徐文英

2022 年 10 月

（中国橡胶工业协会会长　徐文英）

2012年10月我卸任中国橡胶工业协会会长时，曾出版了汇集我的论文、报告、访谈的《橡胶强国路径之求索》一书，以此作为我职业生涯的初步总结，其中已初步涉及智能制造有关概念和技术。我深深感到智能制造是传统橡胶工业转型升级、建设橡胶工业强国的金钥匙，开始对此抱有极大的兴趣，下决心继续求索下去。

光阴荏苒，在过去的10多年中，我致力于推动橡胶工业智能制造、建设橡胶工业强国的工作，并做了大量的调查研究。2014年组织和主编了《中国橡胶工业强国发展战略研究》一书并出版，促进了橡胶工业智能制造的进展，也不断加深了对智能制造的认识。

我大学的专业是橡胶工艺，在推动橡胶工业智能制造发展的过程中，深切体会到仅仅局限于橡胶专业知识和思维是远远不够的，所以开始学习信息化、互联网、智能制造等前沿科技。特别是疫情期间，反复学习了一系列的经典著作，包括美国杰里米·里夫金的《第三次工业革命》、德国克劳斯·施瓦布的《第四次工业革命》、美国凯文·凯利的《必然》，还有《工业4.0》《工业4.0驱动下的制造业数字化转型》《平台战略》《平台转型》等。我经常参加国家有关部门组织的关于智能制造、工业互联网等会议，领会国家关于制造业转型发展的方针政策。深深感到国家推动工业互联网的战略决策是高瞻远瞩的，数字转型、智能升级、创新融合是建设橡胶工业强国的必由之路。同时结合橡胶工业的实际，进行了调查研究和实践，与企业家、IT专家以及橡胶工程师深入交流、探讨，并撰写了大量关于橡胶工业智能制造的研究报告，通过多种方式宣传和实践，期望加快建设橡胶工业强国的步伐。

本书是在自己10多年对智能制造进行学习、研究、交流和实践基础上的全面总结。在本书编排过程中，删除了大部分重复的内容，但出于阐述论点的需要，仍有少量保留，敬请读者知悉。例如本书中关于"中国橡胶工业强国发展战略研究"的总述就引自2014年出版的《中国橡胶工业强国发展战略研究》，该研究具有高度的战略视角，拉开了中国橡胶工业智能制造的序幕，而且不断推动智能制造向更深、更广、更具体的方向发展，现在中国橡胶工业智能制造已经由战略转向战术纵深推进。本书列举的"十四五"重大橡胶工业智能制造项目，就具有战术性特点。

本书第 4 章"MES 在轮胎工业上的应用与实践"特邀青岛弯弓信息技术有限公司总经理焦清国高级工程师撰写。焦总及其团队专注"轮胎制造业智慧工厂"建设，致力于 MES 在轮胎工业上的应用与实践，参与了国家有关 MES 的标准起草，拥有多项专利，成果斐然，获奖颇多。在此感谢焦总的支持与协助。

智能制造博大精深，我虽然一直努力学习研究，但常深感力不从心，如书中有不足之处，敬请指教。

另外，在本书的撰写过程中，得到了中国橡胶工业协会徐文英会长、雷昌纯副会长兼秘书长的大力支持，同时杨宏辉副秘书长做了大量书稿编辑整理工作，在此表示衷心的感谢。

范仁德

2022 年 9 月 8 日于北京

目录

第 4 章 MES 在轮胎工业上的应用与实践

第 5 章 橡胶工业智能制造的方向、路径及措施 232

第 **1** 章

智能制造的概念及技术

1.1 智能制造的定义

1.1.1 国际上关于智能制造的概念

1988 年，美国的怀特（P. K. Wright）和布恩（D. A. Bourne）在出版的 *Manufacturing Intelligence* 一书中首次提出"智能制造"的概念，指出：智能制造是通过集成知识工程、制造软件系统、机器视觉和机器控制，对制造技术人员的技能和专家知识进行建模，以使智能机器在没有人工干预的情况下进行生产。美国 1992 年实施旨在促进传统工业升级和培育新兴产业的新技术政策，其中涉及信息技术和新制造工艺、智能制造技术等。

日本工业界在 1989 年正式提出"智能制造系统国际合作计划"，是当时全球制造领域内规模最大的一项国际合作研究计划。

2013 年，德国在汉诺威工业博览会上正式推出旨在提高德国工业竞争力的"工业 4.0"，智能制造作为国家战略开始受到全球各国的关注。从德国"工业 4.0"的相关文献看，其战略核心是智能制造技术和智能生产模式，旨在通过"物联网"和"务（服务）联网"两类网络，把产品、机器、资源、人有机联系在一起，构建信息物理融合系统（CPS），实现产品全生命周期和全制造流程的数字化以及基于信息通信技术的端对端集成，从而形成一个高度灵活（柔性、可重构）、个性化、数字化、网络化的产品与服务生产模式。

美国、日本、德国是智能制造的先行者。

1.1.2 我国关于智能制造的定义

对于智能制造的定义，各个国家有不同的表述。我国工业和信息化部在《智能制造发展规划（2016—2020 年）》中，将智能制造定义为：基于新一代信息通信技术与先进制造技术深度融合，贯穿于设计、生产、管理、服务等制造活动的各个环节，具有自感知、自学习、自决策、自执行、自适应等功能的新型生产方式。

加快发展智能制造，是培育我国经济增长新动能的必由之路，是抢占未来经济和科技发展制高点的战略选择，对于推动我国制造业供给侧结构性改革，打造我国制造业竞争新优势，实现制造强国具有重要战略意义。智能制造是制造强国建设的主攻方向，其发展程度直接关乎我国制造业质量水平。2021 年 12 月，工业和信息化部等八部门联合印发了《"十四五"智能制造发展规划》，从任务、路径等多维度给出了发展指引。

1.2 智能制造的理念

在对企业进行橡胶工业智能制造调研的过程中发现，影响企业智能制造的因素中，具体技术不是首要的，创新思维才是最重要的，它是橡胶工业智能制造的前提。

创新思维包含各种新理念，甚至有的理念可以上升为理论。理论是实践的指导，创新思维是智能制造的前提。很多智能制造的案例说明，具有创新思维的企业家在推行智能制造的过程中一马当先，成为智能制造的先行者，取得显著成果。与智能制造有关的新理念和理论很多，例如创新理念、精益理念、跨界融合理念、平台经济理念、使用共享理念、循环经济理念、绿色生态理念、人本智造理念、弯道超车理念等。通过对各种新理念的学习和橡胶工业的调研，论述如下。

1.2.1 创新理念

经过多年努力，我国创新能力和科技水平明显提高，正在由过去的"跟跑为主"逐步转向"在更多领域中并跑、领跑"。但从总体上看，创新能力依然是我国经济社会发展的一大短板，关键核心技术受制于人的局面尚未根本改变，互联网核心技术、芯片制造等领域被人"卡脖子"的现象时有发生。面对人口、资源、环境等方面越来越大的压力，拼投资、拼资源、拼环境的老路已经走不通。

路在何方？就在创新这个第一动力上，在加快以创新驱动发展为主的转变上。正是基于对创新与发展关系的深刻把握，党的十八届五中全会明确了创新、协调、绿色、开放、共享的新发展理念，党中央把科技创新摆在国家发展全局的核心位置。创新就是生产力，企业赖之以强，国家赖之以盛。创新是引领发展的第一动力。

经济学上，创新概念来源于美籍经济学家约瑟夫·熊彼特在 1912 年出版的《经济发展理论》。熊彼特在其著作中提出：创新是指把一种新的生产要素和生产条件的"新结合"引入生产体系。它包括 5 种情况：引入一种新产品、引入一种新的生产方法、开辟一个新的市场、获得原材料或半成品的一种新的供应来源、新的组织形式。熊彼特的创新概念包含的范围很广，如涉及技术性变化的创新及非技术性变化的组织创新。

20 世纪 90 年代初期哈佛商学院克莱顿·克里斯坦森在《创新者的窘境》一书中提出了破坏性创新或者颠覆性创新的概念。他给出了一个看似悖谬、实则合理的结论——良好的管理导致了这些企业的颓败，往日的成绩成了创新的绊脚石。这个结论把原来的概念都颠覆了。

100 多年来，关于创新的理论不断发展和完善，特别是进入信息社会以来，把"技术创新"提高到创新的主导地位。

美国迈尔斯（S. Myers）和马奎斯（D.G. Marquis）在其 1969 年的研究报告《成功的工业创新》中，将创新定义为技术变革的集合。认为技术创新是一个复杂的活动过程，从新思想、新概念开始，通过不断地解决各种问题，最终使一个有经济价值和社会价值的新项目得到实际的成功应用。

信息通信技术的融合与发展推动了社会形态的变革，催生了知识社会，使得传统实验室边界逐步"融化"，进一步推动了科技创新模式的嬗变，产生了创新 2.0 模式。创新 2.0 模式以用户创新、大众创新、开放创新、共同创新为特点，强化用户参与、创新民主化。

要利用创新 2.0 模式推进橡胶工业智能制造发展。创新 2.0 模式反映了信息技术发展所推动知识社会逐步形成的过程中，创新形态由精英创新向用户创新、大众创新，从封闭创新到开放创新的转变。创新 2.0 模式也被认为是知识 2.0 模式、技术 2.0 模式、管理 2.0 模式互动形成的产物。创新 2.0 模式可以给橡胶工业创新带来新的思维和新的模式，产生新的效果。

1.2.2　精益理念

（1）精益是智能制造的理论基础

精益是一种不断改善经营效率，发挥资源（包括核心的人）的能动性力量，持续学习、不断改善，让企业不断提升竞争能力的过程。例如，消除浪费就是一种对资源的最大化利用、发挥成本效率的途径，最终去实现经营的利润率最大化。

精益对生产活动中的过度生产、等待、运输、过度加工、库存、缺陷返工、走动、人才浪费进行了聚焦，并提出了诸多的方法消除不利因素。这些问题与生产制造单元的经营目标紧密相关。精益为智能制造提供了各种量化方法、工具，例如关键绩效指标（KPI）、设备综合效率（OEE）、全面设备管理（TPM）、根本原因分析（RCA）、5S、目视化管理、看板等，这使得工厂成了一个可以被量化、可视化、透明化的工厂，一切都服务于质量、成本与交付能力等经营目标。

表 1-1 是对智能工厂的性能指标定义，它事实上是基于精益的可量化而定义的，这些是数字化运营、智能制造、工业 4.0 等所有概念必须去实现的目标。

表 1-1　智能工厂的性能指标定义

智能工厂能力	能力分解	性能尺度
生产率	产出	在规定的时间周期内机械设备、生产线车间或工厂制造的产品
	设备综合效率（OEE）	设备综合效率=可用性+性能+质量
	材料/能源效率	生产所规定产品或规定数量产品，所要求的材料/能源（电力、蒸汽、油、燃气等）
	劳动生产率	生产单位产品的工时
敏捷性	对变化的响应	由一种产品转产另一种产品的切换时间、新品导入率、工程改变序列循环时间
	及时交货	按计划完整交货时间的百分比
	故障排除	相对于运行时间的故障排除时间
质量	产品质量	产量，客户拒收/召回，材料核准/召回
	创新	产品的创新性
	多样性	产品系列/变型产品，每种产品的可选项，个性化选项
	客户服务	客户对所服务的评述
可持续性	产品	可回收性能，能效，产品使用的年限和可再制造性能
	流程	一次能源的使用，气体排放的环保性能
	物流	运输燃料的使用率，制冷能源的使用率

（2）自动化的角色

传统上，站在自动化行业的角度理解自动化，就是传感器检测、控制循环、显示、趋势报警。然而，当把自动化放在智能制造的大环境下，会发现它扮演的角色是服务于运营本质的。

① 确保效率　为什么要自动化？从传统离散的制造生产运营而言，采用人工搬运、加工的过程显然与机器的速度无法相比，尤其是智能制造的集成生产，将继续削减中间不必要的环节——精益中所定义的不增值环节。事实上，连续型生

产的自动化程度要更高。

② 确保生产质量　高精度的伺服定位与同步、机器人集成制造，使得产品质量及其一致性不断提高，这些都是机器相较于人而言更为重要的作用。

③ 提供生产灵活性　运动控制不仅提供了高精度的加工质量，而且还确保了生产的柔性。就像在各种机器上，运动控制扮演了让生产更为灵活的角色，通过参数设置，伺服系统自己规划加工曲线，确保平滑的工艺切换。

④ 提供上行数据采集与下行指令执行　自动化系统还扮演了精益的可视化管理角色，包括趋势、报警，也包括生产中的能源、维护、品质数据向管理系统的输送，接受来自管理系统的指令，如新的订单加工参数、工序等。

（3）数字化/信息化的角色

自动化已经让标准化的大规模生产达到了极高的水平，但是，当生产的个性化需求变得越来越多的时候就产生了新的挑战，从精益角度来看，质量、成本与交付都成了困难。用几个例子来说明：

① 不良品率　当生产批次变小时，开机浪费将提高不良品率，使得质量实际下降。

② 成本　当不良品率提高，成本显然也会提高。个性化生产带来的工艺切换时间造成成本上升，死机造成成本损耗。而从个性化产品成本计量的角度，必须将成本分配在每个批次的产品上，那么这个生产计划中的能耗、机器效率就变得更为重要，因为其显著提高了成本。

③ 交付能力　工艺切换的时间消耗、死机、返工这种在大批量生产中已经具有非常成熟的解决方案的问题，在个性化时代就会放大，使得交付能力显著下降。

从这个角度来观察生产制造的要求就会发现，着眼全局来优化产线成为必然。例如：如何让生产运营过程产生最大的协同来消除中间的时间、能耗等浪费；当有设备停机时产线如何自动分配负载；在批次降低、质量迭代周期变小时如何削减开机浪费；如何降低工艺切换的时间耗费以达成快速交付。

智能制造必须借助信息的透明来分析问题，数据连接起来才能全景观察生产线，才能寻找运营的优化。

而制造级的数据采集由于垂直行业的差异性一直是一个挑战。事实上，在最近几年运营智能制造的项目中这一问题也比较突出，造成了很大的障碍。OPC UA接口协议解决了以下几个问题：共享数据模型使得数据对象变得简单，可以较为便利的方式对数据进行采集；语义互操作使得跨平台的系统之间可以进行数据基于标准与规范的交互；垂直行业信息模型的集成为垂直方向提供了数据便利。

（4）智能化——全局优化与决策支持

为了便于自动化行业不同厂家的设备和应用程序能相互交换数据，定义了一个统一的接口函数，就是 OPC〔OLE（object linking and embedding）for process control]协议规范。OPC是基于Windows COM/DOM的技术，可以使用统一的方式去访问不同设备厂商的产品数据。简单来说，OPC就是为了用于设备和软件之间的交换数据。

近些年，OPC基金会在之前OPC成功应用的基础上推出了一个新的OPC标准——OPC UA。OPC UA实质上是一种抽象的框架，是一个多层架构，其每一层完全是从相邻层抽象而来。这些层定义了线路上的各种通信协议，以及能否安全地编码/解码包含数据、数据类型定义等内容的信息。利用这一核心服务和数据类型框架，人们可以在其基础上（继承）轻松添加更多功能。

自动化建立在对单个控制任务的调节上，即使多变量系统通常也是在一台机器、一个子系统（如炼化、制药过程）中，而生产的全局优化要在更高维度，这个时候，计算能力、模型能力已经超出了目前的机理模型。

图1-1描绘了从精益到智能的全局过程，包括数据采集、信息处理、全局利用直到最终的自主学习能力。

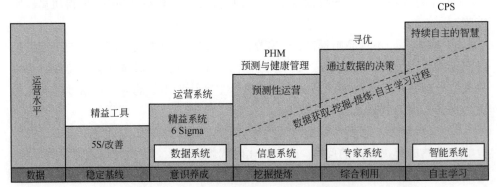

图1-1 从精益到智能运营的几个层级
来自优也工业大数据傅源（前Mckinsey全球副董事）

智能化是必须建立在精益运营、自动化、信息化之上的全局优化过程，通过更为全局的模型，对市场端的需求拉动、工艺设计与辅助制造、供应链（除了传统意义上的供应链还包括智能电网、物流）、生产制造环节、运营维护的全面协同，形成了整体的由设备状态、生产订单、能源消耗、财务成本等共同构成的"寻优"，并给予运营"决策支持"。

1.2.3 跨界融合理念

跨界是指跨越原来的领域划分或产业分类的界限，融合是指不同领域或产业在相互渗透中形成新的产业模式。不同行业或各个领域间不断相互融合，使彼此间界限变得愈来愈模糊，交叉互动愈来愈普遍。跨界融合创造了新的发展空间，催生了新业态、新模式、新路径。

世界著名科技杂志《连线》创始主编凯文·凯利（Kevin Kelly，美国），在其著作《必然》中以"重混"（remixing）一词揭示了跨界融合的真谛，认为真正可持续的经济增长并非源于新资源的发现和利用，而是源于将已有的资源重新安排后使其产生更大的价值。增长来源于重混，"所有的新技术都源自已有技术的组合"，现代技术是早期原始技术经过重新安排和混合而成的合成品。将数百种简单技术与数十万种更为复杂的技术进行组合，就会有无数种可能的新技术，而它们都是重混的产物。我们正处在一个盛产重混产品的时期。

当前，科技革命如火如荼，科技创新日新月异，以移动互联网、物联网、大数据、云计算、区块链等为代表的前沿技术与其他行业的跨界融合，达到了前所未有的深度和广度，推动了社会经济的发展，颠覆了过去传统产业的发展模式，促进了天翻地覆的产业转型升级。跨界融合成为势不可挡的潮流。我国提出的工业化和信息化"两化"融合，以及"互联网+"是基于跨界融合的促进社会经济发展的重大战略举措。这些前沿科技不仅成为橡胶工业发展的重要新引擎，其快速发展也高度契合了橡胶工业强国建设的要求，是橡胶工业发展的重要条件。跨界融合更是成为改造传统橡胶工业、促进企业创新和技术进步的重要途径。在互联网新时代，首先要有创新思维，观念转型，即由单元的专业思维转变为跨学科思维，由单科到多科转变，达到学科交叉融合和协同创新，以及由封闭的行业思维到跨界融合转变。

信息化将信息技术、网络技术、现代管理与制造技术相结合，带动了技术研发过程创新和产品设计方法与工具的创新、管理模式和制造模式的创新，实现产品的数字化设计、网络化制造和敏捷制造，快速响应市场变化和客户需求，全面提升制造业发展水平。

目前橡胶工业"两化"融合程度相对较低，低端 CAD 软件和企业管理软件得到普及，但应用于各类复杂产品设计和企业管理的智能化高端软件产品缺失。大多数企业在生产制造过程中一定程度地应用了自动化技术，但应用于提高产品质量、实现节能减排、提高劳动生产率的智能化技术严重缺乏。同时，信息技术和相关软件产品与制造工艺技术融合不够。很多软件公司与橡胶企业结合，开发了多种企业内外部各层次、各部门资源信息管理需要的平台。其中，企业资源管理（ERP）和产品生命周期管理（PLM）等软件已在企业推行，取得了一定效果，特别是在轮胎生产和销售领域已经有 30 多家轮胎企业和众多的轮胎经销商、零售商开始应用。但据调查估计，目前我国橡胶加工企业信息化水平较低，信息化项目（如 ERP、PLM 等软件）覆盖率和企业覆盖率均在 30%左右，而且各个平台之间衔接效果较差。轮胎企业制造执行系统（MES）实现了企业、工厂、车间、工序、机台、销售、物流、市场信息化的集成管理和控制，创造了轮胎产业的一种新型管理模式，已在部分轮胎厂推行，提高了企业工艺控制水平和生产效率，但尚需进一步扩大推广和提高。

要推行智能制造，橡胶工业技术必须与互联网等前沿科技深度融合，工业互联网需要信息技术（IT）与操作技术（OT）要素的全面融合，建设橡胶工业互联网，培养跨界人才，开发具有颠覆性和创新的橡胶产品、工艺技术、设备、原材料以及操作软件等。

1.2.4 平台经济理念

平台经济是以互联网平台为主要载体，以数据为关键生产要素，以新一代信息技术为核心驱动力，以网络信息基础设施为重要支撑的新型经济形态。

近年来，我国平台经济快速发展，在经济社会发展全局中的地位和作用日益凸显。要坚持以习近平新时代中国特色社会主义思想为指导，全面贯彻党的十九大和十九届历次全会精神，深入落实党中央、国务院决策部署，立足新发展阶段、贯彻新发展理念、构建新发展格局，推动高质量发展。从构筑国家竞争新优势的战略高度出发，坚持发展和规范并重，坚持"两个毫不动摇"，遵循市场规律，着眼长远、兼顾当前，补齐短板、强化弱项，适应平台经济发展规律，建立健全规则制度，优化平台经济发展环境。

过去几年，工业互联网在全球范围内加速兴起和发展，引发信息技术与制造技术加速融合创新，并驱动制造业智能化发展。随着工业互联网走向应用部署，工业互联网平台作为工业数据集成与工业应用创新的重要载体，正在成为新工业革命时期产业竞争的核心。

平台模式概念并非近代才出现，历史上也曾不断被利用，是人类社会有效的商业策略，古代欧洲的"集市"或者中国的"农贸市场"就是最好的例子。

概括地说，平台商业模式是指连接两个（或更多）特定群体，为他们提供互动体制，满足所有群体的要求，并巧妙地从中盈利的商业模式。

平台经济的最主要特征简要来说包括以下几点：

第一，规模经济。所谓长尾效应，其基本特征就是在平台建立起来后，再增加新的服务规模，不会大幅度增加其边际成本，较高的产量对应较低的平均成本。这样就使得规模非常容易做大，而且边际成本相对较低。因此，大企业的生产率会更高，竞争力会更强。

第二，范围经济。同时生产多种产品的总成本低于分别生产各个产品的成本之和，因此，企业可以很容易去做不同的业务，特定范围的多产品企业比单一产品企业效率更高。一个平台建立起来之后，又有能力去做不同的业务，这样的现象在国内经常见到，例如一个平台既做电商又做支付等很多业务，原因就在于平台建立之后有了范围经济。

第三，网络外部性。这主要是需求端的规模经济，即消费者越多，人均使用价值就越高。网络效应的外部性大致有两类原因：一方面，更多消费者进入市场后，市场就大了，所以大家可以享受更多更好的服务；另一方面，市场扩大之后，会进一步鼓励创新，鼓励提供更多新服务和产品。

第四，双（多）边市场。平台要同时服务多边，例如，外卖平台既要面对餐馆，又要面对消费者，还要面对骑手。平台面向各方的价格结构直接影响平台企业的收入，因此，平台对一方的定价需要考虑对另一方的外部影响。

第五，大数据分析。数字平台和传统平台相比最突出的差异在于规模、速度、数据，使其可以突破时间、地点、行业的限制，成为规模巨大的服务平台。因此，数字平台在信息传送、分析、收集和使用等方面拥有巨大的优势。

平台带来的商业革命已改写了现在和未来企业的生存规则，而这股浪潮目前已经从互联网行业蔓延到其他行业之中。可以说，过去十几年是平台商业模式在互联网行业的爆发期，那么未来十年，将是平台商业模式在传统制造业转型应用上的黄金时代，将彻底颠覆传统的经济运行模式。

工业互联网将原已在企业内部运行的内网和企业间相互通信的外网均涵盖在内，成为制造企业数字化转型的关键支撑，也成为制造业智能化必需的网络环境和基础设施。智能制造与工业互联网密不可分，智能制造依靠工业互联网而实现，工业互联网扶植制造业走向智能化。大量的数据都上传到云端，使网络不堪重负。于是有了边缘计算技术，将若干底层设备的数据先行处理，再将经过"预处理"的数据上传到云端。两者集合，既可以降低企业上网成本，又可以提高安全性。

1.2.5　使用共享理念

共享经济或者资源共享是解决当今世界环境和资源问题的新途径，其核心是"共享使用，不必拥有"。随着移动互联网技术快速发展，以共享经济为代表的新型商业模式已然崛起。

共享经济是一种新型的经济发展模式，通过整合线下的闲置资源，借助一定网络平台来实现物品使用权的暂时让渡。共享经济打破了原有商业模式，实现了消费由"所有权"向"使用权"的转变。

共享经济为传统行业带来了新的发展模式，带来了经济新的增长点。越来越多的传统企业加入共享经济的行列，他们采取分享的模式去使用资源，去创新和发展。据某权威机构预测分析，2025年，我国共享经济交易额占GDP的比例可能会达到20%。

《连线》杂志创始主编、被誉为"硅谷精神教父"的科技预言家凯文·凯利

（Kevin Kelly），在其著作《必然》中阐述了他的"共享"理念。他指出，"共享"代替"拥有"将成为大势所趋，拥有资源的"使用权"比资源的"拥有权"更有价值，未来将会有更多的东西被共享，闲置资源的共享将成为大势所趋。

共享经济未来发展的八大趋势：

（1）共享主体不断换位

"互联网"时代下，商业活动的最大变化就是交易主体的融合，买家和卖家的界线不再明晰。不同于以往消费者被动地接受商品和信息的情况，今天，借助于互联网，人们不但可以主动发布自己的消费需求，轻松地找到商品；还可以从买家瞬间变成卖家，将自己闲置的物品、信息等资源有偿地共享给需要的人。

传统意义上的消费者，在今天也开始扮演着生产者、创造者和服务者的角色。共享经济使得每一个"买者"都有可能成为他人眼中的"卖者"，反之亦然。这种互联网下的新型经济模式，既能够充分满足市场多元化、个性化的需求，也使每一个人都可能成为个体企业家、消费商，真正让"大众创业，万众创新"变为现实。

（2）共享观念不断更新

共享并不是一个新概念，其内涵是随着社会的发展而不断自我更新扩展的。从某种意义上来说，人类社会就是在共享合作的基础上不断演进发展的。只不过在互联网时代下，共享经济理念被人们明确提出并得到越来越广泛的认同，成为经济新常态下一个重要的发展趋势。

对于我国经济发展来说，要想实现传统产业结构和消费方式的颠覆重构，建立起资源节约型和环境友好型的经济发展模式，共享经济就是一种必然的选择。而循环经济和环境意识的增强，再加上互联网新媒介的发展，也为这种新型经济发展模式的践行提供了条件和可能。除了观念创新，共享形式也在不断创新。共享经济理念在不同领域的渗透，必然会对这些领域的传统发展模式产生冲击。正如资深互联网趋势观察者提姆·赖利所说，传统租赁与共享经济式的租赁，将不可避免地实现融合。

（3）共享规模不断扩大

随着社交网站和在线支付等互联网业务的发展，以及移动互联网智能终端设备的普及，催生了租赁式共享经济的规模化发展。互联网的发展普及重塑了人们的思维方式和消费行为，开放、合作、共享的价值理念被越来越多的人所接受和认可。互联网时代下，共享经济彻底颠覆了传统经济学理论中内部性与外部性的关系，"使用"取代"占有"，成为人们消费的中心。

（4）共享内容不断丰富

从知识、数据、经验、资源到基础设施等内容，在互联网的推动下，共享经济的覆盖范围越来越广，内容不断丰富，并形成了四大相互联系协作的内容：海量的数据管理、移动通信、社交媒介和云计算。

例如，以海量数据管理和云计算为技术支撑，以移动互联网为媒介平台，通过汽车、交通、信息、通信等行业的协同合作，可以实现共享式租车的高效运转。这种共享租车既能满足居民日常出行需求，又实现了闲置资源的优化整合利用，大大缓解了当前城市普遍面临的交通和环境压力。

（5）共享增量不断做大

在消费型社会，特别是互联网时代，社会资源已经极大丰富，可以充分满足每个人的消费需求。因此，人们从对资源"占有"转移到了对如何最大化地整合利用资源、创造出更多价值上。通过共享，人们可以将手中闲置的资源暂时有偿转让出去，这既使社会的整体资源存量变大，又使得共享主体得到了额外收益。

（6）共享价值不断提升

总部型的传统经济模式，已经越来越无法满足市场个性化、多元化、碎片化和分散化的消费需求。而共享经济模式，依托于移动互联网、云计算、大数据以及社交网络等技术和平台，实现了超越时间和空间限制的资源信息沟通和分享，既能够对分散闲置的资源进行最大化的利用，又以此满足了互联网时代下市场个性化、多元化和碎片化需求，是向服务型与创新型经济发展的重要途径。

（7）共享社交不断本地化

共享经济与资源、信息的交流、汇聚与整合，可以实现资源的最大利用。移动互联网和智能终端技术带来的本地化共享经济，则是一种新的社交活动形式。

（8）共享技术不断优化

从某种意义上来说，正是互联网和信息技术的发展，让"共享"这个并不新鲜的理念变成了现实，并焕发出巨大的发展活力。例如，云计算是一种按使用量付费的模式，这种模式提供可用的、便捷的、按需的网络访问，进入可配置的计算资源共享池（cloud，包括网络、服务器、存储、应用软件、服务），这些资源能够被快速提供，资源的每一次使用都能够创造价值。可以看出，正是通过云计算和其他互联网技术，共享经济得以找到一个实践支点，从一种单纯的理念变为一种社会现象，并不断地发展、优化、更新。

1.2.6 循环经济理念

循环经济（circular economy）即物质循环流动型经济。循环经济一词首先由美国经济学家 K. 波尔丁于 20 世纪 60 年代提出，主要指在人、自然资源和科学技术的大系统内，在资源投入、企业生产、产品消费及其废弃的全过程中，把传统的依赖资源消耗的线性增长经济，转变为依靠生态型资源循环来发展的经济。

20 世纪 90 年代后，发展知识经济和循环经济成为国际社会的两大趋势。我国从 20 世纪 90 年代起引入了关于循环经济的思想，此后对循环经济的理论研究和实践不断深入。1998 年引入德国循环经济概念，确立 3R 原理的中心地位；1999年从可持续生产的角度对循环经济发展模式进行整合；2002 年从新兴工业化的角度认识循环经济的发展意义；2003 将循环经济纳入科学发展观，确立物质减量化的发展战略；2004 年，提出从不同的空间规模，如城市、区域、国家层面大力发展循环经济。

2021 年 7 月 7 日，《"十四五"循环经济发展规划》正式出炉。大力发展循环经济，推进资源节约集约利用，构建资源循环型产业体系和废旧物资循环利用体系，对保障国家资源安全，推动实现碳达峰、碳中和，促进生态文明建设具有重大意义。

该规划的主要目标为：到 2025 年，我国循环经济发展各项指标将有所提升，资源循环利用产业产值达到 5 万亿元。"十四五"期间，我国将通过三大重点任务、五大重点工程和六大重点行动大力发展循环经济，构建资源循环型产业体系和废旧物资循环利用体系，推动实现碳达峰、碳中和。

循环经济的 3R（reduce、reuse、recycle）原则是指减量化原则、再使用原则、再循环原则，三大原则是相互承接、有先后顺序的，都是循环经济的核心原则。

循环经济的 3R 原则，符合我国节能减排、低碳的政策方针。循环经济也是全球企业不断追求的目标。

循环经济理念非常适合我国橡胶工业。橡胶工业循环经济的路线如下：

原材料路线：逐渐扩大使用易再生的材料，如热塑性弹性体、树脂等。

废旧橡胶回收利用：再生胶+胶粉→再生胶+胶粉+燃烧热利用。

工厂边角余料：全部回收利用。

工厂余热：回收利用。

1.2.7　绿色生态理念

绿色化的实质，就是要通过技术创新和系统优化，将绿色产品设计、绿色技术和工艺、绿色生产、绿色管理、绿色供应链、绿色循环利用等理念贯穿于产品全生命周期中，实现全产业链环境影响较小、资源能源利用效率较高，获得经济效益、生态效益和社会效益的协调优化。实行绿色制造，是绿色发展理念在生产领域的具体体现，是落实制造强国战略、推动工业转型升级、实现制造业高质量发展的有效举措。2016 年，工信部制定并发布了《工业绿色发展"十三五"规划》和《绿色制造工程实施指南》，明确提出全面推行绿色制造、加快工业绿色发展的总体思路、重点任务和保障措施。

能源资源效率系统提升是制造业迈向绿色生产的重要推动力。利用 5G、工业互联网、云计算、大数据等新一代信息技术，能够深刻把握产品的全生命周期，深挖数字技术在节能减排方面的潜力。生产的精细化管理有望提高制造业的资源利用率，减少各环节中的资源浪费。

1.2.8　人本智造理念

人本智造，就是将以人为本的理念贯穿于智能制造系统的全生命周期过程（包括设计、制造、管理、销售、服务等），充分考虑人（包括设计者、生产者、管理者、用户等）的各种因素（如生理、认知、组织、文化、社会因素等），运用先进的数字化、网络化、智能化技术，充分发挥人与机器的各自优势来协作完成各种工作任务，达到提高生产效率和质量、确保人员身心安全、满足用户需求、促进社会可持续发展的目的。人本智造体现的是一种重要的发展理念，同时代表了未来智能制造发展的一个重要方向。人本智造并不特指某个单一的制造模式或者范式，在其发展进程中还会出现大量的制造新模式、新业态，如共享制造、社会化制造、可持续制造等。

2017 年 12 月 7 日，在南京举办了"世界智能制造大会"。在此会议中，中国工程院院长周济院士发表了题为《关于中国智能制造发展战略的思考》的报告，系统阐述了对我国智能制造发展的看法。报告中周济院士提到一个观点，即随着智能制造战略的持续推进，传统制造过程中的人与物理系统之间的关系，正在由"人—物理系统（HPS）二元体系"向"人—信息—物理系统（HCPS）三元体系"转变。该观点的提出引发了业界专家的普遍思考。

目前对人本智造的研究尚处于起步阶段，但可以预计，相关定义、内涵和特征仍将不断演化拓展。

1.2.9　弯道超车理念

2009 年 9 月 14 日，百度董事长兼首席执行官李彦宏出席了在美国芝加哥召开的"2009 中美经贸论坛"，提出企业应对经济危机的"弯道超车"理论，引起中美双方企业家的极大反响。

李彦宏表示，经济危机其实就如同 F1 赛场上的一个弯道，世界各国企业就如同在赛场上飞驰的一辆辆赛车，在遇到弯道时稍有不当就可能滑出跑道而退出比赛，因此大家都会习惯性地踩刹车。但风险总是和机遇相生相伴，高水平的赛手总是善于在弯道实现超车，领跑对手，其中的关键就是要看清路况、稳打方向盘、加踩油门。对企业而言，在遇到经济危机弯道时，一般会放慢发展速度，但这也恰好给了优秀企业通过弯道超车实现超越式发展的机会。企业实现弯道超车最核心的技巧，就是要抛弃幻想、创新求变、专注如一。做好这套组合动作，企业就有可能在危机中摆脱困境，实现超越，领跑对手。

国内外管理学专家和企业界人士对李彦宏的弯道超车理论给予高度评价，认为其为正处于危机中的全球企业带来了全新的思路，必定会对全球经济发展产生深远影响。

著名经济学家、北京大学新结构经济学院院长林毅夫教授也是弯道超车理念的倡导者。进入 21 世纪后，出现了一种新的产业业态，也就是人们现在讲的新产业革命或第四次工业革命。它有个特点：新技术是以人力资本投入为主，而且产品和技术的迭代时间特别短。林毅夫认为，中国是个人口大国，通过连续多年加大对教育投入，我国在人力资本上与发达国家已没有"比较劣势"，再加上中国庞大的市场和丰富的产业门类，我国许多新兴产业正与发达国家齐头并进，这就给了我国弯道超车的机会。

弯道超车理念对于橡胶工业智能制造、转型升级有一定参考意义。橡胶工业产品种类不同、生产工艺有差异，又有消费品和工业品之别，企业规模、研发水平和资金实力千差万别，所以橡胶工业智能制造要因产品而异、因企业而异，走差异化道路，要根据企业性质、现状确定智能制造的方案，不能一刀切。

老企业可以缺什么补什么，立足现状，从精益生产基础做起，从工业 2.0、3.0 做起，循序渐进，逐步达到智能制造；新企业可以一步到位，精益生产和智能制造深度融合，弯道超车，实现跨越式发展，建立现代化的智能工厂。消费品工厂，例如轿车胎、胶鞋等企业可以首先从自由定制开始，逐步实现全产业链的智能制造。另外，中小企业也可以探索低成本推进智能制造的路径。受制于资金、技术和人才，中小企业低成本实施智能制造是现实选择。在硬件方面，中小企业可通过对单点旧设备进行升级改造、智能设备以租代买等方式节省成本；在软件方面，中小企业可通过"按需付费、按次付费"取代"成套购买"的方式，降低使用门槛。

以上论述的与智能制造有关的理念，既具有一定的理论高度和实践支撑，又是相互融会贯通的整体。充分理解应用，将有力地推动智能制造的发展。

1.3　智能制造的系统框架

2021 年 10 月 11 日，根据中华人民共和国国家标准公告〔2021 年第 12 号〕，由中国电子技术标准化研究院牵头制定的国家标准《智能制造　系统架构》等 5 项标准正式发布，并于 2022 年 5 月 1 日正式实施。GB/T 40647—2021《智能制造　系统架构》由全国工业过程测量控制和自动化标准化技术委员会（SAC/TC124）和全国信息技术标准化技术委员会（SAC/TC28）归口。该标准规定了智能制造系统架构的生命周期、系统层级和智能特征 3 个维度，适用于机构开展智能制造的研究、规划、实施、评估和维护等，通过构建一个通用的框架，为智能制造标准化工作开展、系统规划建设、用例开发和试点示范的提炼总结提供参考基础。智能制造系统架构见图 1-2。

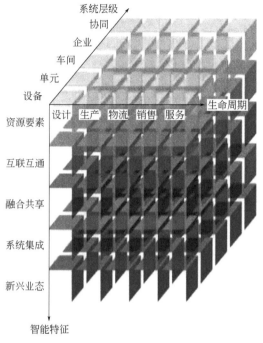

图 1-2　智能制造系统架构

1.3.1　生命周期

生命周期涵盖从产品原型研发到产品回收再制造的各个阶段，包括设计、生产、物流、销售、服务等一系列相互联系的价值创造活动。生命周期的各项活动可进行迭代优化，具有可持续性发展等特点，不同行业的生命周期构成和时间顺序不尽相同。

①　设计是指根据企业所有约束条件以及所选择的技术，对需求进行实现和优化的过程；

②　生产是指将物料进行加工、运送、装配、检验等活动，创造产品的过程；

③　物流是指物品从供应地向接收地的实体流动过程；

④　销售是指产品或商品等从企业转移到客户手中的经营活动；

⑤　服务是指产品提供者与客户接触过程中所产生的一系列活动的过程及其结果。

1.3.2　系统层级

系统层级是指与企业生产活动相关的组织结构的层级划分，包括设备层、单元层、车间层、企业层和协同层。

① 设备层是指企业利用传感器、仪器仪表、机器、装置等，实现实际物理流程并感知和操控物理流程的层级；

② 单元层是指用于企业内处理信息、实现监测和控制物理流程的层级；

③ 车间层是实现面向工厂或车间的生产管理的层级；

④ 企业层是实现面向企业经营管理的层级；

⑤ 协同层是企业实现其内部和外部信息互联和共享，实现跨企业间业务协同的层级。

1.3.3　智能特征

智能特征是指制造活动具有的自感知、自决策、自执行、自学习、自适应之类功能的表征，包括资源要素、互联互通、融合共享、系统集成和新兴业态等5层智能化要求。

① 资源要素是指企业从事生产时，所需要使用的资源或工具及其数字化模型所在的层级；

② 互联互通是指通过有线或无线网络、通信协议与接口，实现资源要素之间的数据传递与参数语义交换的层级；

③ 融合共享是指在互联互通的基础上，利用云计算、大数据等新一代信息通信技术，实现信息协同共享的层级；

④ 系统集成是指企业实现智能制造过程中的装备、生产单元、生产线、数字化车间、智能工厂之间，以及智能制造系统之间的数据交换和功能互连的层级；

⑤ 新兴业态是指基于物理空间不同层级资源要素和数字空间集成与融合的数据、模型及系统，建立的涵盖了认知、诊断、预测及决策等功能，且支持虚实迭代优化的层级。

1.4　智能制造的关键技术

1.4.1　物联网

物联网是一种将互联网和各种信息传感设备结合而形成的巨大网络，其目的是实现万物互联，本质上是互联网的延伸和扩展。现有的物联网体系结构可以大致分成 3 类：第一类是基于传感器技术的无线传感网体系结构；第二类是基于互联网和射频识别技术的 EPC（电子产品代码）物联网体系结构（欧美）和 UID（用户身份证明）物联网系统（日本）；第三类是学术界和工业界提出的机器通信系统（M2M）和信息物理系统（CPS）。

物联网技术是智能制造的数据渠道，在具体应用中，物联网可以划分为感知层、网络层、应用层 3 个层次。感知层首先通过通信模块将设备、工厂等实体连接到网络层和应用层；网络层进而实现信息的路由、控制和传递；最终由应用层提供资源调用接口及通用基础服务，实现物联网在智能制造领域的实际应用。例如基于射频识别技术的装配线智能识别系统、基于加速度传感器的车床刀具实时监测系统、基于超带宽的实时定位平台等。

1.4.2 大数据分析

大数据是社会生产生活过程中形成的大量数据的总称，一般超过传统数据处理能力的极限，通过科学的数据分析方法可以从中获取新价值。大数据具有 4 个主要特征：一是大量化，指大数据具有的规模特征；二是多样化，指数据类型的多种多样；三是价值化，一方面指数据的价值密度与数据总量成反比，另一方面指海量数据集合中蕴含的丰富价值；四是高速化，大部分场景对数据处理结果的时效性要求很高。

大数据分析是智能制造的思考工具，通过数据渠道、数据预处理、数据存储、数据挖掘和数据展现等环节实现数据的标准化、分析与展示。大数据分析在智能制造系统中的重要应用之一是产品全生命周期的优化。大数据分析可深入挖掘产品生命周期积累的数据，分析产品在设计、制造、使用、服务、回收、拆解等过程中的信息，发现问题产生的本质、规律和内在关联，进而形成反馈机制，逆向指导产品全生命周期的优化与协同。

1.4.3 人工智能

人工智能是研究如何用人工的方法和技术，使用各种智能机器或自动化机器模仿、延伸和拓展人类智能的技术科学。

依据需执行的任务，人工智能可划分为 3 类，即执行特定场景下角色型任务的弱人工智能、执行人类水平任务的通用人工智能、执行超过人类水平任务的强人工智能。依据技术架构，人工智能可划分为基础层、技术层和应用层 3 个层次。其中，基础层包括硬件设施、软件设施和数据资源等；技术层包括通用技术、算法模型和基础框架等；应用层包括智能产品和应用平台等。

人工智能是智能制造的决策手段，是智能制造的重要基础和关键技术保障。一方面，智能制造需要应用人工智能的分布式系统、智能网络、智能机器人、智能控制、智能推理与智能决策等关键技术，构建智能机器和人机融合系统，实现制造过程的柔性化、集成化、自动化、机器人化、信息化与智能化；另一方面，智能制造是人工智能的一个具有广泛交叉的重要应用领域，涉及智能机器人、分布式智能系统、智能推理、智能控制、智能管理与智能决策等人工智能方向。

1.4.4 工业互联网

工业互联网是互联网和新一代信息技术制造业深度融合所形成的新兴业态和应用模式，是链接工业全系统、全产业链、全价值链，支撑工业智能化发展的关键基础设施。工业互联网最核心的问题是其体系架构，目前最具影响力的架构是德国发布的"工业 4.0 参考架构"和美国工业互联网联盟发布的"工业互联网参考架构"。德国工业 4.0 参考架构的总体视图包含功能、价值链和工业系统 3 个维度。其中，功能维度是工业 4.0 参考架构的关键，涵盖资产层、集成层、通信层、信息层、功能层和商业层 6 个层级。美国工业互联网参考架构包括商业视角、使用视角、功能视角和实现视角 4 个层级，其中功能视角是整个参考架构的核心，涵盖控制域、运营域、信息域、应用域和商业域 5 个功能域。

工业互联网包括物联网、大数据、人工智能等技术，是智能制造的主体。具体来说，工业互联网在网络层面上实现物品、机器、信息系统、控制系统、人之间的泛在连接；在平台层面上通过工业云和工业大数据实现海量工业数据的集成、处理与分析；在新模式新业态层面上实现智能化生产、网络化协同、个性化定制和服务化延伸，例如包含虚拟化产品研发设计、个性化生产线、智能运维等工厂智能化生产，运行环节一体化、企业调度能力优化等工厂智能化管理，以及产品服务化、企业间网络协同制造等。

工业互联网架构见图 1-3。

1.4.5 RFID 和实时定位技术

识别功能是智能制造服务环节中关键的一环，需要的识别技术主要有 RFID 技术、基于深度的三维图像识别技术以及物体缺陷自动识别技术。基于深度的三维图像识别技术的任务是识别出图像中有什么类型的物体，并给出物体在图像中所反映的位置和方向，是对三维世界的感知和理解。在结合了人工智能科学、计算机科学和信息科学之后，三维图像识别技术在智能制造服务系统中成为识别物体几何情况的关键技术。以 RFID 技术、传感技术、实时定位技术为核心的实时

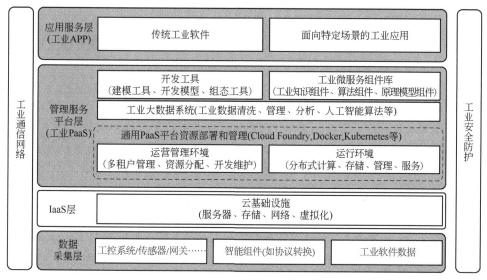

图 1-3　工业互联网架构

感知技术已广泛用于制造要素信息的识别、采集、监控与管理。RFID 是无线通信技术中的一种，通过识别特定目标应用的无线电信号，读写出相关数据，而不需要机械接触或光学接触来识别系统和目标。无线射频可分为低频、高频和超高频 3 种，RFID 读写器可分为移动式和固定式两种。RFID 标签贴附于物件表面，可自动远距离读取、识别无线电信号，可作快速、准确记录和收集用途。使用 RFID 技术能够简化业务流程，增强企业的综合实力。RFID 技术可以在产品全生命周期中为访问、管理和控制产品数据与信息提供可能。

在生产制造现场，企业要对各类别材料、零件和设备等进行实时跟踪管理，监控生产中制品、材料的位置、行踪，包括相关零件和工具的存放等，这就需要建立实时定位管理体系。通常的做法是将有源 RFID 标签贴在跟踪目标上，然后在室内放置 3 个以上的阅读器天线，这样就可以方便地对跟踪目标进行定位查询。智能制造是制造业的一场新革命，是各国在新一轮工业技术革新中占据制高点的关键所在。以工业互联网为总括、物联网为数据渠道、大数据分析为思考工具、人工智能为决策手段的技术框架是实现智能制造的前提，具有重要的研究意义。通过对这些关键技术的内涵、层次、应用范围的研究，可以实现制造行业的智能化与信息化，推动我国制造业的转型发展。

1.4.6　赛博系统（CPS）

赛博系统也称为企业信息物理系统。简单说来，智能制造就是通过建立基于互联网+信息通信技术、应用软件、工控软件、加工设备及测控装置等为一体的企业信息物理系统（CPS），将设备、产品、技术、工艺、原材料、物流等要素集成在一起，打通制造环节数据壁垒，使设备与设备、设备与人、人与人之间得以异地跨界的互联互通；可以实时感知、采集、监控和处理各种制造数据，实现制造系统加工指令的动态优化调整和大数据的智能分析，从而改变传统单一的制造模式，全面提升产品制造的精度、质量、效率和智能化程度，满足日益个性化的客户需求。

产品制造作为企业执行层业务，与其他层面业务也都有着必然的联系，应同步更大范围地集成产业链、销售、研发、计划、物流、成本、交货、服务和决策等基本信息；全面打通企业及产业链的数据壁垒，加快 ERP、APS、SCM 与 MES 的集成应用，实时处理车间生产作业信息，实现企业各业务环节大数据的智能分析和决策优化；从源头上确保车间生产作业的连续均衡和企业及产业链资源的优化配置，从而全面实现"互联网+"企业及产业链协同的发展目标，创造新的商业价值。

1.4.7　传感器技术

智能制造与传感器紧密相关。现在各式各样的传感器在企业里用得很多，有嵌入的、绝对坐标的、相对坐标的、静止的和运动的，这些传感器是支持人们获得信息的重要手段。传感器用得越多，人们可以掌握的信息就越多。传感器很小，可以灵活配置，改变起来也非常方便。传感器属于基础零部件的一部分，它是工业的基石、性能的关键，也是发展的瓶颈。传感器的智能化、无线化、微型化和集成化是未来智能制造技术发展的关键技术之一。

1.4.8　机器视觉检测技术

机器视觉技术是一门涉及人工智能、神经生物学、心理物理学、计算机科学、图像处理、模式识别等诸多领域的交叉学科。机器视觉主要用计算机来模拟人的视觉功能，从客观事物的图像中提取信息、进行处理并加以理解，最终用于实际检测、测量和控制。机器视觉技术最大的特点是速度快、信息量大、功能多。

1.4.9　区块链

狭义区块链是按照时间顺序，将数据区块以顺序相连的方式组合成的链式数据结构，并以密码学方式保证的不可篡改和不可伪造的分布式账本。广义区块链技术是利用块链式数据结构验证与存储数据、利用分布式节点共识算法生成和更新数据、利用密码学的方式保证数据传输和访问安全、利用由自动化脚本代码组成的智能合约来编程和操作数据的一种全新的分布式基础架构与计算范式。区块链亦称为第二互联网，鉴于区块链的特性，它已经广泛应用于众多领域。

1.4.10 网络技术

（1）网络体系是基础

工业互联网网络体系包括网络互联、数据互通和标识解析三部分。

网络互联可以实现要素之间的数据传输，包括企业外网、企业内网。典型技术包括传统的工业总线、工业以太网以及创新的时间敏感网络（TSN）、确定性网络、5G、6G 等技术。企业外网根据工业高性能、高可靠、高灵活、高安全网络需求进行建设，用于连接企业各地机构、上下游企业、用户和产品。企业内网用于连接企业内人员、机器、材料、环境、系统，主要包含信息（IT）网络和控制（OT）网络。当前，内网技术发展呈现 3 个特征：IT 和 OT 正走向融合，工业现场总线向工业以太网演进，工业无线技术加速向 5G 和 6G 发展。

数据互通是通过对数据进行标准化描述和统一建模，实现要素之间传输信息的相互理解，涉及数据传输、数据语义语法等不同层面。其中，数据传输典型技术包括嵌入式过程控制统一架构（OPC UA）、消息队列遥测传输（MQTT）、数据分发服务（DDS）等；数据语义语法主要指信息模型，典型技术包括语义字典、自动化标记语言（automation ML）、仪表标记语言（instrument ML）等。

标识解析体系可以实现要素的标记、管理和定位，由标识编码、标识解析系统和标识数据服务组成，通过为物料、机器、产品等物理资源和工序、软件、模型、数据等虚拟资源分配标识编码，实现物理实体和虚拟对象的逻辑定位和信息查询，支撑跨企业、跨地区、跨行业的数据共享共用。

我国标识解析体系包括五大节点：国家顶级节点、国际根节点、二级节点、企业节点和递归节点。国家顶级节点是我国工业互联网标识解析体系的关键枢纽；国际根节点是各类国际解析体系跨境解析的关键节点；二级节点是面向特定行业或者多个行业提供标识解析公共服务的节点；企业节点又叫企业梯子，是网络节点的一种；递归节点是通过缓存等技术手段提升整体服务性能、加快解析速率的公共服务节点。标识解析应用按照载体类型可分为静态标识应用和主动标识应用。静态标识应用以一维码、二维码、射频识别码（RFID）、近场通信标识（NFC）等作为载体，需要借助扫码枪、手机 APP 等读写终端触发标识解析过程；主动标识通过在芯片、通信模组、终端中嵌入标识，主动通过网络向解析节点发送解析请求。

（2）平台体系是中枢

工业互联网平台体系包括边缘层、IaaS、PaaS 和 SaaS 等 4 个层级，相当于工业互联网的"操作系统"，有 4 个主要作用：一是数据汇聚，网络层面采集的多源、异构、海量数据，传输至工业互联网平台，为深度分析和应用提供基础；二是建模分析，提供大数据、人工智能分析的算法模型和物理、化学等各类仿真工具，结合数字孪生、工业智能等技术，对海量数据挖掘分析，实现数据驱动的科学决策和智能应用；三是知识复用，将工业经验知识转化为平台上的模型库、知识库，并通过工业微服务组件方式，方便二次开发和重复调用，加速共性能力沉淀和普及；四是应用创新，面向研发设计、设备管理、企业运营、资源调度等场景，提供各类工业 APP、云化软件，帮助企业提质增效。

（3）数据体系是要素

工业互联网数据有 3 个特性。一是重要性。数据是实现数字化、网络化、智能化的基础，没有数据的采集、流通、汇聚、计算、分析，各类新模式就是无源之水，数字化转型也就成为无本之木。二是专业性。工业互联网数据的价值在于分析利用，分析利用的途径必须依赖行业知识和工业机理。制造业千行百业、千差万别，每个模型、算法背后都需要长期积累和专业队伍，只有深耕细作才能发挥数据价值。三是复杂性。工业互联网运用的数据来源于"研产供销服"各环节，"人机料法环"各要素，ERP、MES、PLC 等系统，维度和复杂度远超消费互联网，面临采集困难、格式各异、分析复杂等挑战。

（4）安全体系是保障

工业互联网安全体系涉及设备、控制、网络、平台、工业 APP、数据等多方面网络安全问题，其核心任务就是要通过监测预警、应急响应、检测评估、功能测试等手段确保工业互联网健康有序发展。与传统互联网安全相比，工业互联网安全具有三大特点。一是涉及范围广。工业互联网打破了传统工业相对封闭可信的环境，网络攻击可直达生产一线。联网设备的爆发式增长和工业互联网平台的广泛应用，使网络攻击面持续扩大。二是造成影响大。工业互联网涵盖制造业、能源等实体经济领域，一旦发生网络攻击、破坏行为，安全事件影响严重。三是企业防护基础弱。目前我国广大工业企业安全意识、防护能力仍然薄弱，整体安全保障能力有待进一步提升。

（5）平台化设计是依托

工业互联网平台，汇聚人员、算法、模型、任务等设计资源，实现高水平高效率的轻量化设计、并行设计、敏捷设计、交互设计和基于模型的设计，变革传统设计方式，提升研发质量和效率。

（6）智能化制造是趋势

互联网、大数据、人工智能等新一代信息技术在制造业领域加速创新应用，实现材料、设备、产品等生产要素与用户之间的在线连接和实时交互，逐步实现机器代替人工生产的新型生产方式。智能化代表制造业未来发展的趋势。

1.4.11　网络安全系统

数字化对制造业的促进作用得益于计算机网络技术的进步，但同时也给工厂网络埋下了安全隐患。随着人们对计算机网络依赖程度的提高，自动化机器和传感器随处可见，将数据转换成物理部件和组件成为技术人员的主要工作。产品设计、制造和服务的整个过程都用数字化技术资料呈现出来，整个供应链所产生的信息又可以通过网络成为共享信息，这就需要对其进行信息安全保护。

针对网络安全生产系统可采用 IT 保障技术和相关的安全措施，例如设置防火墙、预防被入侵、扫描病毒仪、控制访问、设立黑白名单、加密信息等。工厂信息安全是将信息安全理念应用于工业领域，实现对工厂及产品使用维护环节所涵盖的系统及终端进行安全防护。所涉及的终端设备及系统包括工业以太网、数据采集与监视控制系统、分布式控制系统、过程控制系统（process control system，PCS）、可编程逻辑控制器、远程监控系统等网络设备及工业控制系统。应确保工业以太网及工业系统不被未经授权地访问、使用、泄漏、中断、修改和破坏，为企业正常生产和产品正常使用提供信息服务。

1.5　智能制造的软件系统

1.5.1　研发设计类

产品生命周期管理（product lifecycle management，PLM），是对产品从导入期、成长期、成熟期到衰退期整个生命周期进行管理的软件。

计算机辅助设计（computer aided design，CAD），利用计算机及其图形设备帮助设计人员进行设计工作。

计算机辅助工程（computer aided engineering，CAE），用计算机对工程和产品进行性能与安全可靠性分析，对其未来的工作状态和运行行为进行模拟，及早发现设计缺陷，并证实未来工程、产品功能和性能的可用性和可靠性。

电子设计自动化（electronic design automation，EDA），是指利用计算机技术完成大规模集成电路的设计、仿真、验证等流程的设计方法。

计算机辅助流程计划（computer aided process planning，CAPP），借助于计算机软硬件技术和支撑环境，利用计算机进行数值计算、逻辑判断和推理等功能来制定零件机械加工工艺过程。

计算机辅助制造（computer aided manufacturing，CAM），利用计算机辅助完成从生产准备到产品制造整个过程活动。

1.5.2　生产制造类

可编程逻辑控制器（programmable logic controller，PLC），是一种具有微处

理机的数字电子设备，用于自动化控制的数字逻辑控制器。

分布式控制系统（distributed control system，DCS），是采用控制功能分散、显示操作集中、兼顾分而自治和综合协调等设计原则的新一代仪表控制系统。

数据采集与监视控制（supervisory control and data acquisition，SCADA）系统，是基于计算机收集和分析实时数据、监测和控制设备的控制系统。

制造执行系统（manufacturing execution system，MES），是指制造业企业车间执行层的生产信息化管理系统。

先进过程控制（advanced process control，APC），以模型预测控制、线性规划理论为基础，采用动态矩阵控制等软件技术，实现工艺过程的多变量协调控制，提高装置操作平稳性。

质量管理系统（quality management system，QMS），是对工厂制造产品进行质量管理的系统。

高级生产计划与排期（advanced planning and scheduling，APS），具有生产计划调度功能，最充分地利用企业的资源条件，找到最佳的调度排程结果。

资产性能管理（asset performance management，APM），采集和分析历史、实时运营及资产数据，以提升资产性能、降低成本等。

分布式数控（distributed numerical control，DNC），指采用多处理机，借助数字、字符或其他符号对某一工作过程进行编程控制，以一定的分工方式来承担整个交换机的控制功能。

人机界面（human machine interface，HMI），是系统和用户之间进行交互和信息交换的媒介。

1.5.3 经营管理类

企业资源计划（enterprise resource planning，ERP），是主要面向制造行业进行物质资源、资金资源和信息资源集成一体化管理的企业信息管理系统。

物料需求计划（material requirement planning，MRP），是用于制造业库存管理信息处理的系统。

供应链管理（supply chain management，SCM），是为了使供应链系统成本降低，而把制造商、仓库、配送中心和渠道商等有效地结合在一起进行产品制造、运转、分销及销售的管理方法，执行供应链中从供应商到最终用户的物流计划和控制等职能。

1.5.4 运维服务类

维护维修运行（maintenance，repair and operations，MRO）管理系统，指工

厂或企业对其生产和工作设施、设备进行保养、维修的系统。

故障预测与健康管理（prognostic and health management，PHM）系统，为利用数据，经过信号处理和数据分析等运算手段，实现对复杂工业系统的健康状态进行检测、预测和管理的系统性工程。

仓库管理系统（warehouse management system，WMS），是通过入库业务、出库业务、仓库调拨、库存调拨和虚仓管理等功能，对批次管理、物料对应、库存盘点、质检管理、虚仓管理和即时库存管理等功能综合运用的管理系统。

客户关系管理（customer relationship management，CRM），是选择和管理有价值客户及其关系的一种商业策略。

供应商关系管理（supplier relationship management，SRM），是一种致力于实现与供应商建立和维持长久、紧密伙伴关系的管理思想和软件技术的解决方案。

办公自动化（office automation，OA），是将计算机网络与现代办公相结合的一种新型办公方式。

人力资源管理系统（human resources system，HRM），是指对企业的人力资源管理进行分析、规划、实施、调整，提高企业人力资源管理水平的软件。

1.6　数字化与数字经济

1.6.1　数字化的概念

要弄明白什么是数字化转型，首先要明白什么是数字化。关于数字化的概念很多，令人目不暇接，有数字、数据、大数据、数字化、数字技术、数字孪生、数字化转型、数字经济、数字时代、数字中国、数字世界等。

（1）数字化的实质

早在 20 世纪 40 年代，美国数学家、信息论的创始人克劳德·艾尔伍德·香农（Claude Elwood Shannon）证明了采样定理，即在一定条件下，用离散的序列可以完全代表一个连续函数。就实质而言，采样定理为数字化技术奠定了基础。

（2）数字化的基本过程

数字化是以一系列二进制数字形式呈现的信号或数据，通常由电压或磁极化强度等物理量的值代表，以数字信号的方式关联、使用，或存储数据和信息。数字化就是将许多复杂多变的信息转变为可以度量的数字、数据，再以这些数字、数据建立起适当的数字化模型，把它们转变为一系列二进制代码，引入计算机内部进行统一处理。这就是数字化的基本过程。

（3）数字化已无处不在

所有的信息基本上都可以数字化形式存在，实际上这样的变革在我们身边已经发生：音频由模拟变为 MP3 等数字化格式，视频由模拟变为 IPTV、DVD 等格式，纸质图书变为数字电子图书，胶片相机变为数码相机，冰箱、洗衣机、微波炉等家电嵌入芯片联网变成智能网电。很多东西都在转化为数字化的东西。

另外，移动支付、共享单车等正在颠覆传统，创造新的生活方式。实际上就连人类本身也已存在于数字世界之中，很多人在网上不只有一个账号。

（4）数字化技术的重要性

数字化是数字计算机的基础：若没有数字化技术，就没有当今的计算机，因为数字计算机的一切运算和功能都是用数字来完成的。

数字化是多媒体技术的基础：数字、文字、图像、语音及可视世界的各种信息等，通过采样定理都可以转化为二进制代码，这些二进制代码就是各种信息最基本、最简单的表示。因此计算机不仅可以用于计算，还可以发出声音，如打电话、发传真、放录像、看电影。信息处理设备和通信网络都已向数字化方向变化和发展。

数字化是软件技术的基础：软件中的系统软件、工具软件、应用软件等，信号处理技术中的数字滤波、编码、加密、解压缩等都是基于数字化实现的。例如图像的数据量很大，数字化后可以将数据压缩为原来的 1/10 到几百分之一；图像受到干扰变得模糊，可以用滤波技术使其变得清晰。

数字化是所有前沿科技的前提：每个领域都应用了多项数字化技术，不仅包括云计算、大数据、物联网、移动技术等，还涌现出一系列的前沿技术，如人工智能、区块链、边缘计算等。人工智能正在开启新一轮数字化技术升级，区块链技术正在重构信任和信用体系，边缘计算与云计算协同互动正在为物联网应用注入催化剂，5G 以高速率、低迟延、广连接的特点，成为引领数字通信和万物互联的关键，将大大促进自动驾驶汽车和智能制造的快速发展。

1.6.2 数字化转型的概念和要点

（1）数字化转型的概念

数字化转型的简单化定义是将模拟信息转化为数字信息。2011 年美国麻省理工学院等联合发布的研究报告认为，数字化转型是指使用数字化技术从根本上提高企业绩效的过程。

事实上，数字化转型是一个不断发展的概念。在半个多世纪之前，数字化概念就已经出现了——1957 年数字设备公司（DEC）就已经成立。按照维基百科的定义，狭义的数字化转型指的是"无纸化"。从广义上讲，数字化转型既影响个人，如获取、理解、处理数字化信息和使用数字化设备的能力；也影响社会各个行业和分支，如政府、大众传媒、艺术、医药、科技和工农业。

在今天，数字化转型特指那些可以用来在某一领域实现新的创新和创造的数字化技术，实际上就是对业务过程进行的重塑，指的是将数字技术融合到企业之中，深化应用各种业务软件和物联网等新兴技术，实现数据驱动的决策分析，彻底变革企业的业务流程。

（2）数字化转型的要点

大量的业内案例告诉我们，数字化转型是提高生产率，从整体上带动、实现价值创造的关键杠杆。

要取得数字化转型的成功，仅仅将目光关注在企业内部是远远不够的，需要将眼光扩展到上游和下游的网络上。与合作伙伴、客户的密切合作，可以为提高企业绩效提供巨大潜力。

在数字化转型过程中，集成是重点、难点，也是焦点。集成的本质是数据的互联互通互操作，是跨系统、跨场景、全生命周期的互联互通互操作。

成功的数字化转型不只是应用了新的技术，而是利用了新技术提供的潜力，对组织进行转型。数字化转型的主要动力来自对客户体验、运营流程、合作伙伴协同和商业模式的重新设想与塑造。企业需要改变旧的运作方式，重新定义功能之间如何交互，并推动企业边界的演进。

企业数字化投入和数字化收益之间不是一个线性关系，企业数字化收益只有跨越了某个系统集成拐点之后，才会呈现指数化增长。就是只有实现更多业务系统之间数据的互联互通互操作，企业收益才会呈现指数化的增长，只有实现全局优化，才能创造更大的价值。

不同的企业都面临来自客户、员工和竞争对手的压力，因此纷纷开始加快数字化转型的进程。但是，不同的企业迈向数字化的步伐不同，结果也不一样。成功的数字化转型不可能是自下向上发生的，必须是自上而下推动的。

（3）企业数字化转型的途径

企业的数字化转型，主要从以下三方面着手：

客户服务转型：通过社交媒体，了解客户满意度。越来越多的企业使用了社交媒体，如微信、微博、头条等，通过数字媒体推广品牌，建立新的在线社区，以建立对客户的忠诚度；整合客户采购数据，提供更好、个性化的销售和客户服务；通过互联网平台和数字工具，为用户提供远程服务。

企业内部业务流程转型：企业内部生产和管理流程、运营流程实现数字化转型。

全产业链管理转型：通过包括科研开发、对内部流程和销售全产业链的数字化，来降低成本，提升效率。

1.6.3　企业数字化转型的必然性

（1）数字化转型是企业顺应时代的必然要求

早在 1996 年，尼古拉斯·尼葛洛庞帝（Nicholas Negroponte）就在被誉为 20世纪信息技术及理念发展圣经的《数字化生存》中，预言到今天的数字化时代：数字化生存是现代社会中以信息技术为基础的新的生存方式。

在数字化生存环境中，人们的生产、生活、交往、思维以及行为方式都呈现出全新的面貌。如生产力要素的数字化渗透、生产关系的数字化重构、经济活动走向数字化，使社会的物质生产方式被打上了浓重的数字化烙印。人们通过数字政务、数字商务等活动体现出全新的数字化政治和经济，通过网络学习、网聊、网络购物、网络就医等逐渐形成新的学习、交往、生活方式。

2017 年，"数字经济"正式被写入党的十九大报告。2018 年 3 月，政府工作报告提出"发展壮大新动能""为数字中国建设加油助力"。国家对于数字经济的定位不只局限于新兴产业层面，而是将之提升为驱动传统产业升级的国家战略。身处数字化时代洪流中的企业也必须与时俱进，才能免于成为时代的弃儿。

（2）数字化企业是企业信息化发展的必然阶段

从历史及发展趋势上看，我国企业信息化进程可以分为以下几个阶段：

第一阶段：业务操作电子化。电子化是指将企业日常手工事务性繁重的工作转变为机器的工作，以提高个体工作效率的过程。该阶段为信息技术单项应用和企业上网前的准备阶段，主要表现为计算机在办公、财务、人事和部分生产经营环节等方面的单项应用，如财务电算化、生产制造自动化和 CAD/CAM、MIS 等信息技术的初步应用等。

第二阶段：业务流程信息化。信息化即通过企业的管理重组和管理创新，结合 IT 优势将业务流程固化。该阶段是企业信息化，尤其是网络化建设与应用的导入阶段。在各类企业中扩大计算机应用和推动企业上网，建立电子邮箱，鼓励企业利用信息网络技术开展经营活动和改进管理，广泛开展流程梳理和信息化建设，如 ERP、MES、SCM 等系统。这个阶段重点关注整个组织的流程，提升组织的效率。

第三阶段：业务和管理的数字化。是应用数字技术，整合企业的采购、生产、营销、财务与人力资源等信息，做好计划、协调、监督和控制等各个环节的工作，打破"信息孤岛"现象，系统形成价值链并按照"链"的特征实施企业的业务流程；可以对环境的变化做出灵活反应，业务流程持续改善，全面提升执行力，获得持久的竞争力。它是现代数字技术与企业管理相结合的产物。

第四阶段：业务决策智慧化。智慧化是指在企业已有知识的基础上，能够智能创造、挖掘新知识，用于企业业务决策、日常管理等，形成自组织、自学习、自进化的企业管理体制。该阶段中，人工智能、专家系统的先进思想将应用在企业管理领域中。数字化既是信息化的产物，也是信息化的演进阶段之一，更是构建智慧企业的首要前提。

（3）数字化转型是企业打造竞争力的必然选择

企业数字化转型有内部和外部两种因素驱使。外部因素：在数字化转型大潮中，企业如逆水行舟，不进则退。企业如果不进行数字化转型，将会被用户抛弃、被竞争对手超越、被市场边缘化，以致最终出局。内部因素：数字化转型可以让企业捕获新的市场机会，尝试新的商业模式，在未来商业市场中提前占位。

从企业看，以客户为中心是企业在市场竞争中存活下来的关键。数字化浪潮的到来，使用户信息不对称的现象得到极大改观，客户感知价值最大化成为导向，从根本上改变了传统以生产为主导的商业经济模式，给企业经营带来了巨大的挑战，也带来了新的机遇。

有别于传统工业化发展时期的竞争模式，数字经济时代企业核心竞争能力从过去传统的"制造能力"变成了"服务能力+数字化能力+制造能力"。企业要具备开展技术研发创新的能力，加快研发设计向协同化、动态化、众创化转型；要具备生产方式变革的能力，加快工业生产向智能化、柔性化和服务化转变；要具备组织管理再造的能力，加快组织管理向扁平化、创客化、自组织拓展；具备跨界合作的能力，推动创新体系由链条式价值链向能够实时互动、多方参与的灵活价值网络演进。

（4）应用数字技术可以降低企业成本

2021年国际供应链大会上，世界经济论坛发布的《第四次工业革命对供应链的影响》白皮书指出，79.9%的制造业企业和85.5%的物流企业认为，在不考虑金融影响的前提下，数字化转型将产生积极影响，数字化变革将使制造业企业成本降低17.6%、营收增加22.6%，使物流服务业成本降低34.2%、营收增加33.6%，使零售业成本降低7.8%、营收增加33.3%。

（5）应用数字技术可以提升企业效率

互联网集中了大量数字技术资源和服务，通过大幅提高应用效率而产生经济价值。互联网服务直接引起计算服务、信息服务的集中，并进一步促进了各类服务资源的集中，使得集中式、开放型服务平台有了很大发展空间。基于互联网的共享服务云平台不仅使中小企业能够以很低的成本享受先进的信息技术应用和服务，也能使大企业的技术装备得到充分的应用，从而提高产品利用率。

数字化信息和知识是遵循边际效益递增的工具，通过增大使用规模实现效益累积增值。数字化信息和知识具有可共享、可重复使用、可低成本复制等特点，对其使用和改进越多，创造的价值就越大。研究显示，以"数据驱动型决策"模式运营的企业，通过形成自动化数据链，推动生产制造各环节高效协同，大大降低了智能制造系统的复杂性和不确定性，其生产力普遍可以提高 5%～10%。

（6）数字化转型是企业流程再造的必由之路

各项经济社会活动与数据的产生、传输和使用密不可分，数据作为独立的生产要素在价值创造过程中加速流动。数据流动强调信息系统的互联互通和综合集成，挖掘了智慧组织、管理与服务的新价值。信息技术的发展使得数据的流动不必再遵循自上而下或自下而上的等级阶层，这种无差别、无层次的数据流动方式极大地颠覆了企业传统的金字塔形管理模式，驱动企业组织结构的变革、业务流程的优化和工作内容的创新。企业组织管理逐渐由以流程为主的线性范式向数据驱动的扁平化协同化范式转型，形成信息高效流转、需求快速响应、创新能力充分激发的组织新架构。

1.6.4 国家关于数字化转型的政策和方针

我国数字经济增速保持高位运行，数字经济规模从 2017 年 27.2 万亿元增至 2021 年的 45.5 万亿元，总量稳居世界第二，年均复合增速达 13.6%，占国内生产总值的比重从 32.9%提升至 39.8%，成为推动经济增长的主要引擎之一。

国家力促数字经济发展，下一步将重点做好加强基础设施建设、大力发展软件产业等工作。具体包括：加强工业互联网、物联网等信息基础设施建设，实现信息基础设施升级，带动传统基础设施提升智能化水平；研究制定推动软件产业高质量发展的政策方针，加快发展基础软件、高端工业软件，培育壮大平台软件和应用系统等新兴业态。

值得关注的是，产业数字化成为数字经济的主引擎。我国数字技术、产品、服务正在加速向各行各业融合渗透，对其他产业产出增长和效率提升的拉动作用不断增强，数字经济内部结构实现优化。

下一步将积极推进产业数字化和数字产业化，以智能制造为主攻方向，以工业互联网为切入口引导制造业转型升级，推动工业互联网创新应用；以企业为主体推进社会数据资源的协同开发和合理应用，鼓励数据资源合规交易、有序流通，逐渐形成数字经济的全新框架——"三化"框架，见图 1-4。

（1）数字产业化

数字产业化是数字经济发展的先导力量，以信息通信产业为主要内容，具体包括电子信息制造业、电信业、软件和信息技术服务业、互联网行业及其他新兴产业。数字产业化的稳步发展，集中表现为数字技术经济范式创新体系变革。

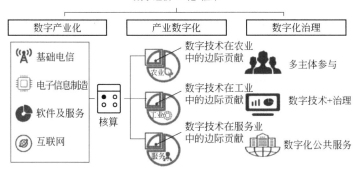

图 1-4 数字经济"三化"框架

（2）产业数字化

产业数字化是数字经济发展的主引擎。传统产业由于应用数字技术而使生产数量和生产效率提升，其新增产出构成数字经济的重要组成部分。产业数字化集中体现为数字技术体系对生产制度结构的影响，即对传统产业组织、生产、交易等的影响。

（3）数字化治理

数字化治理是数字经济发展的必要补充，包括利用数字技术完善治理体系、创新治理模式、提升综合治理能力等。数字化治理集中体现为数字技术对社会制度结构的影响，即在数字经济快速发展背景下，形成与之相适应的政府治理体系、模式等的全面变革。

1.6.5 我国数字经济取得重要进展

《数字中国发展报告（2021 年）》指出，数字中国建设取得显著成就，已建成全球规模最大、技术领先的网络基础设施。截至 2021 年底，我国已建成 142.5 万个 5G 基站，总量占全球 60% 以上，5G 用户数达到 3.55 亿，行政村、脱贫村通宽带率达 100%；IPv6 地址资源总量位居世界第一，IPv6 活跃用户数达 6.08 亿；算力规模全球排名第二。

数据资源价值加快释放。2017—2021 年，我国数据产量从 2.3ZB 增长至 6.6ZB，全球占比 9.9%，位居世界第二。大数据产业规模快速增长，从 2017 年的 4700 亿元增长至 2021 年的 1.3 万亿元。

数字技术创新能力快速提升。5G 实现技术、产业、应用全面领先，高性能计算保持优势，北斗导航卫星全球覆盖并规模应用。芯片自主研发能力稳步提升，国产操作系统性能大幅提升。人工智能、云计算、大数据、区块链、量子信息等新兴技术跻身全球第一梯队。2021 年，我国信息领域 PCT 国际专利申请数量超过 3 万件，比 2017 年提升 60%，全球占比超过三分之一。我国互联网企业更加注重创新，2017—2021 年，上市互联网企业研发投入增长 227%。

数字经济发展规模全球领先。2017—2021 年，我国数字经济规模从 27.2 万亿元增至 45.5 万亿元，总量稳居世界第二，成为推动经济增长的主要引擎之一。

数字政府治理服务效能显著增强。我国电子政务在线服务指数全球排名提升至第 9 位；超过 90%的省级行政许可事项实现网上受理和"最多跑一次"；数字抗疫对统筹推进疫情防控和经济社会发展发挥了至关重要的作用。

数字社会服务更加普惠便捷。2017—2021 年，我国网民规模从 7.72 亿增长至 10.32 亿，互联网普及率提升至 73%，特别是农村地区互联网普及率提升到 57.6%，城乡地区互联网普及率差异缩小 11.9 个百分点。

报告中还发布了 2021 年各地区数字中国发展成效评价结果。评价结果显示，浙江、北京、上海、广东、江苏、山东、天津、福建、湖北、四川等地区数字化综合发展水平位居全国前 10 名。

报告提出，2022 年加强数字中国建设整体布局，持续从数字技术创新、数字基础设施、数字经济、数字政府、数字文化、数字社会、数字生态文明、数据资源、数字安全和治理、数字国际合作等方面推进数字中国建设。

1.6.6 我国数字经济竞争力现状

为全面准确评估世界各国的国家数字竞争力差异与影响因素，2019 年 6 月 15日，腾讯研究院联合中国人民大学统计学院指数研究团队，重磅发布了历时一年的研究成果——《国家数字竞争力指数研究报告（2019）》。报告显示，以全球数字竞争力直接排名来看，2018 年美国以 86.37 分位列第一，中国（不含港澳台地区）以 81.42 分紧随其后，韩国、新加坡、日本位列第 3～5 位，英国、德国、瑞典、法国、挪威分别位列第 6～10 位，见表 1-2。

表 1-2　2018 年数字经济竞争力前 30 名国家（或地区）得分

2018 年排名	2017 年排名	国家（或地区）	2018 年得分	2017 年得分
1	1	美国	86.37	85.61
2	8	中国（不含港澳台）	81.42	78.30
3	4	韩国	81.32	83.45
4	2	新加坡	80.78	82.67
5	5	日本	79.98	80.62
6	3	英国	79.43	81.60
7	6	德国	79.00	80.53
8	9	瑞典	78.08	78.26
9	7	法国	78.08	79.67

2018 年排名	2017 年排名	国家（或地区）	2018 年得分	2017 年得分
10	13	挪威	77.57	77.13
11	11	瑞士	77.05	78.00
12	15	澳大利亚	76.61	76.12
13	10	荷兰	76.42	78.01
14	14	奥地利	76.13	76.55
15	12	爱尔兰	75.71	77.35
16	17	加拿大	75.55	75.03
17	23	爱沙尼亚	74.94	73.84
18	19	以色列	74.77	74.79
19	16	丹麦	74.33	75.81
20	20	芬兰	74.11	74.73
21	31	中国香港	74.01	70.12
22	34	中国台湾	73.99	69.55
23	22	新西兰	73.82	74.31
24	25	俄罗斯	73.43	73.49
25	21	比利时	73.20	74.37
26	18	冰岛	73.16	74.89
27	28	阿拉伯联合酋长国	72.90	71.63
28	24	卢森堡	72.52	73.72
29	29	立陶宛	72.51	71.22
30	26	捷克	72.08	72.81

该报告以竞争优势理论为基础，提出了数字基础设施、数字资源共享、数字资源使用、数字安全保障、数字经济发展、数字服务民生、数字国际贸易、数字驱动创新、数字服务管理和数字市场 10 项评价指标。

进入 21 世纪以来，数字科技在政治、经济、文化等各个领域不断渗透，引领发展风向标，促进产业转型与升级，一步步改变着人类社会的运作模式。尤其是 2018 年以来，数字经济浪潮汹涌而至。自 20 世纪 90 年代以来，美国紧抓数字革命的机遇，创造了多年的经济繁荣；欧洲、日本等也紧跟美国脚步，积极推进数字革命，产生了巨大的成效。美国在 2000—2018 年的 19 年中曾有 15 年排名数字竞争力榜单第一名，新加坡在 2007 年、2009 年、2010 年超越美国，短暂夺得第一名。

中国从 2017 年的 78.30 分位列全球第八上升至 2018 年的第二位，并且连续两年成为前 10 名中唯一的发展中国家。中美两国对比来看，美国在数字安全保障等要素上实力出众，中国则在数字国际贸易要素上有突出表现。中美两国在数字资源共享、数字资源使用及数字经济发展等要素上保持齐平，但是在数字基础设施和数字市场环境要素上，中国处于劣势，与美国差距较大。

国际互联网的博弈与竞争，既是技术和市场的竞争，更是政策环境的竞争。报告认为，中国需要基于全球国家数字竞争力这个大背景来看待产业发展，抢抓信息革命特别是 5G 发展的新机遇，构筑完善的数字基础设施，创造一个有利于创新和发展的政策环境，充分释放数字红利，打造国家竞争新优势，让数字经济更好地造福人民。

1.6.7 数字化是智能制造的基础

数字化需要计算机技术将很多复杂信息转变为可以用来度量的数据、数字，再把这些数据、数字建立起适当的数字化模式，变换为二进制代码。

采用数字化仿真手段，能制造出数字化产品、产品系统，能使工艺设计从经验的试验向科学推理转变。要做到产品表达、制造装备、制造工艺以及制造系统数字化，都需要数字化数据的支撑。数据包括装备与产品几何、力学行为的耦合，对产品信息以及产品工艺信息和产品资源信息进行详细的分析，对产品进行规划和重新组合，用来实现对产品设计和产品功能的原型制造和产品仿真，进一步加快生产，并能达到用户要求性能。目前，数字化生产已经成为全球制造业发展的新趋势。

目前企业存在数字化发展不平衡不充分的问题，加快形成贯通全流程全领域的数据链条，必须夯实数字化基础，加快数字化技术、装备、系统在生产过程中的应用，进一步提升工业企业关键工序数控化率和数字化生产设备联网率。

1.6.8 数字孪生将大大提升智能制造水平

数字孪生（digital twin）是集成多物理量、多尺度、多概率的仿真过程，在虚拟空间中完成映射，从而反映相对应的实体装备全生命周期过程，可以被视为一个或多个重要的、彼此依赖的装备系统数字映射系统。

赛博物理系统（CPS）作为智能制造的核心模式，体现了动态感知、实时分析、自主决策、精准执行的闭环过程，支持了装备/系统自适应、自组织的智能化发展理念。数字孪生是 CPS 的具体体现，重点是突出虚实融合下的数据处理、仿真分析、虚拟验证及运行决策等。

数字孪生最为重要的启发意义在于，它实现了现实物理系统向赛博空间数字化模型的反馈，这是一次工业领域中逆向思维的壮举。各种基于数字化模型进行的各类仿真、分析、数据积累、挖掘，甚至人工智能的应用，都能确保它与现实物理系统的适用性，将大大提高智能制造的水平，这就是数字孪生对智能制造的意义所在。智能系统的智能首先是要感知、建模，然后才是分析推理。如果没有数字孪生对现实生产体系的准确模型化描述，所谓的智能制造系统就是无源之水，无法落实。

数字孪生与产品研制生产全生命周期阶段具有融合的体现关系。数字孪生可广泛应用于产品全生命周期，实现对产品行为方式和性能指标的分析预测，提高产品研制和运行效率，降低生产和运维成本。表现在产品研发阶段设计分析的拟实仿真评估、工艺设计阶段的工艺系统虚拟验证、生产制造阶段的生产制造运行大数据/人工智能决策、制造资源状态评估与预防性维护、试验测试阶段的虚拟试验测试评估、服役运维阶段的装备性能动态预测评估等方面，并且能够有效地与面向全生命周期跨地域/专业的综合研制集成融合，从而能够有效支撑和发展形成制造业新模式。

1.6.9 增材制造为数字经济发展开辟了巨大空间

增材制造（3D打印）技术是近年来发展起来的新型制造技术。与传统"减材"制造过程截然相反，增材制造以三维数字模型为基础，通过分层制造、逐层叠加的方式制造三维实体，是集先进制造、智能制造、绿色制造、新材料、精密控制等技术于一体的新技术。增材制造技术从原理上突破了复杂异型构件的技术瓶颈，实现材料微观组织与宏观结构的可控成形，从根本上改变了传统"制造引导设计、制造性优先设计、经验设计"的设计理念，真正意义上实现了向"设计引导制造、功能性优先设计、拓扑优化设计"转变，为数字经济发展开辟了巨大空间。

1.7 工业互联网的发展

工业互联网是新一代网络信息技术与制造业深度融合的产物，是实现产业数字化、网络化、智能化发展的重要基础设施，通过人、机、物的全面互联，全要素、全产业链、全价值链的全面链接，推动形成全新的工业生产制造和服务体系，成为工业经济转型升级的关键依托、重要途径、全新生态。

1.7.1 工业互联网和消费互联网的区别

工业互联网是互联网发展的新领域，是在互联网基础之上、面向实体经济应用的演进升级。通常所说的互联网一般是指消费互联网，与之相比，工业互联网有3个明显特点：

一是连接对象不同。消费互联网主要连接人，应用场景相对简单，工业互联网实现人、机、物等工业经济生产要素和上下游业务流程更大范围的连接，连接种类、数量更多，场景复杂。

二是技术要求不同。消费互联网网络技术特点突出体现为"尽力而为"的服务方式，对网络时延、可靠性等要求相对不是特别严格。但工业互联网既要支撑对网络服务质量要求很高的工业生产制造，也要支撑高覆盖高灵活要求的网络化服务与管理，因此在网络性能上要求时延更低、可靠性更强，同时由于直接涉及工业生产，工业互联网安全性要求更高。

三是发展模式不同。消费互联网应用门槛较低，发展模式可复制性强，由谷歌、脸书、亚马逊、阿里、腾讯等互联网企业主导驱动发展；工业互联网涉及应用行业标准杂、专业化要求高，难以找到普适性的发展模式，通用电气、西门子、航天科工等制造企业发挥了至关重要的作用。同时，互联网产业多属于轻资产，投资回收期短，对社会资本吸引力大；而工业互联网相对属于重资产，资产专用性强，投资回报周期长，还存在一些认知壁垒。

1.7.2　发展工业互联网的思路

工业互联网需要 IT 技术与 OT 要素的全面融合，企业数字化转型并不是简单地用消费互联网模式去改造企业，需要结合企业需求改造现有 ICT 技术与标准，然后在企业应用中产生更大的附加值。中国工业互联网的发展需要同时补工业自动化的课，只解决网络化而不解决自主可控软件问题，不能实现工业互联网的初心。

1.7.3　工业互联网发展需要因企施策

正是因为工业互联网与消费互联网存在诸多不同，所以业界发展工业互联网需要新思路。从商业模式上看，传统消费互联网的模式无法复制到工业互联网领域，企业向工业互联网转型的效益通常只能间接计算；在思维上，互联网的灵魂是创新，业界需要将互联网思维引入企业，而不是简单地以消费互联网模式去改造企业；在实施主体上，工业互联网需更多细分领域的龙头企业参与进来，ICT企业发挥先锋作用，主体还是实体经济企业；在生态上，工业互联网需要相应的平台与工业 APP。

1.7.4　安全一直是工业互联网发展的重要课题

工业互联网的安全问题不能仅靠企业自身解决。目前，一些企业将核心数据加密并分布存储，以应对核心机密被窃取和解读。但是黑客一旦入侵就可以再度加密，甚至企业自身也无法解读，最终不得不被勒索。保障互联网安全，入侵防护是基础。

工业互联网的全面实现是一个长期过程。面对工业互联网时代的开启，任何企业都可以启动数字化转型工作，以管理创新与技术创新并重来应对发展中的挑战。

我国企业在规模、装备与技术方面参差不齐，大量的中小企业没有能力依靠自身力量进行数字化转型，所以政府需要建立非营利的平台为企业和广大创新创业者提供技术支撑和中介服务。

尽管工业互联网发展如火如荼，但在一些业内专家看来，仍有几点问题和壁垒需要克服。比如网络通信协议的障碍，不同品牌、不同协议的工业设备都有不同格式的数据通信协议，是否需要与其他企业的设备兼容，并不在首先考虑的范围内。根据从事设备联网工作的专家介绍，若要不同企业的设备彼此之间无障碍通信对话，需要 5000 种以上的通信协议，这是一个漫长的过程。尽管现在设备通信协议的走向是趋于标准化，但目前世界各大工业巨头之间尚未达成一致。

此外，便是平台间的壁垒与关联问题。现如今，各行各业还没有支持细分专业且全行业覆盖的工业互联网平台，各个平台之间也难以相互连接。为更好地促进工业互联网的发展，需要制定工业互联网网络标准，其中包括建立工业互联网网络标准体系，完善标识解析技术标准，形成网络标准制定与推广机制。

1.7.5　国家重视制造业与互联网融合推进智能制造

国家高度重视工业互联网发展，要深入实施工业互联网创新发展战略。近年来，中国工业互联网在技术标准、网络建设、平台培育、安全保障、融合应用等方面取得重要进展。中国自主的工业以太网（EPA）、工业无线网络（WIA-PA/FA）技术被纳入 IEC 国际标准。持续推进工厂内外网改造，加快部署 IPv6，标识解析公共服务节点建设取得积极进展。工业互联网平台数量快速增长，目前具有一定行业、区域影响力的平台超过 50 家，部分平台工业设备连接数量超过 10 万台套，工业大数据、工业 APP 开发、边缘采集、智能网关等平台关键软硬件产业成为发展热点。工业互联网安全监测平台初步建成。在钢铁、航空航天、机械、汽车、电子、家电等多个行业领域，在生产制造、运营管理、仓储物流、产品服务等不同环节，涌现出一批融合应用创新，催生出新模式、新业态，有效降低企业运营成本。

1.8　互联网平台的概念及模式

1.8.1　互联网平台的概念

过去几年，互联网在全球范围内加速兴起和发展，引发信息技术与制造技术加速融合创新，并驱动制造业智能化发展。随着工业互联网走向应用部署，互联网平台作为工业数据集成与工业应用创新的重要载体，正在成为新工业革命时期产业竞争的核心。

互联网平台通过业务在线化和大数据分析，能够促进供需双方精确匹配，缩短供需对接环节，提高效率，同时也能改善供需信息不对称等带来的问题。

平台带来的商业革命已改写了现在和未来企业生存规则，而这股浪潮目前已经从互联网行业蔓延到了其他行业之中。可以说，过去十几年的平台商业模式是互联网在服务业（第三产业）领域的爆发，也可以称为商业互联网，进而发展成综合互联网平台，继续发展可能成为垄断的中心平台。那么未来十几年，将是平台商业模式在传统制造业（第二产业）转型应用上的重要时期，也就是工业互联网平台的黄金期。同时，互联网与农林牧副渔（第一产业）领域的融合也将深入进行，将来很多产业都会以互联网平台的模式运行，这将大大颠覆传统的经济运行模式。

随着经济的发展，特别是科技的进步，平台商业模式已经发展成为一种平台经济。平台是一种虚拟或真实的交易场所。平台本身不生产产品，但可以促成双方或多方供求之间的交易，收取恰当费用或赚取差价来获得收益。

近年来，电商、租房、打车等各类互联网平台大量涌现，给生产、生活等方面带来巨变，对一些领域产生了颠覆性影响。平台经济是现代互联网经济的一个重要组成部分。随着智能手机和移动互联网的快速发展，平台经济已经上升到了前所未有的高度。

平台基本特征是：去中间化，价值链缩短；去中心化，服务内容和产品多样；去边界化，跨界协同。互联网、物联网、大数据、云计算促进平台应用提高到一个新水平。通过直接连接、激发多元、协同整合、广泛集成、资源汇聚、灵活应用、高度智能和开放创新，使互联网平台的作用起到叠加、倍增和集成的效果。

20 世纪 90 年代后，以网络信息技术为依托的平台加速崛起，围绕互联网平台组织起来的经济活动，构成现代意义上的平台经济。现代平台经济打破时空界限，迸发释放新活力，新模式新业态层出不穷，加速从经济舞台边缘走向中心，创新互联网平台是智能制造的重要途径。图 1-5 是互联网平台实施框架。

1.8.2 互联网平台三大模式

从商业模式看，目前互联网平台主要通过基于公有云的专业服务、面向特定场景的定制化集成部署和通用性平台技术授权三种方式获取收益。

（1）模式一

建设公有云平台，如海尔 COSMO 平台等。

（2）模式二

面向特定场景，基于平台的定制化集成部署，获得平台建设及部署收益。从部署级看，可以分为两类：一是面向企业生产过程，在工厂或车间进行部署，重

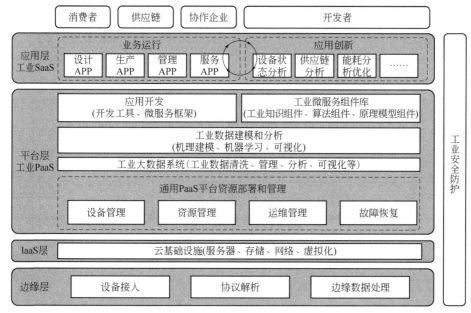

资料来源：《工业互联网平台白皮书》

图 1-5　互联网平台实施框架

点提供生产过程优化、设备管理、质量优化等方面的应用服务，如发那科的 FIELD system 平台、PTC ThingWorx 平台等；二是面向企业管理，提供市场分析、商业决策、供应链优化、资源调度等方面的数据分析能力，并实现与现有 ERP、SCM 等管理系统的对接，如 SAP HANA 平台、用友 iUAP 平台等。

（3）模式三

将平台产品或技术向第三方进行授权，允许第三方基于平台进行二次开发和服务提供，获取授权许可收益。在此过程中，提供商通过授权许可方式获取收益。例如美国参数技术公司（PTC）的 ThingWorx 平台授权给各个行业的系统集成商或软件服务商使用，以便这些企业基于 ThingWorx 平台提供适应不同行业特点的应用服务。

1.9　系统集成的概念及构成

1.9.1　系统集成的概念

系统集成（system integration）通常是指将软件、硬件与通信技术组合起来为用户解决信息处理问题的业务，集成的各个分离部分原本就是一个个独立的系统，集成后的整体各部分之间能彼此有机和协调工作，以发挥整体效益，达到整体优化的目的。

智能制造系统集成指以自动化、网络化为基础，以数字化为手段，以智能制造为目标，借助新一代信息通信技术，通过工业软件、生产和业务管理系统、智能技术和装备的集成，帮助企业实现纵向集成、横向集成等各类智能化解决方案的总称。

1.9.2　新一代智能制造系统的构成

新一代智能制造是一个大系统，主要由智能产品、智能生产、智能服务三大功能系统和工业互联网集合而成。

第一，智能产品和装备是新一代智能制造系统的主体。

第二，智能生产是新一代智能制造系统的主线，流程工业在国民经济中占有基础性的战略地位，最有可能率先突破新一代智能制造。而离散型智能工厂将应用新一代人工智能技术，实现加工质量的升级、加工工艺的优化、生产的智能调度和管理，建成真正意义上的智能工厂。机器换人，企业生产能力的技术改造、智能升级，不仅可以解决生产一线劳动力短缺和人力成本高升的问题，还从根本上提高制造业质量、效率和企业竞争力，因此在今后相当长时间内，企业的生产能力升级，生产线、车间、工厂的智能升级将成为推进智能制造的主要战场。

第三，以智能服务为核心的产业模式变革是新一代智能制造系统的主题。新一代人工智能技术的应用催生了产业模式的革命性转变，产业模式将实现从以产品为中心向以用户为中心转变。一方面，产业模式将从大规模流水线生产转向规模定制化生产；另一方面，整个制造业的产业形态将从生产型制造向生产服务型制造转变。

第四，工业互联网是支撑新一代智能制造系统的基础，随着新一代通信技术、网络技术、云技术、人工智能技术的发展和应用，工业互联网将实现质的飞跃，为新一代智能制造生产力和生产方式的变革，提供发展的空间和可靠的保障。

第五，系统集成将智能制造各功能系统和支撑系统集成为新一代智能制造系统，这是新一代智能制造最基本的特征和优势。新一代智能制造内部和外部均呈现系统"大集成"，具有集中与分布、统筹与精准、包容与共享的特性。

第六，制造企业核心的运营管理系统还包括人力资本管理（HCM）系统、客户关系管理（CRM）系统、企业资产管理（EAM）系统、能源管理系统（EMS）、供应商关系管理（SRM）系统、企业门户（EP）、业务流程建模（BPM）等，国内企业也把办公自动化（OA）作为一个核心信息系统。为了统一管理企业的核心主数据，近年来主数据管理（MDM）也在大型企业开始部署应用。实现智能管理和智能决策，最重要的条件是基础数据准确和主要信息系统无缝集成。

1.10 精益生产与智能制造

精益生产和智能制造，是目前制造业两大热门话题，备受关注。由于笔者工作关系，对此颇有涉足，深感精益生产和智能制造是相辅相成的关系，对制造业发展具有革命性的变革意义。通过进一步考察、研究，愈感此博大精深，需要不断学习。结合橡胶工业的现状，对精益生产和智能制造深度融合，促进橡胶工业的转型升级有了一些思考，在此与大家探讨。

1.10.1 关于智能制造的不同认识

智能制造这一新的发展模式受到橡胶行业高度关注，部分有战略眼光的企业家做了一些重要探索和实践，也取得很大成绩。但是，推行的过程中出现一些不同认识，有些人认为我国橡胶行业大部分企业没有推行精益生产，工业 2.0、工业 3.0 都未能达到，根本谈不上实施工业 4.0，实施智能制造。现在推行智能制造是脱离实际，是超前行为。这种认识给企业带来很大困惑，影响了橡胶工业转型升级和橡胶工业强国建设。

在国际上，也有专家认为制造业今后的发展方向是智能制造，精益生产已经过时。

之所以有以上不同认识，主要是对精益生产和智能制造的理解不同所致。经过对精益生产和智能制造有关理论的学习，结合橡胶工业现状的考察、研究，得出的结论是：精益生产和智能制造深度融合，是橡胶工业转型升级的必由之路。

1.10.2 什么是精益生产

精益生产（LP）是衍生自丰田生产方式（TPS）的一种管理科学。

精益生产就是及时制造、消灭故障、消除一切浪费，实现零缺陷、零库存。它是美国麻省理工学院在一项名为"国际汽车计划"的研究项目中提出来的。相关人员在做了大量调查和对比后，认为日本丰田汽车公司的生产方式是最适用于现代制造企业的一种生产组织管理方式，称之为精益生产，以针对美国大量生产方式（工业工程，IE）过于臃肿的弊病。精益生产综合了大量生产与单件生产方式的优点，力求在大量生产中实现多品种和高质量产品的低成本生产。

1.10.3 精益生产的发展过程

总体来说，根据精益生产方式的形成过程可以将其划分为 3 个阶段：丰田生产方式形成阶段，丰田生产方式的系统化阶段（即精益生产方式的提出），精益生产方式的新发展阶段（现代精益生产）。

（1）丰田生产方式的形成阶段（20世纪30—70年代）

20世纪初期，工业工程（IE）已在美国福特汽车公司推行取得成果，即"福特生产模式"，它是以大规模的流水生产方式来提高生产效率，降低劳动成本。1950年日本工程师丰田英二到达底特律，对福特的鲁奇厂进行了3个月的参观。当时鲁奇厂是世界上最大而且效率最高的制造厂。丰田英二对这个庞大企业的每一个细微之处都作了审慎的考察，回到名古屋后与在生产制造方面富有才华的大野耐一先生一起探讨，很快得出了结论：大量生产方式不适合于日本。由此丰田英二和大野耐一开始了适合日本需要的生产方式的革新。大野耐一先在自己负责的工厂实行一些现场管理方法，如目视管理法、一人多机、U形设备布置法等，这是丰田生产方式的萌芽。随着大野耐一式的管理方法取得初步实效，该方法在更大的范围内得到应用。之后，通过对生产现场的观察和思考，提出了一系列革新，最终建立起一套适合日本的丰田生产方式（TPS）。

（2）丰田生产方式的系统化阶段（20世纪80—90年代）

1985年美国麻省理工学院启动一项名为"国际汽车计划"的研究项目。詹姆斯·P. 沃麦克、丹尼尔·T. 琼斯、丹尼尔·鲁斯三位学者，用了5年时间对14个国家的近90个汽车装配厂进行实地考察，查阅了几百份公开的简报和资料，并对西方的大量生产方式（工业工程）与日本的丰田生产方式进行对比分析，于1990年出版了《改变世界的机器》，第一次把丰田生产方式定名为"精益生产"（lean production，LP）方式。接着在1996年，经过4年的"国际汽车计划"第二阶段研究，沃麦克和琼斯又出版了《精益思想》，进一步完善了精益生产的理论体系，将丰田生产方式提升成为一种管理科学和精益思想。

在此阶段，美国企业界和学术界对精益生产方式进行了广泛的学习和研究，提出很多观点，对原有的丰田生产方式进行了大量的补充，主要是增加了很多IE技术、信息技术等对精益生产理论进行完善，以使精益生产更适用。

20世纪末，随着研究的深入和理论的广泛传播，越来越多的专家学者参与进来，各种新理论方法层出不穷，而且相互融合，如大规模定制（mass customization）、单元生产（cell production）、现代工业工程（MTM）、以色列瓶颈方法（TOC）等都有所相互借鉴。很多美国大企业将精益生产方式与本公司实际相结合，创造出了适合本企业需要的管理体系，如1999年美国联合技术公司（UTC）的ACE管理（获取竞争性优势，achieving competitive excellence）、摩托罗拉的精益六西格玛管理等。这些管理体系实质是应用精益生产的思想，并将其方法具体化，以指导工厂顺利地推行精益生产方式。

在此阶段，精益思想跨出了它的诞生地——制造业，作为一种普遍的管理模式在各个行业传播和应用，先后成功地在建筑设计和施工、服务行业、民航和运输业、医疗保健领域、通信和邮政管理以及软件开发和编程等方面应用，使精益生产系统更加完善。

（3）精益生产方式的新发展阶段（21世纪）

进入21世纪，精益生产的理论和方法是随着科学技术的进步，特别是互联网、物联网、赛博系统、人工智能等现代技术的日新月异而不断发展。各工业发达国家根据自身优势，已经将精益生产与计算机现代集成（CIMC）系统、资源管理（ERP）系统、制造执行管理系统（MES）、赛博系统（CPS）、智能制造（IM）等深度融合，创新出新的制造业管理模式，也可以称为现代精益生产，这种模式将以前所未有的速度提高制造业的生产效率和效益，提高制造业的竞争优势。

美国、德国和日本的制造业发展模式对比如下：

美国：IE—LP—CIMS；

德国：IE—LP—CPS；

日本：TPS—LP—IM。

这些先进的制造业生产模式正在创造崭新的制造业工厂，将出现更多的"无人工厂"和"黑灯工厂"。

1.10.4 精益生产与智能制造的关系

（1）精益生产与智能制造是相辅相成的关系

首先，从精益生产与智能制造的目的来看二者是一致的，都是为了提高效率和效益；从运营管理层面来看都是一个生产模式，一个有效工具。

精益生产偏重管理，精益思想的原理、原则完全符合智能制造的特征，可以指导智能制造发展。智能制造偏重现代化技术，可以为精益生产提供智能工具。精益生产与智能制造也可以认为是上层建筑与物质基础的关系。精益思想在智能制造的基础之上会变得更容易推广，因为智能制造给予精益思想一个物化的基础，可以把精益思想在智能制造软件中物化为策略，在智能制造中就是通过这些策略表现出来智能的特征。

从精益生产与智能制造的本质来看，精益生产的本质是消除生产过程中非增值的活动，而智能制造是使增值活动自动化、柔性化、智能化和高效化。所以精益生产和智能制造的关系是互相补充、相辅相成的，两者深度融合，效果叠加，可以大大提高效率和效益。据专家估测，可提高效率50%～70%。

（2）传统的精益生产工具都可以在智能制造中完美体现

精益生产有十几个工具，可以根据企业具体情况选择采用。随着智能制造的推行，一些传统的精益生产工具在智能制造中使用，而且不断改进和发展。

例如：安灯（Andon）系统。随着科学技术的不断发展，安灯系统已由最初的拉绳模式发展到中期的按钮模式。到目前为止，安灯已经发展到一种更高级的触摸屏模式，可以在自动导引车（AGV）、中控室或者移动终端中实现；看板，纸质和塑料看板已经由效率更高的电子看板和条形码结合取代，而且可以无处不在，自动传递，及时执行；灯光指示拣选系统（PTL）已由立体仓库替代。

（3）智能制造中的软硬件工具应用于精益生产将使精益生产如虎添翼

从图 1-6 离散型智能制造平台和图 1-7 智能制造软件系统集成可以看出，智能制造在 CPS 下，ERP、MES、RFID 等至关重要，在精益生产中融合应用，可以使精益生产如虎添翼，彻底改变企业面貌。

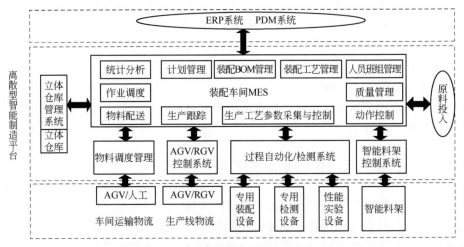

图 1-6　离散型智能制造平台

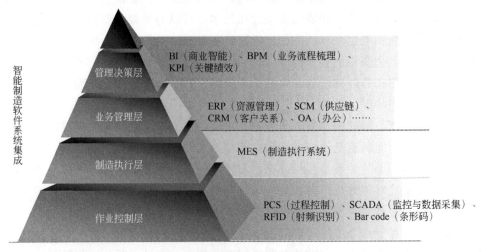

图 1-7　智能制造软件系统集成

精益生产（LP）是一种以最大限度减少企业生产所占用的资源、降低企业管理和运营成本为主要目标的生产方式，是一种理念、一种文化。实施精益生产就是精益求精、尽善尽美，为实现零浪费的终极目标而不断努力。精益生产主要追求 7 个"零"目标，即：零转产工时浪费、零库存、零浪费、零不良、零故障、零停滞、零灾害。MES 在追求精益生产"零"目标过程中发挥了积极作用。

① 实现计划、生产和控制的实时化管理　MES 是处于计划层和车间层操作控制系统之间的执行层，主要负责生产管理和调度执行。它通过控制包括物料、设备、人员、流程指令和设施在内的所有工厂资源来提高制造竞争力，提供了在统一平台上集成诸如质量控制、文档管理、生产调度等功能，从而实现企业实时化的计划管理、制造执行、生产控制 3 层体系结构，改善生产组织、缩短生产周期、减少制品数量、减少生产提前期、提高产品质量和降低人力资源消耗。

② 减少无附加值活动，提高交货能力　MES 通过信息传递，对从订单下达到产品完成的整个生产过程进行优化管理。当工厂发生实时事件时，MES 能做出及时反应、报告，并对它们进行指导和处理。这种状态变化的迅速响应使 MES 能够减少企业内部没有附加值的活动，有效指导工厂的生产运作过程，从而使其既能提高工厂及时交货能力，改善物料的流通性能，又能提高生产回报率。

③ 实现对制造系统集成考虑，最终实现精益化战略　MES 的关键是强调整个生产过程的优化，它需要收集生产过程中大量的实时数据，并对实时事件及时进行处理。把制造系统的计划和进度安排、追踪、监视和控制、物料流动、质量管理、设备控制和 ERP 集成等一体化去考虑，以最终实施制造精益化战略。

显而易见，MES 应作为企业实现精益生产的工具，在引入精益生产方式的同时，与实施 MES 同时进行，通过建立平台化的 MES 为实施精益生产提供技术支撑，将精益生产与 MES 完美结合，将加快企业信息改造的步伐，推进企业的精益生产流程优化。

1.11　机器人技术助力智能制造发展

1.11.1　机器人是最典型的智能制造技术

机器人是在现代传感技术、网络技术、自动化技术、拟人化智能技术等先进技术的基础上，通过智能化的感知、人机交互、决策和执行技术，实现设计过程、制造过程和制造装备智能化，是信息技术和智能技术与装备制造技术的深度融合与集成。机器人技术附加值很高，应用范围很广，作为先进制造业的支撑技术和信息化社会的新兴产业，将对未来生产和社会发展起着越来越重要的作用。随着企业自动化水平的不断提高，机器人自动化生产线的市场肯定会越来越大，将逐渐成为自动化生产线的主要形式。机器人技术是智能制造的标志和核心，是颠覆传统制造的根本途径，是智能制造尖端技术。将人、数据、机器连接起来，通过互联网和大数据结合，促进更先进设备和更完善服务的产生，机器人将成为完成这一使命的最佳载体。机器人革命有望成为"第三次工业革命"的一个切入点和重要增长点，将影响全球制造业格局。

1.11.2　国内外机器人技术的现状和发展

（1）国外机器人技术现状

自从 20 世纪 60 年代初人类制造了第一台工业机器人以后，机器人就显示出极强的生命力。日本政府对工业机器人产业和应用实施了积极的扶植政策，率先从美国引进机器人技术，仅用十几年的时间，在日本就实现了工业机器人的产业化和推广应用。现在，在工业发达国家中，工业机器人已经广泛应用于汽车及汽车零部件制造业、机械加工行业、电子电气行业、橡胶及塑料工业、食品工业、物流等诸多领域中，甚至出现了军用机器人、水下机器人、地下机器人和空间机器人等。作为先进制造业中不可替代的重要装备和手段，工业机器人已经成为衡量一个国家制造水平和科技水平的重要标志。

在国外，工业机器人技术日趋成熟，已经成为一种标准设备被工业界广泛应用，从而相继形成了一批具有影响力的、著名的工业机器人公司，包括：瑞典的ABB，日本的发那科（FANUC）、安川电机（YASKAWA）、川崎重工（KAWASAKIHEAVY），德国的库卡（KUKA），美国的AdeptTechnology，意大利的 COMAU。这些公司已经成为其所在国家的支柱企业。

根据中国电子学会编写的《中国机器人产业发展报告（2022 年）》，预计 2022年全球机器人市场规模将达到 531 亿美元，2017—2022 年的年均增长率达到 14%。其中，工业机器人市场规模将达到 195 亿美元，服务机器人将达到 217 亿美元，特种机器人超过 100 亿美元。预计到 2024 年，全球机器人市场规模将有望突破650 亿美元。

其中，工业机器人市场规模创下历史新高，机器人在汽车、电子、金属制品、塑料及化工产品等行业已经得到了广泛的应用。IFR 统计数据显示，预计至 2022年，工业机器人市场规模将达到 195 亿美元，2024 年将有望达到 230 亿美元。

服务机器人，在疫情影响下孕育出新的发展机遇，已形成初具规模的行业新兴增长点。抗疫系列机器人成为疫情防控的新生力量，"无接触"的无人配送已成为新焦点。预计 2022 年，全球服务机器人市场规模达到 217 亿美元；2024 年，市场规模将有望增长到 290 亿美元。

近几年，国外机器人领域发展有如下趋势：

① 工业机器人性能不断提高（高速度、高精度、高可靠性、便于操作和维修），单机价格不断下降。

② 机械结构向模块化、可重构化发展。例如关节模块中的伺服电机、减速机、检测系统三位一体化；由关节模块、连杆模块用重组方式构造机器人整机。

③ 工业机器人控制系统向基于 PC 机的开放型控制器方向发展，便于标准化、网络化；器件集成度提高，控制柜日见小巧，且采用模块化结构；大大提高了系统的可靠性、易操作性和可维修性。

④ 机器人中的传感器作用日益重要，除采用传统的位置、速度、加速度等传感器外，装配、焊接机器人还应用了视觉、力觉等传感器，而遥控机器人则采用视觉、声觉、力觉、触觉等多传感器的融合技术来进行环境建模及决策控制；多传感器融合配置技术在产品化系统中已有成熟应用。

⑤ 虚拟现实技术在机器人中的作用已从仿真、预演发展到用于过程控制，如使遥控机器人操作者产生置身于远端作业环境中的感觉来操纵机器人。

当代遥控机器人系统的发展特点不是追求全自治系统，而是致力于操作者与机器人的人机交互控制，即遥控加局部自主系统构成完整的监控遥控操作系统，使智能机器人走出实验室进入实用化阶段。美国发射到火星上的"索杰纳"机器人就是这种系统成功应用的最著名实例。

（2）国内机器人技术现状

我国的工业机器人研究始于 20 世纪 70 年代，由于当时经济体制等因素的制约，发展比较缓慢，研究和应用水平也比较低。1985 年，随着工业发达国家开始大量应用和普及工业机器人，我国在"七五"科技攻关计划中将工业机器人列入了发展计划，由当时的机械工业部牵头组织了点焊、弧焊、喷漆、搬运等型号的工业机器人攻关，其他部委也积极立项支持，形成了中国工业机器人第一次高潮。

进入 20 世纪 90 年代后，为了实现高技术发展与国家经济主战场的密切衔接，"863 计划"确定了特种机器人与工业机器人及其应用工程并重、以应用带动关键技术和基础研究的发展方针。经过广大科技工作者的辛勤努力，开发了 7 种工业机器人系列产品，102 种特种机器人，实施了 100 余项机器人应用工程。

在 20 世纪 90 年代末期，我国建立了 9 个机器人产业化基地和 7 个科研基地，包括沈阳自动化研究所的新松机器人公司、哈尔滨工业大学的博实自动化设备有限公司、北京机械工业自动化研究所机器人开发中心、海尔机器人公司等。产业化基地的建设带来了产业化的希望，为发展我国机器人产业奠定了基础。经过广大科技人员的不懈努力，我国目前已经能够生产具有国际先进水平的平面关节型装配机器人、直角坐标机器人、弧焊机器人、点焊机器人、搬运码垛机器人和自动导引车（AGV）等一系列产品，其中一些品种实现了小批量生产。一批企业根据市场需求，自主研制或与科研院所合作，进行机器人产业化开发。如奇瑞汽车与哈工大合作进行点焊机器人的产业化开发、西安北村精密数控与哈工大合作进行机床上下料搬运机器人的产业化开发、昆山华恒与东南大学等合作开发弧焊机器人、广州数控开发焊接机器人、盐城宏达开发弧焊机器人等。

在这里值得一提的是自动导引车（automatic guided vehicle，AGV），它实现的主要功能是在计算机和无线局域网络的控制下，经磁导航或者激光导航装置引导并沿程序设定路径运行完成作业，为无人驾驶自动小车，电池驱动（交、直流），本质上它为现代制造业物流提供了一种高度柔性化和自动化的运输方式。目前，AGV 在我国烟草、印钞、汽车、新闻纸等行业已有大规模应用，呈日益上升的势头，并出现了一些新的技术和行业应用趋势。

目前的案例是 AGV 在室内的应用较多，但随着需求的发展，户外或半户外 AGV 技术将逐步完善和进入应用阶段。户外 AGV 技术一直是应用的难点，主要受制于相对恶劣的自然条件，如温度、湿度、阳光、雾、雨、雪等。作为世界领先的 AGV 技术提供商，Danaher Motion 公司每年投入巨额研发费用到产品升级上，户外技术正是其方向之一，如防雨的激光导航装置、交流驱动器、特殊经验的系统设计等，欧洲合作伙伴户外技术测试工作也取得相对理想的实效。

国内 AGV 应用需求正突破传统行业，医药、港口等行业的需求日益扩大。目前我国港口集装箱采用的码头运输方式为起重机将集装箱卸载到人工驾驶的运载工具上，再运输到储存地点。如果采用 AGV 作为运载工具，将提高港口卸载效率约 70%。Danaher Motion 和合作伙伴进一步改进系统设计，采用激光导航方式，提供缓冲区设计以提高起重机和 AGV 协调性能，加大 AGV 的运载能力（单车运载双层集装箱 82t），提高运行速度（平地最大 20km/h，坡度为 5°时 5km/h），据估计综合效率提高 100% 以上。

近几年我国机器人开始快速发展，产业规模快速增长。国家统计局数据显示 2021 年中国工业机器人产量 36.6 万台，比 2020 年增长 48%；服务机器人产量 921.4 万台，比 2020 年增长 49%；特种机器人的市场规模也在稳步增长。2000 年我国工业机器人保有量仅为 3500 台，其中以点焊、弧焊、喷漆、注塑、装配、搬运、冲压等各类机器人为主；但到了 2011 年，我国机器人的保有量已达到 17 万台，其中工业机器人数量已经跃升到 7 万多台；2019 年我国机器人保有量达 78.3 万台，居世界第一，目前已突破 100 万台。这些机器人主要工作在汽车制造、电器装配等领域，其余的则"就职"于加工行业，少数出类拔萃的机器人（第二代和第三代）在太空探索和安全保卫领域担负着比较复杂而艰巨的使命。我国机器人市场规模持续快速增长，已经初步形成完整的机器人产业链，同时"机器人+"应用不断拓展深入。2021 年机器人全行业营业收入超过 1300 亿元，工业机器人产量比 2015 年增长了 10 倍，稳居全球第一大工业机器人市场。

根据国际机器人联合会（IFR）2020 年的统计数据，世界各地工厂使用工业机器人的速度正在加快：每 10000 名制造业劳动人口平均使用 126 个机器人，比 2015 年的 66 个增长了约 1 倍。我国制造业机器人密度从 2015 年的 49 台，增长至 2020 年的 246 台，在全球工业机器人密度排名中位居第九，5 年上升 15 位。但与其他国家相比仍有差距，韩国自 2010 年以来一直保持第一，为 932 台；新加坡第二，605 台；日本第三，390 台。

市场增长的同时，产业技术水平大幅提升。精密减速器、智能控制器、实时操作系统等核心部件研发取得重大进展，太空机器人、深海机器人、手术机器人等高复杂度产品实现重要突破。101 家"专精特新""小巨人"企业加快发展壮大，应用深度和广度加速拓展。

另外，虽然我国工业机器人有了快速的发展，但是与发达国家相比，技术方面尚存在较大差距，国产机器人的三大核心零部件也长期依赖于向外资购买。目前我国自主品牌工业机器人还是以中低端的三轴、四轴机器人为主，高端机器人需要大量进口。

1.11.3 机器人的种类

国内外的机器人专家从应用环境出发，将机器人分为两大类，即工业机器人和特种机器人。所谓工业机器人就是面向工业领域的多关节机械手或多自由度机器人，包括喷涂机器人、码垛机器人、上下料机器人、装配机器人、物流运输机器人等。而特种机器人则是除工业机器人之外，用于非制造业并服务于人类的各种先进机器人，包括服务机器人、水下机器人、娱乐机器人、军用机器人、农业机器人、机器人化机器等。在特种机器人中，有些分支发展很快，有独立成体系的趋势，如服务机器人、水下机器人、军用机器人、微操作机器人等。

目前应用于橡胶工业的机器人实例见图 1-8。

图 1-8

图 1-8　应用于橡胶工业的机器人实例

1.12　工业元宇宙与橡胶工业智能制造

近年来"元宇宙"（metaverse）成为一个热门话题，2021 年被称为元宇宙元年。目前元宇宙在科技、金融、游戏等领域的热度持续，但是质疑声也不绝于耳，可以说是众说纷纭。什么是工业元宇宙？与橡胶工业有什么关系？基于作者的科技知识，以及对橡胶工业的了解，本节就"工业元宇宙与橡胶工业智能制造"的话题予以阐述。

1.12.1　元宇宙的进展

（1）元宇宙出处

metaverse 是将前缀"meta"（意为"超越""元"）与"universe"（宇宙）相结合而成的新词。这一概念源于美国作家尼奥·斯蒂文森（Neal Stephenson）于 1992 年出版的科幻小说《雪崩》（*Snow Crash*）。

（2）国内外 IT 巨头率先抢占元宇宙先机

英伟达推出元宇宙模拟和协作平台，日本社交平台 Gree 开展元宇宙业务，微软正打造"企业元宇宙"，脸书改名为元（Meta）。国内百度推出元宇宙产品"希壤"，网易设立三亚元宇宙产业基地，另外一些机构也积极参与其中。

（3）国家各级政府陆续出台布局元宇宙

基于元宇宙拓展现实、虚实交互、数字孪生等特性，其与 XR（VR、AR、MR）、大数据、人工智能等互联网前沿技术和数字经济密切相关。因此元宇宙技术和理念的发展，被各地政府看作发展数字经济的又一个切入点，成为一项新的重点孵化产业，被写入多地政府的工作报告中。

在元宇宙的热潮中，各地方政府也积极布局，2021 年末，上海在年度经济工作会议上率先行动，将元宇宙写入上海经信委"十四五"规划。目前全国已有浙江、安徽、北京、江苏等多个省（市）紧随其后积极表态布局元宇宙新赛道，目前已呈现出长三角"抢跑"，多地陆续跟上的局面。此外，全国各地召开的两会，成为"元宇宙"提案的集中地。工业和信息化部中小企业局局长梁志峰在 2022 年 1 月 24 日的发布会上表示，要抢抓国家推进新基建、大力发展数字经济的大好机遇，培育一批进军元宇宙、区块链、人工智能等新兴领域的创新型中小企业。

1.12.2　工业元宇宙的定义

元宇宙是整合多种新技术而产生的新型虚实相融的互联网应用，它基于扩展现实技术提供沉浸式体验，基于数字孪生技术生成现实世界的镜像，基于区块链技术搭建经济体系，将虚拟世界与现实世界在经济系统上密切融合。

工业元宇宙即元宇宙相关技术在工业领域的应用，将现实工业环境中研发设计、生产制造、营销销售、售后服务等环节和场景在虚拟空间实现全面部署，通过打通虚拟空间和现实空间实现工业的改进和优化，形成全新的制造和服务体系，达到降低成本、提高生产效率、高效协同的效果，促进工业高质量发展。

1.12.3　工业元宇宙的本质

工业元宇宙本质上是使用虚拟现实（VR）、增强现实（AR）、混合现实（MR）等技术实现空间立体设计，对工业现实世界的虚拟化、数字化过程，简言之由实向虚。反馈到工业现实世界，提高生产效率，称之为由虚向实。工业的发展就是在虚拟与现实之间不断轮转，不断改变其发展模式，不断提高效率。

1.12.4　工业元宇宙的核心技术

（1）扩展现实技术

包括 VR 和 AR。扩展现实技术可以提供沉浸式的体验，从早期的鼠标、键盘到现在的 VR/AR 设备，操作模式不断演变，其沉浸感也不断提升，获得身临其境式体验。终极形态是通过脑机接口技术，实现嗅觉、味觉等感知体验，同时与虚拟世界自由交互，显著提升拟真体验与沉浸感。

（2）数字孪生技术

数字孪生是把现实世界镜像到虚拟世界里，创造一个独立于现实世界的数字系统。不仅能还原现实世界的内部状态、外部环境，还能跟现实世界进行实时互动。数字孪生应用于制造业，能够在智能生产方面发挥重要作用。

（3）区块链

随着元宇宙进一步发展，对整个现实社会的模拟程度加强，在元宇宙中可以交易，这样在虚拟世界里同样形成了一套经济体系，它是去中心化的独立经济系统。区块链技术通过智能合约等可实现元宇宙内的价值流转，保障系统规则的透明高效执行。

1.12.5 元宇宙的基本特征

当前，关于元宇宙的一切都还在争论中，从不同视角去分析会得到差异性极大的结论，但元宇宙所具有的基本特征已得到业界的普遍认可。其基本特征包括：沉浸式体验，低延迟和拟真感让用户具有身临其境的感官体验；虚拟化分身，现实世界的用户将在数字世界中拥有一个或多个 ID 身份；开放式创造，用户通过终端进入数字世界，可利用海量资源展开创造性活动；强社交属性，现实社交关系链将在数字世界发生转移和重组；稳定化系统，具有安全、稳定、有序的经济运行系统。元宇宙基本特征见图 1-9。

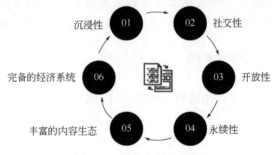

图 1-9　元宇宙基本特征

1.12.6 工业元宇宙是供给侧经济的应用

元宇宙是在两个背景下出现的：一个是线下场景的数字化，主要体现在消费互联网领域的社交和娱乐上；另一个是产业和工业的数字化转型需求，也就是工业元宇宙。

目前，我国消费互联网行业增速回落，用户规模趋稳。2020 年我国网民的数量约为 9.89 亿人，其中游戏用户占比在 78%以上，移动社交用户独立设备数为 8.5 亿个，从社交和游戏出发元宇宙将为消费互联网行业发展提供新的契机。然而，我国在工业生产中数字化工具的采用率、数字化研发设计工具的普及率和关键工序的数控化率与国际先进水平还有很大差距，虽然我国工业互联网发展已经取得丰硕成果，但相关工作有待进一步加强。在工业数字化转型的进程中，元宇宙作为物理与信息世界结合的技术解决方案将会发挥重要作用。

工业元宇宙主要有两个方面的重要工作。一方面是工业元宇宙需要强化物理世界与信息世界的联动，保障信息为物理世界服务才能真实推动工业的数字化转型。另一方面是完成 3 个层面的信息整合：一是企业信息垂直整合，包括设备信息、工控系统、工业软件等；二是生产链条信息整合，包括设计、研发、制造、仓储、销售等环节信息；三是端到端信息整合，打通万物互联的信息通路。

在游戏元宇宙里，24h 沉浸式体验将不再是梦想；在社交元宇宙里，人类分身有术，足不出户便可以虚拟化身进行社交活动；在消费元宇宙里，所见即所得，线上线下购物的界限将不再明显。

以上这些元宇宙应用，均聚焦于 C（消费者）端。对于实体经济而言，更多作用于拉动内需，而非刺激供给。

工业元宇宙则不同，它直接作用于实体经济的供给侧，可以理解成元宇宙技术在工业领域的应用。它可以实实在在解决工业企业的痛点，从而产生经济价值，促进工业改进、创新乃至革命。

1.12.7 工业元宇宙是新一代工业互联网

工业元宇宙基于互联网而生，是数字信息高度发展的产物。

第一代工业互联网是 PC 互联网，交互的工具是键盘和鼠标。第二代工业互联网是移动互联网，通过智能手机触屏的方式上网产生交互，也称二维工业互联网。第三代工业互联网是元宇宙工业互联网，也称三维工业互联网，通过 VR、AR 等辅助上网，将会打造出一个三维的、完全平行于现实社会的虚拟世界，可以将现实中的软件平台搬到三维世界中，提高工业效率和降低成本。

工业元宇宙的范畴远比工业互联网宽泛，因此也带来新的解题思路。

现在产业界普遍认同元宇宙包括六大底层技术：物联网技术、区块链技术、交互技术、电子游戏技术、人工智能技术、网络及运算技术。信息技术（IT）、操作技术（OT）、通信技术（CT）只能算其中极小的分支。这些技术融合到极致，将会打造出一个三维的、完全平行于现实社会的虚拟世界。将现实搬上虚拟世界将只是它的第一步。

在二维的互联网世界中，工厂操作人员只能通过二维的数字大屏来观测虚拟的工厂，需要鼠标点击设备、工位等才能查看实时状态。但在工业元宇宙中，理想情况下工厂操作人员只需要带上 VR/AR 设备，便能以虚拟化身进入虚拟世界的工厂中，不仅体验更逼真，而且信息传输也更及时，直接输入指令，就可以知道目标信息。

工业元宇宙还必须将现实中的软件平台搬到三维世界中。工业元宇宙更大的想象空间还在于形成一个更"低成本"的平行世界，这意味着，工业互联网中被"卡脖子"的基础软件、工业设备有了更高效率、低成本的解法。

若能在虚拟世界中模拟产品设计、规划、生产、优化的全生命周期活动，就能避免在现实世界中实打实地投入这些成本。等到虚拟世界中将一切问题都解决后，现实世界工厂只负责生产，这一过程大大加快了产品设计迭代的速度。

工业元宇宙可以是更高级的工业互联网，也是解决当前工业互联网发展难题的最优解，前提是，它能够进化到足够好用的一天。

尽管元宇宙还在概念炒作期，但 XR 作为元宇宙的底层技术之一，明显已经越过热潮期、低谷期，迎来了快速发展期。除此之外，元宇宙的另一项底层技术 AI，当前已经开始走向大规模落地阶段。最关键的是，工业元宇宙提供了前所未有的"技术融合"视角。

工业互联网、工业元宇宙都可以看作是一揽子前沿科技，或者说是一项"导游帽"，引导着"云物大智移虚"（云计算、物联网、大数据、人工智能、移动互联网、虚拟技术）等技术朝着共同方向努力。

而在工业元宇宙更宏大的叙事中，数字孪生、VR/AR、区块链等技术走到台前，技术难度更高，融合度亦更高，冲击力量更猛，这就是为何我们需要迫不及待地推出工业元宇宙。

1.12.8　工业元宇宙助力智能制造全面升级

工业元宇宙即元宇宙相关技术在工业领域的应用，将现实工业环境中的研发设计、生产制造、营销销售、售后服务等环节和场景在虚拟空间实现全面部署，通过打通虚拟空间和现实空间实现工业的改进和优化，形成全新的制造和服务体系，达到降低成本、提高生产效率、高效协同的效果，促进工业高质量发展。

（1）工业元宇宙"虚实协同"是智能制造的发展方向

工业元宇宙"由虚向实"实现"虚实协同"。工业元宇宙与数字孪生概念类似，两者区别在于，数字孪生是现实世界向虚拟世界的 1∶1 映射，通过在虚拟世界对生产过程、生产设备的控制来模拟现实世界的工业生产；工业元宇宙则比数字孪生更具广阔的想象力，所反映的虚拟世界不止有现实世界的映射，还具有现实世界中尚未实现甚至无法实现的体验与交互。另外，工业元宇宙更加重视虚拟空间和现实空间的协同联动，从而实现虚拟操作指导现实工业。

工业元宇宙助力智能制造全面升级。智能制造基于新一代信息技术与先进制造技术深度融合，贯穿于设计、生产、管理、服务等制造活动的各个环节，是致力于推动制造业数字化、网络化、智能化转型升级的新型生产方式。工业元宇宙则更像是智能制造的未来形态，以推动虚拟空间和现实空间联动为主要手段，更强调在虚拟空间中映射、拓宽实体工业能够实现的操作，通过在虚拟空间的协同工作、模拟运行指导实体工业高效运转，赋能工业各环节、场景，使工业企业达到降低成本、提高生产效率的目的，促进企业内部和企业之间高效协同，助力工业高质量发展，实现智能制造的进一步升级。

智能制造发展过程见图 1-10。

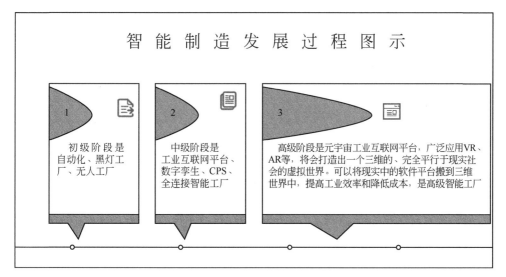

图 1-10　智能制造发展过程

（2）工业元宇宙的应用场景覆盖产品全生命周期

现阶段工业元宇宙的大部分案例更趋近于数字孪生技术的应用。展望未来，工业元宇宙的应用场景将覆盖从研发到售后服务的产品全生命周期，由"虚"向"实"指导和推进工业流程优化和效率提升。包括从研发设计、生产优化、设备运维、产品测试、人员培训、工艺开发、试产测试、设备调试、产线巡检、远程运维、经营管理、市场营销等多个环节。

1.12.9　元宇宙发展离不开高分子新材料

VR/AR 现在已经开始大规模普及，家用 VR 设备也已经降至 2799 元（参考价格）。VR/AR 设备由于其用途的特殊性，其材料需要具备轻量化、抗摔、高透光、记忆性等特点，而具有特殊性能的高分子材料则成为主要目标。

目前用于 VR 设备的材料可以归结为以下 4 类：

第一类：用于 VR 设备结构构建，在具备高强度性能的同时还要满足轻量化的要求。

第二类：用于 VR 设备的透镜，要求有超强的透光性以及一定的耐热性。

第三类：用于与人体接触部分，要求具有舒适、透气、耐腐、耐磨等性能。

第四类：用于 VR 外壳，不但需要具备超强的耐摔性能，同时也要满足环保需求。

（1）聚酰胺（PA）

聚酰胺俗称尼龙，是分子主链上含有重复酰胺基团（—NHCO—）的热塑性树脂的总称，包括脂肪族 PA、脂肪-芳香族 PA 和芳香族 PA，具有无毒、质轻、优良的机械强度、较好的耐磨性及耐腐蚀性。

尼龙拥有非常优秀的可替代性，可以替代布料在 AR/VR 上用作松紧带，可以替代笨重的金属作为外壳材料。透明尼龙具有透光率高、质轻、透氧率高等特点，技术要求更高，可用作 VR/AR 镜片及其他部件，且已应用到 AR/VR 设备上。

（2）聚碳酸酯（PC）

PC 抗冲击性强，强度和韧性好，无论是重压还是一般的摔打，只要不是试图用石头砸它，它就足够长寿，同时透明度也高，但是它的外观较容易刮花。PC 是 AR/VR 主体框架和镜片的材料。

（3）环烯烃类共聚物（COC）和聚甲基丙烯酸甲酯（PMMA）

COC 塑料是由 Topas Advanced Polymersgmbh 公司开发出来的环烯烃类共聚物商品名，是具有环状烯烃结构的非晶性透明共聚高分子物体。COC 具有与聚甲基丙烯酸甲酯（PMMA）相匹敌的光学性能以及高于 PC 的耐热性，还有低吸水性、优良的尺寸稳定性等，在市场上获得了很高的评价。COC 还具有改善水蒸气气密性，增加刚性、耐热性，能赋予易切割性等优点，常用于 VR 眼镜的光学部件。

PMMA 又称作压克力、亚克力或有机玻璃、Lucite，在中国香港多称作阿加力胶，具有高透明度、低价格、易于机械加工等优点，是经常使用的玻璃替代材料。PMMA 密度较低，但机械强度高，透光率高达 92%，光学性、绝缘性、耐候性、可加工性佳。

（4）碳纤维

碳纤维是含碳量在 90% 以上的高强度、高模量纤维，用腈纶和黏胶纤维做原料，经高温氧化碳化而成，是制造航天航空等高技术器材的优良材料，具有耐高温、抗摩擦、导电、导热及耐腐蚀等特性。碳纤维的密度小，因此比强度和比模量高。碳纤维的主要用途是作为增强材料与树脂、金属、陶瓷及炭等复合，制造先进复合材料。一些 VR/AR 的镜框、头托等部件会选择使用碳纤维材料，以求 VR 设备的极致轻量化。材料供应商有中材科技、新秀新材等。

（5）热塑性聚氨酯弹性体（TPU）

TPU 是一类加热可以塑化、溶剂可以溶解的弹性体，具有高强度、高韧性、耐磨、耐油等优异的综合性能，加工性能好。VR/AR 设备的头枕、腰部防护等贴身材料基本都使用 TPU 材料，以确保使用者因为虚拟世界误导而导致在现实世界中发生危险，并且可以提高设备匹配穿戴的舒适程度。

第**2**章

橡胶工业推行智能制造势在必行

2.1 智能制造是第四次工业革命的核心

面对 20 世纪末和 21 世纪新一轮科技革命和产业变革，世界上著名的学者、经济学家、预言家陆续提出了各种关于科学、技术、产业、工业、机器、信息和社会等的革命"理论"。经研究，各种革命之"说"，都绕不开智能制造，都将智能制造作为革命的核心或者是路径，可见智能制造之重要。

2.1.1 第三次工业革命

杰里米·里夫金（Jeremy Rifkin）的《第三次工业革命》一书认为，新型通信技术与新型能源系统的结合预示着重大经济转型时代的来临。第一次工业革命为煤炭-蒸汽动力-火车+印刷术；第二次工业革命为石油-内燃机-汽车+电信技术；第三次工业革命为可再生能源+互联网技术。第一次工业革命使 19 世纪的世界发生了翻天覆地的变化，第二次工业革命为 20 世纪的人们开创了新世界，第三次工业革命同样也将在 21 世纪从根本上改变人们的生活和工作。英国《经济学家》杂志负责创新与科技报道的编辑、《第三次工业革命》系列报道撰稿人保罗·麦基里（Paul Markillie）指出，制造业数字化将引领第三次工业革命，智能软件、新材料、灵敏机器人、新的制造方法及一系列基于网络的商业服务将形成合力，产生足以改变经济社会进程的巨大力量。可以肯定，第三次工业革命的灵魂是信息化，也可以说第三次工业革命是以制造业的数字化为核心。四次工业革命发展过程见表 2-1。

表 2-1　四次工业革命发展过程

项目	第一次工业革命	第二次工业革命	第三次工业革命	第四次工业革命
时间	1760—1840 年	1840—1950 年	1950—2000 年	2000 年一至今
时代	蒸汽时代	电气时代	信息时代	智能时代
实现效果	机械化	电气化	自动化	智能化
重要标志	蒸汽机发明应用	电力发明应用	可编程计算机等发明应用	互联网等发明应用

2.1.2　德国的"工业 4.0"

"工业 4.0"一词最早出现在 2011 年德国举行的汉诺威工业博览会上,在 2013 年汉诺威工业博览会上,"工业 4.0"概念正式由德国"工业 4.0 小组"提出,将制造业领域技术的渐进性进步描述为工业革命的 4 个阶段:"工业 1.0"(机械制造设备的引入)、"工业 2.0"(电气化的应用)、"工业 3.0"(信息化的发展)、"工业 4.0"(智能化发展)。"工业 4.0"战略通过深度应用信息通信技术(ICT)和网络物理系统等手段,以智能工厂和智能生产为重点进行工业技术领域新一代关键技术的研发和创新,使生产成本大幅下降和生产效率大幅提高,促进产品功能多样性、个性化和产品性能大幅提升。

2.1.3　第二次机器革命

美国埃里克·布莱恩约弗森和安德鲁·麦卡菲撰写的《第二次机器革命》认为,以互联网、新材料和新能源为基础,以"数字化智能制造"为核心的第二次机器革命即将到来。

第一次机器革命时代是 18 世纪末期伴随着蒸汽机诞生的工业革命,这一时期"几乎所有的动力系统都在延展人类的肌肉力量"。麦卡菲在一次接受采访时说:"在那个时代,每一种后续的发明都在释放越来越强大的动力。但它们的动力都需要人类做出决定和发出指令。" 因此,这个时代的创造实际上是由人类控制的,劳动力也因此显得"更有价值、更重要"。人类劳动力和机器是互补的关系。

然而,在第二次机器革命时代,布莱恩约弗森认为:"我们正在开始对更多认知性的工作,以及更多的动力控制系统进行自动化。"在很多情况下,今天的人工智能机器能够发出比人类"更优化"的指令。因此,人类和受软件驱动的机器可能正在日益变成替代关系,而不是互补关系。两位作者认为,促使这一切成为可能的是 3 个刚好达到引爆点的巨大技术进步,他们把这些技术进步描述为"指数级的增长、数字化的进步和组合式的创新"。

虽然这些理论对"革命"的划分有所不同,但均认为 21 世纪科技革命的核心是智能制造。

2.2 前沿科技推动智能制造迈向新高度

前沿科技蓬勃发展,工业互联网如虎添翼,助力橡胶工业智能制造迈向新高度。

互联网诞生 20 多年以来,我国服务业如游戏业、传媒业、邮政业、零售业等发展得如火如荼;互联网金融迎面扑来,资金融通、支付、投资等新型金融业务模式日新月异;更令人振奋的是相对滞后的制造业互联网异军突起,开始颠覆传统制造业的模式。移动互联网已经无处不在,物联网催生万物相连,不断改变着社会经济的各个方面,冲击着人们的传统思维,进而推动着人类社会的不断进步,互联网正在催生一个新时代。

国家高度重视工业互联网发展,强调要深入实施工业互联网创新发展战略。近年来,中国工业互联网在技术标准、网络建设、平台培育、安全保障、融合应用等方面取得重要进展。中国自主的工业以太网(EPA)、工业无线网络(WIA-PA/FA)技术被纳入 IEC 国际标准。持续推进工厂内外网改造,IPv6 加快部署,标识解析公共服务节点建设取得积极进展。工业互联网平台数量快速增长,从 2021 年世界人工智能大会上获悉,我国工业互联网平台发展迅速,目前已完成 100 余个平台建设,连接工业设备 7300 台套。工业大数据、工业 APP 开发、边缘采集、智能网关等平台关键软硬件产业成为发展热点。工业互联网安全监测平台初步建成。在钢铁、航空航天、机械、汽车、电子、家电等多个行业领域,在生产制造、运营管理、仓储物流、产品服务等不同环节,涌现出一批融合应用创新,催生出新模式、新业态,有效降低企业运营成本。

近年来,前沿汽车科技(电动汽车、无人驾驶汽车、共享汽车)、新材料(弹性体、纤维、石墨烯)、3D 打印、大数据、云计算、人工智能、虚拟现实、区块链等一系列前沿科技蓬勃发展,同时与工业互联网不断融合创新,让工业互联网如虎添翼,进一步促进工业互联网发展迈向新的高度。

在新时代科技革命和产业变革的大潮中,一系列前沿科技也将对橡胶产品市场、生产模式、销售服务模式等产生巨大影响,甚至是颠覆性的影响。

2.2.1 新材料是橡胶工业发展的先导

不少新材料将投放市场,如具有记忆功能的橡胶和骨架材料、人工设计材料、智能材料、纳米材料、3D 打印橡胶材料、石墨烯、碳纤维、超强且具有橡胶弹性的新型碳素材料等。这些新材料具有质量更轻、强度更高、硬度更大、回收性和适应性更好的优点。新材料的发展，将促进橡胶工业智能制造，提高效率和质量，降低能源消耗，减少污染。

2.2.2　3D 打印在橡塑方面的用途

3D 打印特别适合打印个性化、多品种、小批量定制产品，适合制造高性能、多种材料的复合制品。据预测，随着橡胶工业智能制造的推进，3D 打印在柔性生产方面大有用武之地。

2.2.3　人工智能对橡胶工业智能制造的作用

首先，橡胶工业的很多工序，特别是产品检测工序，都依赖视觉检查。人工智能设备对样品进行视觉检查的能力正在迅速提高，这使我们能够建立橡胶工业自动视觉检测系统。其次，优化橡胶工业生产过程。人工智能可以自动调节和改进生产过程中的参数，例如温度、压力、时间等。再次，人工智能将显著提高橡胶新产品制造过程中的设计、制造效率。最后，确定橡胶产品质量问题来源。许多产品的制造过程涉及一系列的步骤，人工智能、数据科学和数据分析将帮助自动识别生产中的问题。

2.2.4　虚拟现实对橡胶工业智能制造的作用

当前，随着计算机、传感、网络通信等技术的快速发展，虚拟现实逐渐向工业领域渗透应用，为制造业的研发、生产、管理和服务等各环节带来了深刻变革，可以为制造业工厂解决当前面临的成本、效率和时效性三大难题，进一步推动了智能制造的发展。在橡胶工业推行智能制造过程中，离不开研发、装配、检修、培训等工序，引入虚拟现实技术可以提高工作质量和效率，推动橡胶工业智能制造向深度发展。

2.2.5　区块链对橡胶工业国内外贸易的作用

区块链是生产关系的变革，真正的供给侧革命，而且是高层次、高技术支撑的供给侧革命。利用区块链技术，可以改善国际贸易存在的安全、透明等问题。橡胶工业智能制造过程、物流过程和供应链过程中需要海量数据支撑，将来在橡胶工业智能制造中，引入区块链技术将大有作为，可以提高效率和运行质量。另外，利用区块链技术可以改善和提高橡胶工业国内外贸易的成本和安全性。

2.2.6 前沿汽车科技对橡胶工业的影响

电动汽车、无人驾驶汽车和共享汽车的发展，将大大减少对普通轮胎等产品数量的需求，但对中高档、个性化的产品将有更高的需求。另外，电动汽车、无人驾驶汽车的发展，需要提供更轻量化、环保、高性能的轮胎等橡胶产品。从汽车科技的发展来看，我国橡胶工业将面临更加严峻的普通产品过剩、高档产品不能满足要求的局面，更大的挑战将进一步促使橡胶工业供给侧结构性改革必须加快进行。

未来汽车科技的发展将呈现融合、集成和倍增的效果，而且将进一步影响人们购车的观念和政府的一系列政策。未来汽车制造及运行模式将发生颠覆性的变化，进而也将波及轮胎橡胶产业。科技的发展将导致汽车需求量的减少，会进一步加剧轮胎橡胶产业的激烈竞争，唯有高瞻远瞩、不断创新者才能脱颖而出，引领中国橡胶工业持续发展。

一系列前沿科技将为传统橡胶工业转型升级提供强有力的支撑。这些前沿科技不仅是橡胶工业发展的重要新引擎，也是改造传统橡胶工业、促进企业创新和技术进步的重要途径。前沿科技的快速发展高度契合了橡胶工业供给侧结构性改革的要求，是建设橡胶工业强国的强大推动力。

2.3 "数字化"的地位

2.3.1 数字化是第四次工业革命的核心

当今世界正处于从工业经济向数字经济过渡的大变革时代，商界首当其冲。数字科技企业和率先用数字科技武装自己的传统企业，展现出了高速增长。可以预见，未来 10~20 年，数字化转型的浪潮将席卷各行各业，传统企业要么涅槃重生，要么跌至价值链末端。这波数字科技大潮恰是进行的第四次工业革命的核心，这场革命将再次改变世界经济格局。正如第一次工业革命让英国取代荷兰成为世界头号强国，第二次工业革命让美国、德国取代英国和法国引领世界，第三次工业革命让美国巩固了霸主地位。幸运的是，第四次工业革命来临时，中国不再是沉睡者、旁观者、落伍者和追赶者，而是第一次有了与世界强国一道引领潮流的机会。在当今的数字化时代，"云大物移"等一系列前沿科技正在深刻地影响着每个人的生活方式和每个企业的运营方式，每个行业的兴衰。

2.3.2　中美贸易摩擦的核心是数字化之争

当前，我们生活在一个数字化时代，互联网是这个时代的重要特征。中美贸易摩擦形势所揭示的本质是数字化之争，美国作为互联网的创造者和左右者，其影响之大毋庸置疑。在当前"美国第一"理念指引下，美国正在重新部署其战略。美国将关税作为武器，以美元为工具制裁其他国家。更为严重的是发起了对中国华为等高科技公司的制裁，企图抑制中国数字化的发展，以保持美国数字化的优势，延续"美国第一"。

当前，中美贸易摩擦升级为数字化之争，在这种形势下，数字化转型尤其重要。

2.4　智能制造与供给侧结构性改革的关系

2.4.1　供给经济学理论主要观点

供给经济学理论主要观点是：

第一，经济不景气的关键在于供给，即在生产率低下的情况下供给不足，而不像凯恩斯主义认为的那样，是因为社会总需求不足；

第二，认为供给创造需求；

第三，为了刺激生产，必须减税。

现在中国的现状是低端产能过剩、高端产能不足。所以对于低端过剩的产能应该使用凯恩斯的需求驱动；而对于高端产能不足又适合于使用拉弗的供给驱动。智能制造是解决这个矛盾行之有效的方法。通过智能制造可以实现柔性、个性化产品的生产，从而从供给侧为市场提供更多、更符合客户需求的产品；同时，对于高端产品可以通过减税等方式激活供给侧结构化改变，为市场提供具有竞争力的产品。

2.4.2　智能制造与供给侧结构性改革具有天然的耦合性

智能制造就是通过建立基于互联网+信息通信技术、应用软件、工控软件、加工设备及测控装置等为一体的企业信息物理系统（CPS），将设备、产品、技术、工艺、原材料、物流等要素集成在一起，打通制造环节数据壁垒，使设备与设备、设备与人、人与人之间得以异地跨界的互联互通；可以实时感知、采集、监控和处理各种制造数据，实现制造系统加工指令的动态优化调整和大数据的智能分析，从而改变传统单一的制造模式，全面提升产品制造的精度、质量、效率和智能化程度，满足日益个性化的客户需求。

同时同步更大范围地集成产业链、销售、研发、计划、物流、成本、交货、服务和决策等基本信息，全面打通企业及产业链的数据壁垒，加快 ERP、APS、SCM 与 MES 的集成应用，实时处理车间生产作业信息，实现企业各业务环节大数据的智能分析和决策优化，从源头上确保车间生产作业的连续均衡和企业及产业链资源的优化配置，从而全面实现互联网、企业及产业链协同的发展目标，创造新的商业价值。

智能制造通过向市场提供满足客户个性化的消费品来提高市场需求，同时又通过数字化、网络化、智能化生产过程来组织生产要素，降低生产成本来提高企业竞争力。

智能制造可以创造社会的有效需求，从而解决生产过剩与社会总供给不均衡的问题，可以同时满足凯恩斯的需求驱动经济发展和拉弗的供给驱动经济发展理论。

可以说，智能制造与供给侧结构性改革具有天然的耦合性、一致性与统一性。

2.5　新冠肺炎疫情对智能制造的影响

疫情对产业发展既是挑战也是机遇，一些传统行业受冲击较大，而智能制造、无人配送、在线消费、医疗健康等新兴产业展现出强大的成长潜力，要以此为契机，改造提升传统产业，培育壮大新兴产业。要加快推进数字经济、智能制造、生命健康、新材料等战略性新兴产业，形成更多新的增长点。

2.5.1　线上服务为代表的数字产业经济逆势增长

一场突如其来的灾难降临，影响最大的是交通、餐饮、酒店、旅游等传统服务业，其次是工业企业尤其是制造业，而以线上服务为代表的数字产业经济却逆势增长。据国家统计局数据，2020 年一季度国内生产总值（GDP）初步核算结果同比下降 6.8%，但是信息传输、软件和信息技术服务业同比增长 13.2%，金融业同比增长 6%。数据结果表明在疫情突发形势下，新经济提振市场信心。

从结构看，数字服务等新兴领域增长较快。疫情激发了医药和生物技术研发服务、数字服务等新兴领域需求的快速增长。医药和生物技术研发外包、信息技术解决方案服务、云计算服务、电子商务平台服务等数字服务离岸执行额均明显增长。

从国际市场看，也显示出数字经济在疫情时期加快发展。美国脸书、微软等五大科技巨头在疫情中攻城略地，销售额、利润暴涨，势不可挡，原来需要 2 年才能实现的数字化转型，在 2 个月就实现了。

2.5.2　智能制造在疫情期间展现出的强大生命力

在疫情防控期间，智能制造向社会展现出明显的优势与发展潜力。

首先，智能制造能有效应对疫期人手问题。受疫情影响，不仅返工周期延长，而且生产作业过程中可能带来的交叉感染危险也为企业复工带来更多的不确定性。智能制造由于少人化、无人化的特点可以有效解决这一问题。

其次，智能制造可以有效提高生产产能与工作效率。同时，由于数据化为管理决策提供了更加有力的支持，智能制造在疫情期间展现出的强大生命力，将加速"中国制造"向"中国智造"的发展。

2.6　智能制造已经成为发达国家顶级发展战略

应对新一轮科技革命和产业变革的到来，世界工业强国相继采取国家战略措施，取得了显著成效。

2.6.1　美国推行"工业互联网"等战略

纵览全球，各国政府均将此列入国家发展计划，大力推动实施。1992 年美国执行新技术政策，大力支持被总统称之的关键重大技术（critical techniloty），包括信息技术和新的制造工艺，智能制造技术自在其中，美国政府希望借助此举改造传统工业并启动新产业。此后，又提出"工业互联网""再工业化""回归制造业"等。

在美国，"工业 4.0"的概念更多地被"工业互联网"所取代，尽管称呼不同，但这两个概念的基本理念一致，就是将虚拟网络与实体连接，形成更具有效率的生产系统。

信息化技术主要包括网络技术、微电子和光电子技术以及计算机技术。20 世纪以网络技术和计算机技术为代表的技术革命，为现代世界的发展构建了崭新的科学技术基础，已越来越成为世界经济发展的动力。据报道，自 1995 年以来，美国经济增长中的 30%归功于信息化技术产业。信息化技术的发展带动其他产业的发展，是信息化技术发展的一大趋势。

2.6.2 加拿大制定的 1994—1998 年发展战略计划

该计划认为未来知识密集型产业是驱动全球经济和加拿大经济发展的基础，发展和应用智能系统至关重要，并将具体研究项目选择为智能计算机、人机界面、机械传感器、机器人控制、新装置、动态环境下系统集成。

2.6.3 日本 1989 年提出智能制造系统

日本 1994 年启动了先进制造国际合作研究项目，包括公司集成和全球制造、制造知识体系、分布智能系统控制、快速产品实现的分布智能系统技术等。日本政府在新经济增长战略中提出，2020 年制造业领域的机器人市场规模翻番、非制造业领域扩大至 20 倍。2014 年 9 月举行的日本机器人革命实现会议，主要讨论了如何推进医疗、看护、农业及建筑工地等领域的机器人应用。日本政府提出要积极利用机器人，机器人不仅可应用于制造业，还可以普及到更广泛的领域。采用符合第一线需求的机器人，将成为提高生产效率的王牌。日本首富软银孙正义甚至提出，通过机器人挽救日本。

2.6.4 欧洲联盟技术研究与发展战略计划（ESPRIT）

该计划是欧盟为了集中成员国的财力、物力、人力，赶上美国、日本，改变美、日在信息领域的霸主地位，而制定的一项竞争性技术研究与发展战略计划，大力资助有市场潜力的信息技术。1994 年启动了新的 R&D 项目，选择了 39 项核心技术，其中 3 项（信息技术、分子生物学和先进制造技术）中均突出了智能制造的位置。

2.6.5 德国"工业 4.0"项目

德国"工业 4.0"项目主要分为三大主题。

一是智能工厂，重点研究智能化生产系统及过程，以及网络化分布式生产设施的实现。

二是智能生产，主要涉及整个企业的生产物流管理、人机互动以及 3D 技术在工业生产过程中的应用等。该计划将特别注重吸引中小企业参与，力图使中小企业成为新一代智能化生产技术的使用者和受益者，同时也成为先进工业生产技术的创造者和供应者。

三是智能物流，主要通过互联网、物联网，整合物流资源，充分发挥现有物流资源供应方的效率，需求方则能快速获得服务匹配，得到物流支持。

从消费意义上来说，"工业 4.0"就是一个将生产原料、智能工厂、物流配送、消费者全部编织在一起的大网，消费者只需用手机下单，网络就会自动将订单和个性化要求发送给智能工厂，由其采购原料、设计并生产，再通过网络配送直接交付给消费者。

"工业 4.0"具有强烈的颠覆性，将发展出全新的商业模式和合作模式。"网络化制造""自我组织适应性强的物流"和"集成客户的制造工程"等特征，也使得它率先满足动态的商业网络而非单个公司，这将引发一系列诸如融资、发展、可靠性、风险、责任和知识产权以及技术安全等问题。"工业 4.0"带来的革命性效应将冲击现有的市场格局，最终可能影响全球产业链的分工。

总之，虽然各国国情不同，但 21 世纪国家发展战略的路径都是智能制造。

2.7 我国高度重视智能制造

2.7.1 从制造大国转向制造强国的根本路径

中国 20 世纪 80 年代末也将"智能模拟"列入国家科技发展规划的主要课题，已在专家系统、模式识别、机器人、汉语机器理解方面取得了一批成果。科技部正式提出了"工业智能工程"，作为技术创新计划中创新能力建设的重要组成部分，智能制造是该项工程中的重要内容。

工业和信息化部 2015 年年初印发了《原材料工业两化深度融合推进计划（2015—2018 年）》。计划提出，培育打造 15～20 家标杆智能工厂，大中型原材料企业数字化设计工具普及率超过 85%，关键工艺流程数控化率超过 80%，先进过程控制投用率超过 60%，关键岗位机器人推广 5000 个。

计划要求，针对石化、钢铁、有色、稀土、建材等行业生产工厂的不同特点，分行业制定智能工厂标准。同时，计划表示，鼓励机器人研发单位和原材料企业共同合作，开发应用一批专用工业机器人，2018 年累计新增机器人应用5000 台。

2.7.2 智能制造列入国家发展规划

我国作为制造业大国，对于智能制造的支持政策最早出现于"十二五"时期，提出"推动智能制造装备领域跨越式发展"；"十三五"提出"实施智能制造工程，加快发展智能制造关键技术装备，强化智能制造标准，培育推广新型智能制造模式，鼓励建立智能制造产业联盟"；"十四五"提出"深入实施智能制造和绿色制造工程，建设智能制造示范工厂，完善智能制造标准体系，支持智能制造系统解决方案、流程再造等新兴专业化服务机构发展"。

2021 年 12 月 29 日，工业和信息化部公布了《"十四五"智能制造发展规划》，提出"十四五"及未来相当长一段时间，推进智能制造，要立足制造本质，紧扣智能特征，以工艺、装备为核心，以数据为基础，依托制造单元、车间、工厂、供应链等载体，构建虚实融合、知识驱动、动态优化、安全高效、绿色低碳的智能制造系统，推动制造业实现数字化转型、网络化协同、智能化变革。

2.7.3　智能制造有关标准

2021 年 11 月 17 日，工业和信息化部、国家标准委联合印发《国家智能制造标准体系建设指南》（2021 年版），是继 2015 年和 2018 年两个版本后，发布的第三个版本。

此前我国相继发布的两个版本的《国家智能制造标准体系建设指南》（以下简称《指南》），构建了较为完善的国家智能制造标准体系，船舶、纺织、石化等 14 个细分行业开展了智能制造标准体系建设，龙头企业、科研院所联合开展了标准研制和试验验证，初步搭建了 191 个标准试验验证平台，已发布智能制造国家标准 300 项，在研国家标准基本覆盖产品全生命周期和制造业系统层级各环节，初步解决了因标准缺失带来的产业发展共性问题。前两个版本《指南》的实施有效推动了国际标准化工作，共制定 31 项智能制造国际标准，中德双边累计达成 102 项合作共识，发布 14 项合作成果。我国智能制造系统架构标准和德、美、日等国家标准化成果共同构成了国际智能制造顶层规划的重要参考。

随着 5G、人工智能、数字孪生等新技术的迅速发展，智能制造工作不断推进，新产品、新技术和新模式在制造业中逐渐普及应用，不断涌现出新的标准化需求，同时细分领域的标准化需求进一步释放。新版《指南》是在深入分析我国智能制造标准化取得的成效、存在的问题，以及新技术标准化需求、国际标准化工作情况，并对我国智能制造相关标准落地应用，满足产业发展需求等方面开展摸底的基础上开始修订的。

据了解，本次修订主要考虑了我国制造业在转型升级中的实际需求，围绕促进产业基础高级化、产业链现代化，体现数字转型、智能升级、融合创新等内容，加强数字孪生、5G、区块链等新技术的融合应用，指导细分行业开展智能制造业应用标准研制和标准体系建设，满足未来 3 年我国智能制造发展需要。

2.7.4　成立相关委员会

2022 年 1 月，工业和信息化部办公厅公布关于成立国家制造强国建设战略咨询委员会智能制造专家委员会，以落实《"十四五"智能制造发展规划》，加强智能制造前瞻性和战略性问题研究，提升研究水平和支撑能力，为全国推动智能制造发展提供咨询服务。智能制造专家委员会由近百名全国智能制造知名专家组成，主任为中国工程院院士、中国机械工程学会理事长李培根院士。

2.7.5　各省市关于智能制造的规划和政策

制造业为我国的立国之本，是我国分布范围最广的业态，在国内各省市均有制造业的分布。"十四五"期间，为了推动当地制造业的智能化转型升级，国内各省市政府均结合自身状况，出台了相关支持政策，提出了智能制造行业的发展目标，其中，北京、上海、天津、吉林、江苏等省市给出了较为量化的目标。

2.8　我国智能制造取得重要进展

"十三五"以来，通过试点示范应用、系统解决方案供应商培育、标准体系建设等多措施并举，形成了央地紧密配合、多方协同推进的工作格局，我国智能制造发展取得长足进步。

2.8.1　供给能力不断提升

智能制造装备国内市场满足率超过 50%，主营业务收入超过 10 亿元的系统解决方案供应商达 43 家。

2.8.2　支撑体系逐步完善

构建了国际先行的标准体系，发布国家标准 300 余项，主导制定国际标准 42 项，培育具有行业和区域影响力的工业互联网平台近 100 个。

2.8.3　推广应用成效明显

试点示范项目生产效率平均提高 45%，产品研制周期平均缩短 35%，产品不良品率平均降低 35%，涌现出网络协同制造、大规模个性化定制、远程运维服务等新模式新业态。

2.9　制约企业智能制造发展的因素

智能制造、数字化转型是当今企业的常态，许多企业都已经开始了数字化转型之旅。但很多企业在数字化转型的过程中都遇到了障碍，数字化转型失败的原因分析如下。

（1）员工反对

企业改变现状可能会遇到很多阻力。智能制造、数字化转型对员工来说可能是一种颠覆性的变化，重要的是要克服阻力以实现平稳过渡。数字化转型的关键组成部分之一是人员方面的转型（包括思维方式、包容性、技能轮换和工作保障）和人力资源实践的转型，这需要加强与职工的交流，让他们了解新的流程。此外，可以通过通俗的语言和图示来讨论，让职工参与数字化转型的过程。

（2）高管不支持

当精通数字技术的企业董事会成员支持数字化转型时，企业的收入可能增长 35%以上，同时获得更高的资产回报率和更高的市值增长。国际数据集团（IDG）公司的一项研究表明，46%的 IT 主管表示缺乏高管支持是数字化转型的主要障碍。

并非所有企业高管都必须精通数字技术，但根据美国麻省理工学院 CISR 的调查，为确保这一点，企业高管对数字化转型的作用和收益在以下问题上认识不足：一是企业高管需要讨论是否熟悉数字化转型在未来 5～10 年可能给公司带来的威胁和机遇；二是是否对数字化问题有深入的理解，管理团队中是否有 3 名以上的董事精通数字化技术；三是是否有计划在未来几年内培训董事会成员并提高整体数字技术水平；四是在权衡考虑项目的风险与没有进行创新的风险时，是否取得了正确的平衡。

首席信息官（CIO）可能将数字化视为提高运营效率的一种方式，而首席营销官（CMO）则可能将数字化视为提高客户参与度的答案。而真正的数字化转型需要两者兼备。

成功的数字化转型关键往往在于是否能够创造一种全新的、独特的客户体验。这是一项需要在企业范围内进行的努力，首席执行官（CEO）有责任掌控全局，并推动 IT 和业务的统一。

（3）现代流程缺乏成熟度

大多数企业尚未将现代流程实现标准化，例如企业敏捷开发、迭代部署、一切即代码和过程、方法/开发、安全、运营。这就是为什么如此多的企业无法提高数字化转型速度的原因。

（4）大型项目太多

企业在规划数字化转型时制定目标很重要，但不能只关注短期目标而忽视长期目标，更重要的是不要沉迷于许多可能让员工难以承担的大型项目。

数字化转型是一个以不断演进为特点的渐进过程。数字化转型采用一蹴而就的方法通常会遭遇失败，因为生态系统有太多的变化参数。企业需要将数字化转型视为 4×100m 的接力赛，而不是 100m 的短跑比赛。因此记住需要服务的关键点，并将重点放在这些关键点上。

（5）监管合规性

具有全球影响力的企业需要遵守世界各国和地区的一系列法规，遵守这些法律似乎很麻烦，但对于成功实施数字化转型来说，这是非常关键的一步。

对颠覆性创新的监管是从设计和架构的角度出发的，传统监管的演变取决于颠覆程度。在设计方面，这些法规应侧重于回答创新是否存在各种危害，而不是关注创新是否符合所有法规。就架构而言，与多方利益相关者的合规性方法相比，监管的灵活性至关重要。

（6）实施过多的小型概念验证（POC）而没有任何业务成果的规划

企业确实应该从小事做起，但由于多个项目同时运行，存在陷入困境的风险。这是棘手的一点。当企业在没有建立适当框架或计划的情况下投资和实施过多小型概念验证（POC）时，将面临试点失败或延迟的风险。这可能会影响数字化转型的部署速度。

（7）缺乏企业的变革管理

企业要想在数字化转型方面取得成功，需要确保解决变革管理问题。例如，在应用程序开发方面，企业领导者必须了解企业文化和结构的复杂性。这些企业的文化和结构构成是数字创新的主要障碍。如何变革企业原有的文化和结构管理，以适应智能制造的需要，是领导者必须考虑的问题。

（8）等待和观察丧失了机会

数字颠覆发生得很快，而大多数财务指标又往往是潜在的滞后指标，企业等等看的做法，丧失了转型的机会。

（9）人才短缺

数字转型需要新的人才，包括受过最新编程语言培训的软件工程师，以及了解客户在虚拟助手中需要什么的产品经理。但需求远远超过了供应，大多数企业发现自己很难找到经验丰富的软件开发人员、产品经理和其他技术专业人士。人才匮乏和人员流失正在扼杀数字化转型。

（10）变革的阻力

对于比较成功的企业家，变革可能是具有挑战性的。人们的职业生涯和权力都是建立在自己所掌握的基础上，很难让自己放弃已经熟悉的东西，成功可能成为他们的负资产。对变革的抗拒是其成功实施数字化战略的最大障碍，对变革的抵制可能会使转型停滞不前。

第<big>3</big>章

橡胶工业概况及智能制造进展

　　100 多年来，中国橡胶工业从无到有，从小变大，由大渐强，一直走在不断发展的路上。中国加入 WPO 后，特别是经过"十二五"和"十三五"发展，中国橡胶工业已成为橡胶产品齐全，产品质量稳定提高，原材料、橡胶机械配套，国内市场巨大的名副其实的世界橡胶工业大国。在第四次工业革命到来之际，中国橡胶工业乘势而上，充分利用数字化、工业互联网、智能制造等前沿技术改造传统橡胶工业取得重要进展，在一些数智赋能领域已经走在世界橡胶工业的前面。

　　科技是第一生产力，回顾中国橡胶工业不断发展的历史，实质上是橡胶工业技术进步铸就的。

3.1　橡胶工业技术进步概述

3.1.1　橡胶原材料

　　橡胶工业的原材料分三大类，即主体材料、骨架材料和助剂材料，可以说这三大材料决定了橡胶产品的特性和功能。橡胶工业的发展基本上取决于这三大材料的发展。

　　（1）主体材料多元化发展

　　主体材料包括天然橡胶、合成橡胶和热塑性弹性体。最初主要使用天然橡胶生产橡胶产品，以后逐渐发展为天然橡胶、合成橡胶和热塑性弹性体多元化结构。

　　直到 20 世纪 40 年代的半个世纪中，天然橡胶是唯一的主导材料。但随着汽车产量的不断增长和对轮胎需求量的猛增，加之天然橡胶生产受气候地域条件的限制，主要在东南亚一带种植，因而在全球处于短缺状态。尤其在第一、第二次世界大战期间，橡胶作为军需资源成为各交战国抢夺的主要对象，被称为世界四大战略物资之一。为了弥补天然橡胶资源的不足，欧美各发达国家先后多次聚集力量开展重点研究，出现几起几落，前后历经了 100 余年的时间。可是严格来讲，迄今仍未能完全实现合成橡胶对天然橡胶完全意义的取代，天然橡胶还在继续保持着相当大的优势。在实际应用中，天然橡胶仍占据橡胶总消耗量近一半的地位，这在近代高分子化学工业发展史中是一个极为少见的现象，远滞后于纤维和塑料。

现今合成橡胶虽已达 10 多种，用在轮胎上的也有丁苯橡胶（SBR）、顺丁橡胶（BR）、异戊橡胶（IR）、丁基橡胶（IIR）等多个品种，但令人遗憾的是，还没有一种合成橡胶能够完全取代天然橡胶，处于至今仍有 40% 以上的橡胶产品还要完全依靠天然橡胶而发展的状态。而同天然橡胶结构相同的异戊橡胶，由于种种原因，在性能上始终未能突破全部实现取代天然橡胶的历史愿望。尤其是当今子午线轮胎的发展，更使之跌入谷底，其使用量不及天然橡胶的 1/20。发展取代轮胎用天然橡胶的异戊橡胶合成事业还处于未竟阶段，任重而道远。

近几年我国橡胶消费超过 1000 万吨/年，其中天然橡胶和合成橡胶各占 50% 左右。

（2）我国天然橡胶种植和加工概况

① 天然橡胶种植　1905 和 1906 年，橡胶从马来西亚分别被引种到我国台湾和海南，但由于缺乏技术和得不到政府的支持，未能形成产业化生产，到新中国成立时全国胶园总面积仅 2800hm², 产量 199t。

为了突破以美国为首的国家对中国的封锁禁运，满足国家经济建设和国防安全对天然橡胶的需要，我国于 1951 年开始大规模种植橡胶。经过科研和生产技术人员的努力，打破了"橡胶树只能种植在南纬 10° 到北纬 15° 之间"的论断，橡胶树开始在北纬 18°～24° 大面积引种成功，种植区域分布在我国海南、云南、广东、广西和福建。

到 20 世纪 80 年代，由于世界合成橡胶产量持续增加和天然橡胶价格不断下滑，部分量低、效益差的橡胶园，如福建、广西的绝大多数橡胶园和广东部分橡胶园转变为其他热带作物种植园。到 20 世纪 80 年代后期，我国天然橡胶生产逐步向气候条件适宜、效益比较高的区域集中，形成了以海南、云南、广东为主的三大植胶区。

20 世纪 90 年代橡胶种植业发展停滞。但到了 2003 年，由于亚洲金融危机期间橡胶种植业停滞而引起的后期供应偏紧局势开始出现，天然橡胶价格上升。在经济效益比较优势驱动下，我国在 2003 年重新启动扩大橡胶种植，至 2012 年，年均增加橡胶种植面积 4.8 万公顷（72 万亩，1 亩=666.67m²）；2013 年，全国橡胶种植面积达 114 万公顷，每公顷产量达到 1261 千克，生产天然橡胶 86.48 万吨，提前达到国务院办公厅《关于促进我国天然橡胶产业发展的意见》（国办发〔2007〕

10 号）规划的 2015 年目标产量 85 万吨。但此后，我国天然橡胶年产量始终在 80 万吨左右徘徊，2019 年产量为 81.6 万吨，2021 年产量为 85.1 万吨。

我国天然橡胶生产按所有制分为国有和民营两部分。据农业农村部南亚办统计，2013 年农垦橡胶种植面积 44.6 万公顷，天然橡胶产量 33.2 万吨；地方农场和民营橡胶种植面积 69.8 万公顷，天然橡胶产量 53.3 万吨。农垦和地方民营橡胶的种植面积和产量分别占 39%、61% 和 38%、62%。从植胶面积来看，2013 年海南和云南橡胶种植面积分别占全国的 47.2% 和 48.5%（两者合计 95.7%），广东占 4.0%，广西和福建共占 0.3%。其中，海南农垦和地方民营橡胶种植面积分别占全国的 21.9% 和 25.3%，云南分别占 12.8% 和 35.6%。

从产量来看，2013 年海南植胶区和云南植胶区产量分别占到全国的 48.7% 和 49.2%，广东植胶区产量占 2.0%，广西占 0.1%。其中，海南农垦和地方民营的天然橡胶产量分别占全国的 19.9% 和 28.8%，云南分别为 16.5% 和 32.7%。云南民营胶园的产量对全国天然橡胶产量贡献最大。

② 天然橡胶加工　自 2003 年以来，我国的天然橡胶加工布局经过多年调整取得了初步成效，建成了一批年加工能力上万吨的大型现代化加工厂，产品性能和质量一致性得到改善。目前，海南农垦已在 2010 年前将原来的 87 家小型橡胶加工厂整合为 14 家大型加工厂，实行规模化、集约化加工。标准胶年生产能力共约 30 万吨，浓缩胶乳 14 万吨，主导产品为全乳胶，浓缩胶乳，5 号、10 号、20 号标准胶，子午线轮胎橡胶，航空轮胎标准橡胶等。海南地方民营加工厂在 2013 年初有 88 家，年加工能力合计 30 多万吨，其中年加工能力万吨以上的有 7 家。由于交通条件限制，云南植胶区目前现有橡胶初加工厂 140 多家，其中年加工能力万吨以上的加工厂有 7 家。广东将原有的 27 家橡胶加工厂集中成 4 家，以生产浓缩胶乳为主。

虽然经过多年的调整、改造，我国天然橡胶加工厂的加工能力及工艺水平都有了大幅提高，但年加工能力在 3000t 以下的小加工厂还有近 100 家，这些小加工厂生产设备老化、工艺不稳定、能耗高，环保难达标，产品质量稳定性较差。

目前我国天然橡胶初加工品种主要以 SCR5（SCRWF）、SCR10、SCR20、浓缩胶乳为主，生产少量子午线轮胎专用胶。5 号标准胶（全乳胶）的生产比例约占 53%，浓缩胶（折干胶）约占 20%，10 号和 20 号标准胶共占 27% 左右。

由于生产习惯和受社会治安环境条件的限制，全国各植胶区基本上都被动地直接使用鲜胶乳加工生产 SCR5（SCRWF）标准胶。由于 SCR5 标准胶的市场价格较高，加上农垦生产的 SCR5 标准胶符合期货市场交割品的等级要求，在国内市场享有较高的"荣誉"地位，所以大多数加工厂以生产 SCR5 标准胶为主。但 SCR5 标准胶的性价比低，专一用户很少。每当市场疲软时，SCR5 标准胶极容易被边缘化而滞销，尤其是民营企业生产的 SCR5 标准胶不能进入期货市场，处境更加困难。

天然橡胶加工布局的调整，使农垦单个工厂的生产能力和产量明显提高，但与国内多数轮胎企业每月消耗天然橡胶近万吨比较，单个企业的天然橡胶供应难以保证质量的一致性和长期稳定，面对从国外年加工能力 10 万～15 万吨大工厂进口的天然橡胶，我国的天然橡胶产品市场竞争力仍然偏弱。

（3）合成橡胶

合成橡胶是橡胶工业产业链中不可分割的重要组成之一，是橡胶工业的主体材料，是橡胶工业发展的基础。

合成橡胶工业是国民经济重要的基础性产业，属于资源、资金、技术密集型，产业关联度高，产品应用范围广泛的产业，在国民经济中占有十分重要的战略地位。目前，中国合成橡胶生产和消费量均位列世界第一，是全球合成橡胶生产与消费大国。中国合成橡胶工业的不断发展壮大，为我国经济的持续健康发展提供了有力支撑。

中国合成橡胶工业持续发展，各类企业全面参与。自 1958 年我国实现合成橡胶工业化生产以来，国内合成橡胶工业已经跨过 60 多年的发展历程。中国合成橡胶工业的发展大体上可以分为两个阶段：一是 2005 年以前，基本上是国有企业一统天下，合成橡胶生产企业主体为中国石油化工集团公司和中国石油天然气集团公司，合成橡胶在生产规模、品种牌号、产品质量等方面，处于不断增长或改善提高的态势。在这一阶段，中国石油化工集团公司处于核心地位。二是 2005 年以后，随着民营及国外合资独资、中国台资企业的不断进入，特别是 2010 年以来民营企业在得到了相关方面的支持后，借助资本实力解决了技术来源等诸多问题，爆发式地建成了一批合成橡胶生产装置，使国有企业占比明显减少，基本形成了中国石油化工集团公司、中国石油天然气集团公司与民营和三资企业三分天下的格局。

中国合成橡胶生产技术已经具有较强的实力。国内合成橡胶工业是在自主创新和引进技术的基础上逐步发展壮大的，经过半个多世纪的持续努力，合成橡胶生产技术开发能力不断增强，现已掌握了主要胶种的工业化生产技术，形成了相对完善的合成橡胶产业体系，在某些方面已处于世界领先水平。自主开发的顺丁橡胶和丁基橡胶分别在 1985 年和 2006 年获得国家科技进步特等奖、国家科学发明二等奖。但是与国外合成橡胶工业先进水平相比，我国在整体生产技术水平、产品牌号、能耗物耗、产品性能、安全环保等方面仍有差距，这正是我国合成橡胶工业由大变强过程中必须解决的问题。

目前，我国八大通用合成橡胶已全部实现工业化：丁苯橡胶（SBR，包括乳聚丁苯橡胶 E-SBR 和溶聚丁苯橡胶 S-SBR 及其充油胶）、聚丁二烯橡胶（BR，顺丁橡胶，包括镍系顺丁橡胶 NiBR、稀土顺丁橡胶 NdBR 及锂系顺丁橡胶 LiBR）、丁基橡胶（IIR，包括普通丁基橡胶 IIR 和卤化丁基橡胶 HIIR）、丁腈橡胶（NBR）、异戊橡胶（IR）、乙丙橡胶 [EPR，包括二元乙丙橡胶（EPM）和三元乙丙橡胶（EPDM）]、氯丁橡胶（CR）以及热塑性丁苯橡胶（SBS，包括普通 SBS 及充油SBS、SBS 氢化后的产品 SEBS）。

多种特种合成橡胶已实现工业化生产，包括硅橡胶、氟橡胶、丙烯酸酯橡胶（ACM）、氯化聚乙烯橡胶（CPE）、氯磺化聚乙烯橡胶（CSM）、热塑性聚氨酯弹性体（TPU）、聚烯烃类弹性体（TPO 或 TPV）、聚酯类弹性体（TPEE）、聚酰胺类弹性体（TPAE）、聚氯乙烯类弹性体（TPVC）、双烯类弹性体（TPB 或 TPI）等，丁苯胶乳、丁腈胶乳等多种合成胶乳也已经实现了工业化生产。

据中国橡胶工业协会统计，2019 年我国橡胶消费量达 990 万吨，约占全球橡胶消耗量的 30%（不含合成胶乳），其中天然橡胶 555 万吨，合成橡胶 455 万吨（不包括合成胶乳）。2019 年消耗非石油基合成橡胶约 100 万吨，非石油基合成橡胶约占我国橡胶总消耗量的 10%，而硅橡胶约占非石油基合成橡胶的 98%。

（4）热塑性弹性体

热塑性弹性体（thermoplastic elastomer，TPE）是一种在常温下显示硫化橡胶的高弹性，而高温下又像热塑性塑料一样加工成型，兼具硫化橡胶和热塑性塑料特性的聚合物材料。由于 TPE 的这种特殊性能，TPE 又被称作第三代橡胶。由于不需要硫化、成型，加工简单，与传统硫化橡胶相比，TPE 的工业生产流程缩短了 1/4，减少能耗达 25%～40%，效率提高了 10～20 倍，堪称橡胶工业的又一次技术革命。同时，热塑性弹性体能够多次加工和回收利用，可节约合成高分子材料所需的石油资源，减少环境污染。

目前，热塑性弹性体被广泛应用于汽车、建筑、家用设备、电线电缆、电子产品、食品包装、医疗器械等众多行业。在当今石油资源日益匮乏、环境污染日益严重的背景下，TPE 具有极其重要的商业价值和环保意义，已成为高分子材料领域的一个研究热点。

自 1958 年德国拜耳公司首次开发出热塑性聚氨酯弹性体（TPU）以来，TPE得到了迅猛发展，尤其是 1963 年苯乙烯类热塑性弹性体问世以后，其应用领域进一步扩大。TPE 的主要品种有热塑性聚烯烃弹性体（TPO）、热塑性苯乙烯类弹性体（SBC 或称 TPS）、热塑性聚氨酯弹性体（TPU）、热塑性聚氯乙烯弹性体（TPVC）、热塑性聚酯弹性体（TPEE）、热塑性聚酰胺弹性体（TPAE）、热塑性硫化橡胶（TPV）、有机氟弹性体（TPF）、有机硅类和乙烯类等，几乎涵盖了现在合成橡胶与合成树脂的所有领域。

（5）骨架材料升级化纤

棉帘线全面升级化纤，实现轻量高强化。1930—1940 年，随着汽车性能的提高，行驶速度的上升，爆胎又重新成为轮胎损坏的主因。在 50km/h 的状态下行驶时，轮胎内部温度可达 105～115℃，棉纤维帘线的强力要下降 50% 以上。而增加帘线层数来提高轮胎强度，又导致生热温度更为增高，容易出现轮胎脱层的问题。因此，轮胎又步入了引发事故的第二个关键时刻。

为增强胎体强度，尤其是保持热状态下的强度，使热损失尽可能减小，1937年起，首先从美国开始使用强力人造丝制造轮胎，而后普及到欧洲各地。人造丝帘线的强度在 15 年之内由一超级发展到四超级，相当于棉帘线的 1.5～2.5 倍。

1942 年，在美国又开始出现强力更大的尼龙帘线，开始时主要用于军工轮胎。1947 年转入民用，逐步取代了强力人造丝帘线。单根尼龙帘线强力，可由棉纤维时的 8～10kg 和人造丝的 12～18kg，提高到 142～143kg，实际上可增加 3～5 倍。

以前在棉帘线时代，乘用轮胎的胎体骨架由 6 层帘线布组成，载重轮胎为 10～14 层。化纤化之后，前者的人造丝胎减为 4 层，尼龙帘布轮胎可减到 2 层；后者分别为 8～12 层和 6～8 层。特别是尼龙轮胎可使轮胎重量大大减轻，实现了多年来轻量化的梦想，同时重量的减少、胎壁的减薄和帘线强力损失的减少以及胎体强度保持性的增强，又使轮胎使用的耐久性大为提高。之前，棉帘线轮胎多数是仅能修补而无法翻新；化纤化之后，一次行驶里程延长了 10%～30%，且可翻新 2～3 次。

到了 20 世纪 60—70 年代，轮胎几乎已全部实现了化纤化。可是，随着高速公路的开通和发展，尼龙轮胎在超过 80～100km/h 高速状态下时，发生胎体变形伸张；停车之后冷却下来，又会产生收缩变形，因而在轮胎下沉之处形成一个扁点。再行驶时，轮胎旋转经过扁点地方就要出现周期性的颠簸现象，使操控稳定性恶化。尤其是对于乘用轮胎，严重影响了乘坐舒适性。为此，对乘用轮胎来讲，人们仍然十分喜爱稳定性良好的人造丝轮胎。正因如此，超级的人造丝帘线不仅是棉帘线最佳的替代物，也成为高性能轮胎难以舍弃，甚至必不可少的材料。

然而，此时的人造丝因为生产环境污染和原料资源短缺等原因，供应量不断下降，市场价格一扬再扬。因而从 1962 年起，操控性接近而强力更高的聚酯帘线成为人造丝的良好填补材料，很快普及到各类乘用轮胎上，且由于随后又成功解决了聚酯纤维同橡胶的黏着问题，更使聚酯帘线成为轮胎的主导骨架材料之一。

但聚酯因为生热性比尼龙高，耐疲劳性也略低一筹，因而迟迟难以用在载重轮胎上，尤其是不能用于大型轮胎，在使用上受到一定限制。1965 年，稳定性优于尼龙 6 的尼龙 66 登场，开始大量使用在要求高的载重轮胎中，并在乘用轮胎上也成为聚酯帘线的有力竞争对手。

（6）气炉法和油炉法炭黑全面取代槽黑

从 1912 年以来，炭黑一直是轮胎最重要、几乎是唯一的补强填料。但在使用的品种上，百年来已发生了 3 次重大变化。

① 天然气槽法炭黑时代 1900 年，欧洲开始采用炭黑作着色剂，以区别帆

布制轮胎的不同品种。1908年，美国人马特发现炭黑对橡胶有极大的补强作用，开始大量用于轮胎以提高耐磨耗性能。1910年，欧洲出现以焦炉气制造的滚筒瓦斯炭黑。1920年，槽法（滚筒）炭黑为应对混炼的要求，开发出可混（MPC）、难混（HPC）和易混（EPC）三大品种。同时，还出现了补强与填充兼顾的高定伸（HMF）、通用（GPF）气炉法炭黑。

由于以天然气制取的槽黑效率很低，一般只有3%～5%，为此从1930年开始，借鉴滚筒炭黑的经验，混入萘、蒽等油料生产混气槽黑，一度成为轮胎工业主导补强填料。进入20世纪50年代，随着天然气用途的扩大、资源利用的受限以及环境污染等问题，槽黑数量减少，价格暴涨，逐渐为物美价廉的油炉法炭黑取代。尤其是在代槽炉黑（CRF）问世之后，槽黑已完全失去优势，于1976年全面停产，退出市场。

② 气炉法和油炉法炭黑时代　在槽法炭黑中兴时期的1920—1940年，气炉法炭黑在半补强炭黑领域，还为取代延续长达2000年之久的灯烟炭黑作出了重大的贡献。不仅如此，气炉法还催生了油炉法炭黑的出现和生产，并最终取代了槽法炭黑。1930年之后，美国斯诺和克列西着手开始研究槽法炭黑油炉法化生产技术，并于1943年投入工业化运行。1944年产出高耐磨炉法炭黑（HAF），并首用于轮胎。它的出现，几乎使轮胎的耐磨耗性能提高了1倍以上。在此后10年里，又陆续开发出超耐磨炉法炭黑（SAF）、中超耐磨炉黑（ISAF）和中中超耐磨炉黑（IISAF）。另外，还有代替气炉法的半补强快压出炉黑（FEF）、半补强通用炉黑（SRF）和全能炉黑（APF）等。1960年起又出现了可取代槽黑的各种低结构炉黑并新开发出高结构、高模量的多种炉黑，由此油炉黑一统天下。

③ 新工艺炭黑时代　经过10余年的苦心研究和设计，1970年，集油炉法和槽法炭黑以及热裂解炭黑集大成的新工艺炭黑正式问世，成为轮胎用炭黑新发展的里程碑。它极大地丰富了炭黑品种，由原来槽黑时代的3～5种，炉黑时代的十几种，扩展到40种以上，全部代替了槽黑和取代了炉黑。新工艺炭黑可分成N100～N900的八大级别，其中N200～N300和N500～N600已大都变成轮胎专用材料。在此基础上还开发出绿色轮胎用的低滞后炭黑、低滚阻炭黑、反向炭黑、双相炭黑以及炭黑-白炭黑复合填料等新品系。由于各种新式耐磨炭黑在轮胎中的广泛应用，从1965—1985年，乘用轮胎行驶里程由3.4万公里提升至6万公里，载重轮胎从5.3万公里延长到12万公里。

3.1.2　橡胶技术装备

1910年，以汽车轮胎进入标准化产品为契机，随着生产批量的不断加大，轮胎工业开始走向工艺程序化、操作流水化和管理车间化的道路，轮胎企业也由手工作坊转向半机械化、机械化的新阶段。从 1910—1940 年的 30 年间，相继出现了大型开炼机、密炼机、压延机、挤出机以及轮胎成型机和硫化机等一大批机械设备，分别形成了各具特色的炼胶、压延、压出、成型和硫化等工艺。不仅生产效率有了大幅提高，而且有力地保障了橡胶产品质量的提高与稳定。

（1）以密炼机代替开炼机提高炼胶能力

① 密炼机沿革　在 1916 年密炼机问世之前，开炼机是唯一的橡胶混炼加工设备。在 1900 年前后，主要为 350 型（14″）小型炼胶机。到 1910 年，开始出现由皮带驱动的、一轴带动多台（2～3 台）的 550 型（22″）中型机，形成主要由人操作的一排机群。一台设备有效容量为 55L，班产只能加工 500kg 胶料（橡胶为 300kg）。1913 年，德国的沃尔诺和弗雷德两人开设橡胶机械工厂，以 W&P 为厂名，最先取得 GK 型啮合式滚筒密炼机专利。在该厂工作的 F·班伯里工程师接着提出另一方案，要求将其改为切线式滚筒以利混炼操作，结果遭到拒绝。于是他辞职到美国，于 1915 年在美国申请了专利。1916 年，在法雷尔橡机公司利用他的名字开始生产班伯里型密炼机。虽然班伯里是世界第二号的密炼机发明人，然而却先于前者投入生产，成为密炼机的第一个生产发明实践家。

当时，最初生产的密炼机称为 3 号机，是仿照 550 型开炼机滚筒的结构尺寸，容量为 75L（实际有效容量为 55L）。由于密炼机的混炼时间可缩短为开炼机的 1/3，1 台相当于 3 台，因而命名为 3 号。这种设备因为劳动条件得到了很大改善，生产效率显著提高，很快在美国的轮胎工厂得到采用和推广。之后，到了 20 世纪 30 年代又出现了更大的 9 号和 11 号机。1950 年，相当于 11 号机容量 2.2 倍的 27 号机问世，成为当时轮胎工厂的最大型炼胶设备。在此期间，用于密炼机的下片机即开炼机，也相应地从 550 型扩大发展到 650 型、750 型乃至 850 型。

此外，在班伯里机刚刚问世之后不久，W&P 公司的 GK 型密炼机也在欧洲投入生产。规格尺寸逐步放大，成为欧洲轮胎工厂主要的炼胶机型，形成美欧相互竞争之势。1900 年，日本神户制钢公司开发了有别于班伯里机的 B 型密炼机。1934 年，R. 库克（英）取得圆筒形（类似开炼机滚筒）的密炼机专利，接着在弗兰西斯·萧橡机公司投产上市，简称为 K 型机，大小规格十分齐全，可达 10 余种之多，成为第三竞争者。1936 年，意大利科美利奥研发出混合室壁可打开且能观察胶料混炼状态的密炼机。1937 年，波米尼研制了可调间隙、同步旋转的密炼机，更加丰富了密炼机的种类。

进入 20 世纪 50 年代，班伯里机又出现了双速（35/70r/min）的 3A 型机、双速（20/40r/min、30/60r/min）新 11 号机；20 世纪 60 年代更发展为 D 型机，例如 11D 的容量由原来 140L 增到 160L，转速升至 40/60r/min 乃至 40/80r/min；20 世纪 70 年代，大型的 F 机成为新宠，从 F270、F370 一直到 F650、F800，以后又发展到可调整变速的机型，并在大型轮胎企业得到普遍使用。与此同时，在中小型机方面，日本神户机械公司于 1958 年发明可视式、介于开炼与密炼机之间的翻转式密炼机，称为捏炼机。1960 年，日本森山又取得翻转式密炼机的专利。同期，GK 型密炼机为能同 F 型密炼机竞争，又开发出 GE 型密炼机，并向多功能和大型化方向发展。

此外，W&P 和法雷尔两家橡机公司为开发连续混炼机，从 1950 年起也展开了激烈较量，半个世纪以来，分别发展到 46 代机型。例如，W&P 已由 ZSF 进入 EVK，法雷尔从 FCM 到 FTX 和 KCM、MVX 到 ACM。近年，倍耐力新发明了更为别具一格的 CCM 机型。虽然早在 1940 年之时，大型螺杆塑炼机（Ⅱ 350）即已用于轮胎厂天然橡胶的塑炼，但它们在连续混炼方面几经试验，均无法满足要求，最终又经改进转为密炼机的螺杆下片机使用。

② 我国炼胶设备沿革　开炼机：1979—1985 年，炼胶设备的主流是开炼机，开炼机的发展主要是炼胶能力提高。1985 年后主要是推广尼龙轴衬及钢背复合轴衬取代青铜轴衬。1990 年开始使用滚动轴承取代滑动轴承。开炼机最大规格发展到 ϕ810mm×2540mm。

密炼机：密炼机的主流品种有相切型转子密炼机及啮合型转子密炼机，分 F 及 GK 两大类别。1980 年后，大连橡胶塑料机械厂不断升级密炼机，完成 XM 新型密炼机系列的开发，1992 年开发成功 XM270/20/40，其后开发成功 XM370（6-60）K 及 XM370（6-60）KY 大型密炼机，2009 年 3 月开发了国内外容量最大的 650L 密炼机。四川亚西机械厂吸收英国 Framcisshaw 技术于 1980 年开发出 XMY-90 密炼机，后扩展到 XMY-190 及 XMY-270 等多种型号。1985 年，益阳橡塑机械厂开始与德国 W&P 进行技术合作，引进 GK-N 及 GK-E 两种技术，1987 年生产出第一台 GK-270N 型密炼机；1989 年第一台 GK-90E 在无锡橡胶厂试车成功；20 世纪 90 年代后先后开发出 GE250、GE320 等密炼机；2006 年开发出最大的 GE580 啮合型密炼机。2008 年左右，我国开发出轮胎一次法炼胶系统，主要研发单位有大连橡塑机械有限公司、益阳橡塑机械集团有限公司、软控股份有限公司、北京万向科技股份有限公司等。2010 年左右，益阳橡塑机械集团有限公司及大连橡塑机械有限公司先后开发出叠加式密炼机。

上辅机：1980 年初，北京橡胶工业研究设计院首先完成了炭黑散装贮运和接收装置的开发，1983 年通过鉴定。1993 年蚌埠化工机械厂开发炭黑双管气力输送系统，1995 年 4 月通过鉴定。1994 年 10 月北京橡胶院与瑞士 Buhler 公司合作生产上辅机，1995 年 4 月通过化工部鉴定。桂林橡胶工业设计研究院也开发了上辅机并鉴定。青岛高校软控公司 1994 年开发出第一套上辅机，在荣成轮胎厂使用，1994 年 12 月在烟台召开推广应用会。经过 20 多年的发展，软控股份有限公司成为国内外主要上辅机生产厂家。

下辅机：20 世纪 90 年代初，桂林橡胶院消化吸收日本神钢非接触式双螺杆挤出压片机，开发出 XJY-S240 等多种型号的双螺杆挤出压片机，之后大连橡胶塑料机械厂及益阳橡塑机械厂也开发多种型号及多种形式的双螺杆挤出压片机。现在这两家企业也是双螺杆挤出压片机的主流厂家。

（2）压延及挤出生产线

① 压延机沿革　1821 年由 T. 汉考克发明的压延机，几经改进由 3 辊发展到 4～5 辊之后，1895 年开始用于轮胎生产，主要用来生产加工胎面胶及其他胶件、胶片，成为继开炼机之后最主要的加工设备。对于骨架材料用帆布，先是采用 1832 年发明的涂胶机上胶；1907 年 450 型（18″）压延机问世后，开始改用压延机挂胶。1910 年，幅宽 1300mm（51″）的帘线布在轮胎生产上得到使用，随之出现了相应的 1700mm 的 560 型三辊压延机。

特别是到了 20 世纪 40—50 年代改用化纤帘线之后，压延机又得到了进一步发展，不仅精密度提高，而且更加大型化，由原来的单面先后两次挂胶改成一次覆胶。出现了从整理、浸胶、干燥、拉伸、定型、压延、拉伸、冷却一直到裁断，长达近百米，由多种主体设备组成的压延联动装置，其设备价值一度占到全厂设备的 1/4。20 世纪 50—60 年代由两台三辊串联先后一次覆胶，又进而改为各种形式的四辊压延机一次覆胶，规格从 ϕ550mm×1500mm～ϕ700mm×1800mm，最大为 ϕ800mm×3000mm。

② 挤出机沿革　20 世纪初叶，挤出机最早用于钢丝挤出的包胶上，以其制造钢圈，而后取代压延用来制造胎面胶。几十年来，挤出机不断升级换代，现已发展成为长达 150m 以上的大型挤出联动装置。20 世纪 50 年代起由单螺杆挤出发展到双复合挤出，60 年代出现三复合挤出，70 年代又发展到冷喂料和四复合挤出的生产方式，一举成为同压延机并驾齐驱的大型联动装置，成为轮胎生产的关键设备之一。

挤出机除了主导的压出功能之外，利用其机构原理还广泛用于其他方面，形成了以挤出机为中心的轮胎生产工艺。例如 1940 年以其开发了螺杆塑炼机，1950 年研发连续混炼机；1960 年制成密炼机下辅机的螺杆下片机，硫化机的注射成型机；1970 年用作压延机的供胶机和取代压延建立起钢帘线挤出覆胶生产线；1980 年出现了五复合热或冷喂料挤出机；1990 年开始又成为新概念自动轮胎生产线的主机设备。

③ 我国压延、挤出设备沿革　纤维帘布压延生产线：20 世纪 80 年代末，大连橡塑机械厂按德国产品技术水平设计了一套 ϕ700mm×1800mm S 型四辊压延生产线，1990 年产成两套；90 年代末大连橡塑机械厂自主开发出 ϕ700mm×1800mm S 型四辊压延生产线达到国际先进水平。21 世纪先后有四川亚西、无锡双象、大连第二橡塑机械厂介入压延生产线领域，改变了大连橡塑机械厂独家生产的格局。

钢丝帘布压延生产线：1999 年大连橡塑机械厂与日本合作生产出 ϕ610mm×

1730mm 纤维帘布/钢丝帘布两用压延生产线；2002 年大连橡塑机械厂开发出 ϕ450mm×1000mm 钢丝帘布压延生产线，随后推出 ϕ550mm×1300mm 及 ϕ610mm×1500mm 钢丝帘布压延生产线。

橡胶挤出机：1987 年湛江机械厂率先开发出我国第一台 ϕ90mm 及 ϕ120mm 普通冷喂料挤出机及 ϕ90mm 冷喂料排气挤出机。20 世纪 90 年代中期，普通冷喂料挤出机及冷喂料排气挤出机在我国普及。21 世纪初，内蒙古宏立达橡塑机械有限公司开发出 XJW-130 和 XIW-150 发泡保温材料专用冷喂料挤出机。我国首先涉足销钉式冷喂料挤出机的是桂林橡胶工业设计研究院（简称桂林橡胶院），1986 年及 1988 年分别开发出第一代 ϕ90mm 及 ϕ120mm 销钉式冷喂料挤出机。1990 年后内蒙古富特橡塑机械有限公司等参与销钉式冷喂料挤出机的生产，很快形成系列产品。复合挤出生产线是"八五"国家科技攻关项目，由桂林橡胶院承担，1993 年试车成功 ϕ90mm/120mm 双复合冷喂料挤出机组；2003 年又开发出 ϕ120mm/200mm/250mm 三复合挤出机组；2004 年开发出国内首套四复合挤出机组；2017 年 12 月，由中国化学工业桂林工程有限公司生产的"五复合橡胶挤出机组"及"3200mm 宽幅胶片挤出压延生产线"两个项目通过中国石油和化学工业联合会的科技成果鉴定。天津赛象科技股份有限公司 1993 年先后开发成功双复合冷喂料挤出机组。内蒙古富特橡塑机械有限公司 1997 年开发出双复合挤出机组，此后致力于利用挤出机生产宽幅厚胶片及薄胶片的开发研究，并获得成功推广应用。

帘布裁断机：1991 年北京橡胶工业研究设计院开发成功高台式纤维帘布卧式裁断机。2002 年后北京锦程、天津赛象、绍兴精诚、上海精元等相继开发成功类似产品。2009 年桂林中昊力创开发出斜直两用全自动纤维帘布裁断机。钢丝帘布裁断机起步于 20 世纪 90 年代初，天津友联机械工程技术研究所与北京橡胶院合作生产 14°～40°钢丝帘布裁断接头机组。天津赛象于 1998 年、2001 年、2005 年先后开发出 90°铜丝帘布裁断机、15°～60°铜丝帘布裁断机及 90°全钢工程子午胎钢丝帘布裁断机、15°～17°工程子午胎钢丝帘布裁断接头机组。2010 年后桂林中昊力创有限公司相继开发出多种规格的钢丝帘布裁断机，成为我国钢丝帘布裁断机的主要供应商。

轮胎钢丝圈挤出缠绕生产线：1989 年天津橡塑机械厂开发成功 TXS-LL 电加热钢丝圈挤出缠绕生产线，1993 年开发出国内第一台六角形钢丝圈生产线，2002 年又开发出双工位六角形钢丝圈挤出缠绕生产线。2005 年无锡第一橡塑机械厂与日本普利司通合作开发出国内第一台载重子午胎六工位六角形钢丝圈挤出缠绕生产线。威海三方橡机有限公司于 2007 年开发出双工位及四工位钢丝圈挤出缠绕生产线。2007 年天津赛象科技股份有限公司推出工程胎六角形钢丝圈挤出缠绕生产线。

轮胎薄胶片生产线：2000 年天津赛象、软控股份和大连橡塑机械厂先后开发出轮胎薄胶片挤出压延法生产线，可贴 2～3 层薄胶片。2010 年软控股份在轿车子午胎薄胶片生产线上引入电子辐射技术，大大提高成品轮胎质量。

（3）轮胎成型设备

① 轮胎成型机沿革　早期的轮胎成型机，是完全仿照轮胎内轮廓而制造的所谓芯轮式成型机。它还起到轮胎硫化时内模的作用，硫化后再将其分解拆下，并重组为下一个轮胎成型的芯轮。1910 年出现轮胎模型硫化机之后，轮胎硫化内模改为水袋，通入热风或热水从两边加热，芯轮则成为轮胎成型机的专用器具。1937年半芯轮式成型机问世，它是为解决轮胎在硫化前后装卸水胎困难而专门设计制造的，此举把轮胎成型推向一个新的阶段。由于半芯轮可在成型机上自动折叠张开，大大改善了操作条件。之后，又随轮胎规格的增多和大小变化，出现了半鼓式、鼓式成型机。

对于从 20 世纪 60 年代发展起来的子午线轮胎，成型机更是保证质量的关键设备，已成为从原来的"胶皮"公差设备升格为精密的机械公差控制的主要机型。20 世纪 70 年代子午胎成型机由单鼓发展为双鼓，1980 年又扩为三鼓，1990 年达到四鼓，成型效率由此也提升了 1～2 倍。子午胎成型设备还从原来的两段机、一段半机，进而实现了一次法成型机。

② 我国轮胎成型设备沿革　1989 年北京航空工艺研究所消化吸收意大利倍耐力技术，1992 年开发成功第一台全钢载重子午胎一次法成型机。1997 年天津赛象开发出全钢载重子午胎一次法成型机。1997 年北京敬业机械设备有限公司成立，专业生产半钢子午胎成型机，成为我国半钢子午胎成型机械的主要供应商。1999 年天津赛象成功开发出 1518 型轻卡胎二次法半钢成型机。21 世纪初，天津赛象、软控股份、北京戴瑞科技、桂林橡机等相继开发出三鼓和四鼓一次法成型机。2005 年前后，软控股份、天津赛象、北京戴瑞科技等开始介入轿车一次法成型机，但未在行业广泛推广。真正推广是在 2014 年，萨驰华辰机械（苏州）有限公司推出 SRS-H 型轿车子午胎智能一次法成型机，成为市场主流产品。从 2005年开始，天津赛象、桂林橡机先后开发出全钢工程胎成型机，天津赛象开发的全钢工程子午线轮胎成套制造装备入选国家 863 计划，荣获我国 2007 年度科技进步一等奖，桂林橡机的巨型工程胎成型机列入国家科技支撑项目。2016 年北京敬业发布新开发的新一代高速全自动二次法半钢成型机将半钢胎成型技术推向新的台阶。

（4）轮胎硫化设备

① 轮胎硫化机沿革　早期轮胎硫化，多是实行带夹套模型本体加热硫化的方法。随后改为放在蒸锅（硫化罐）内硫化，继而又改用水压合模以提高压力的硫化方式。1896 年，美国道蒂最早发明了可硫化轮胎的平板式硫化机。1910 年出现装有模具的轮胎模型式水压硫化机。1935 年发展为外模具装有蒸汽夹套、内模使

用热水袋的曲柄式连杆水压硫化机。1940 年出现电动连杆式单模和双模硫化机。20 世纪 50 年代，作为第三代轮胎硫化机，美国麦克尼尔和 NRM 两家橡胶机械公司推出以胶囊取代水袋的新型轮胎定型硫化机，分为 BOM 和 AHV 两种形式；60 年代，德国克虏伯和赫伯特先后研发出可垂直升降的液压式轮胎硫化机，成为第四代机型；80 年代，陆续推出热板直接加热式、无胶囊硫化和充氮等一系列新的轮胎硫化机形式。

② 我国轮胎硫化机沿革　20 世纪 80 年代轮胎硫化机发展主要是"以机代罐"，主要企业有桂林橡机、三明化机、湛江机械厂及上海轮胎机械厂等，主要产品型号是 1525、1310 及 1050 等；90 年代后我国开始子午胎硫化机开发生产。桂林橡胶机械有限公司 1990 年开发成功 1525 全钢子午胎硫化机，1993 年开发出 1145 子午胎硫化机，2000 年开发出 1220、1600 液压硫化机，2009 年开发出 5000 机械式工程胎硫化机。三明化机厂 1986 年开发出 1525B 型硫化机，1989 年开发出 1170AB 型硫化机，2010 年开发出 1700RIB 型子午胎液压硫化机。益阳橡机 1995 年与日本神钢合作研发及生产轮胎硫化机，目前已成为硫化机行业主要厂家之一。巨轮智能装备股份有限公司于 2007 年介入液压硫化机生产，现成为液压硫化机的最大供应商。2015 年山东豪迈科技生产出 5400 液压工程胎硫化机。介入硫化机生产的还有双星机械、华澳轮胎设备科技公司、萨驰科技、软控股份、江苏林盛等。

（5）我国轮胎检测设备沿革

早期国产里程试验机是在 20 世纪 80 年代初由北京橡胶工业研究设计院设计、建阳橡机厂制造，1995 年沈阳橡机厂开发成功轮胎高速/耐久性试验机；20 世纪 90 年代中后期天津赛象、软控股份及北京戴瑞科技等开始轮胎性能和缺陷测试设备的开发，21 世纪初先后开发出动静平衡试验机、轿车均匀性检测设备、激光散斑检查机及各种 X 射线检测设备。

3.1.3　废橡胶循环利用

废橡胶利用是将废弃的轮胎、管带、工业擦胶制品、胶鞋以及橡胶厂废料等，经过回收、加工并进行利用的产业。目前废橡胶利用产业已经包括各种废橡胶产品的回收和加工、轮胎翻修、再生胶和胶粉制造等，涉及物资回收和橡胶加工等领域。废橡胶利用产业关系到橡胶加工产业的继续发展，也是环保产业的重要组成部分。废旧轮胎橡胶的利用是橡胶工业循环经济和低碳经济的重要组成部分，对于节约化石资源、保护环境具有重要意义。

（1）废橡胶回收利用沿革

最早提出废硫化胶再生方法的是 Alexander Parkess。他在 1846 年将废硫化胶放在漂白粉的溶液中煮沸，加压达到成为一体的状态，然后用碱溶液洗净而制得再生橡胶。1858年发明了用加压蒸汽脱硫的方法。此后，各种废橡胶再生的方法相继发明。其中油法（盘法）、水油法（蒸煮法）、压出法、高压蒸汽法、动态高温蒸汽法、密炼机法等成为世界上主要的橡胶再生工业方法。20世纪50年代和60年代，再生橡胶产量达到历史最高水平，作为橡胶的代用品对橡胶工业的发展起到了重要作用；70年代前后，在工业发达国家，由于再生橡胶生产不景气，再生橡胶开始走下坡路。废橡胶冷冻粉碎工艺的发明，促使废橡胶的粉末化利用进入了一个新阶段。美国、德国、英国、澳大利亚、日本、瑞典等国相继建立了废橡胶冷冻粉碎工厂，开始直接掺用胶粉或活化胶粉到轮胎胶料中，中国于20世纪90年代初开始研制活化胶粉并应用于子午线轮胎，取得了良好的效果。

废橡胶的原形保留及改制利用是最经济有效的方法，历来受到重视。世界上不少地方已将相当数量的废旧轮胎用于翻新以及渔礁、游戏设施等。1969年，美国矿山局研究成功以废橡胶的热分解回收油、煤气等技术。此后，有不少这方面的报道，但由于回收的产品缺乏竞争力，市场少，所以经济效益很差，在美国更是如此。与热分解利用相比，废橡胶燃烧更受欢迎。20世纪70年代日本已经大量将废轮胎燃烧应用于各个领域，例如，废轮胎与煤混合生产水泥等。在欧洲和东半球地区，由于燃料价高和石油匮乏，使用废橡胶作为燃料更为经济。而在美国，约67%的废橡胶（主要是废轮胎）被埋置。随着燃料和用于聚合物的石油衍生物价格提高，废橡胶作为燃料将有所发展。

（2）我国废橡胶利用发展

实际上，循环经济对橡胶工业不是新问题。新中国成立以来，特别是改革开放以来，橡胶行业一直在抓节约橡胶和废旧橡胶的综合利用，长期关注再生胶工艺的更新换代、废旧轮胎生产胶粉的开发利用和轮胎翻修利用，废旧橡胶的综合利用是橡胶工业产业链的一个重要环节。实施循环经济的最初起因：一是原材料按一定比例掺入再生胶和胶粉，可以改善橡胶制品的加工性能；二是缓解橡胶资源的匮乏。除废旧轮胎综合利用外，像矿山、码头用输送带的修复利用等，都属于循环经济的范畴。对于再生胶和胶粉的生产，橡胶行业十分重视其新工艺、新设备和新产品的开发，以提高质量，保护环境。

20世纪50年代，国内再生胶生产基本用油法工艺，因产品质量、生产不稳定而逐渐被水油工艺所取代，但是水油法在生产中产生大量工业废水，严重污染环境，造成二次污染。随着社会对环保要求的提高，以及废橡胶中合成胶比例的增加，再生胶生产污染严重、能源消耗高、生产效率低等弊端，已经成为阻碍废橡胶综合利用行业发展的瓶颈，当时国家也明令规定禁止建设新厂。1990年，原化工部橡胶司和中国橡胶工业协会根据对国外再生胶工艺的考察，并结合国内的生产现状，组织开展"废橡胶动态脱硫新工艺技术"的攻关，经过3年多努力，"废橡胶动态脱硫新工艺技术"终于研制成功，当时就被国内多个省市引用。该技术逐渐发展为我国再生橡胶生产的主要工艺，推动了废橡胶综合利用行业的再次发展。同时，这项技术还走出国门，为世界废橡胶综合利用事业也做出了贡献。

2010年都江堰新时代公司针对水油法脱硫废水污染和间歇生产问题，开发成功常压连续脱硫新工艺，并通过了中国石油和化学工业联合会组织的鉴定。此后新东岳等公司陆续开展应用开发，推动废橡胶常压连续脱硫工艺不断完善发展。

几十年来，橡胶行业都一直在实践"资源—产品—再利用"的循环生产方式，逐步形成了以轮胎等橡胶产品为龙头，轮胎翻新、再生胶、胶粉等为重点的橡胶工业循环经济产业链。现在提到理论高度上，就更有利于资源的合理利用，有利于节能、降耗、降低生产成本，提高效益，有利于安全、环保、节能产品的生产，促进产品更新换代，促进橡胶工业持续快速地发展。

3.2　橡胶工业智能制造的模式

由于产品制造工艺过程的明显差异，离散制造业和流程制造业在智能工厂建设的重点内容有所不同。对于离散制造业而言，产品往往由多个零部件经过一系列不连续的工序装配而成，其过程包含很多变化和不确定因素，在一定程度上增加了离散型制造生产组织的难度和配套复杂性。企业常常按照主要的工艺流程安排生产设备的位置，以使物料的传输距离最小。面向订单的离散型制造企业具有多品种、小批量的特点，其工艺路线和设备的使用较灵活，因此，离散制造型企业更加重视生产的柔性，其智能工厂建设的重点是智能制造生产线。

流程型制造业的特点是管道式物料输送，生产连续性强，流程比较规范，工艺柔性比较小，产品比较单一，原料比较稳定。对于流程制造业而言，由于原材料在整个物质转化过程中进行的是物理化学过程，难以实现数字化，而工序的连续性使得上一个工序对下一个工序的影响具有传导作用，即如果第一道工序的原料不可用，就会影响第二道工序。因此，流程型制造业智能工厂建设的重点在于实现生产工艺的智能优化和生产全流程的智能优化，即智能感知生产条件变化，自主决策系统控制指令，自动控制设备，在出现异常工况时，及时预测和进行自愈控制，排除异常，实现安全优化运行；在此基础上，智能感知物流、能源流和信息流的状况，自主学习和主动响应，实现自动决策。

根据橡胶工业工艺过程的不同，可以有三种模式：第一种模式是从生产过程数字化到智能工厂；第二种模式是从智能制造生产单元（装备和产品）到智能工厂；第三种模式是从个性化定制到互联网工厂。见图3-1。

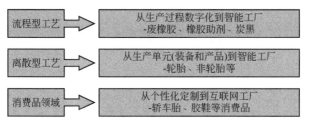

图 3-1　智能工厂的三种模式

3.3　橡胶工业推行智能制造的必要性

目前，橡胶工业仍是手工操作比较多的一个产业，特别是轮胎、胶鞋等部件比较多的产品，仅成型就有十几道工序，劳动强度大、生产效率低，严重影响了橡胶工业的发展。工业发达国家都把橡胶产品的成型工序作为重点，通过计算机技术、光机电一体化技术和机器人技术，自动化生产方面取得了重大进展。值得一提的是，机器人技术在实现橡胶产品生产自动化方面，起到了非常重要的作用。

专家认为，国际金融危机提升了制造业在发达国家领导人心中的地位，为了增加就业岗位并防止更多工业技能向海外流失，现在是时候重振制造业了，使一些制造业回流到发达经济体。随着中国劳动力成本的逐渐上升，印度、越南、菲律宾、墨西哥等发展中国家的劳动力成本优势开始凸显出来。据有关部门测算，印度的平均工资大约每月 600 元人民币，越南是 1000 元，而我国东部沿海地区已经达到 2500～3000 元。

中国作为一个制造业国家，远期目标不能建立在劳动力价格优势之上，不仅因为其他发展中国家也在打这张牌，而且中国的生产成本也会逐渐上升。据有关统计，中国 2012 年人均综合人力成本比 2009 年上涨了 64%，2014 年同比上涨了 10%～20%。与中国相比，越南的人均综合人力成本不到中国的 4 成，孟加拉国和缅甸的只是中国的 2 成左右。更重要的是，新兴的数字化制造业不需要大量劳动力在车间进行密集型生产，意味着廉价劳动力算不上一个特别显著的优势。而且，高盛公司预测工业机器人的投资回收期已经从 2008 年的 11.8 年缩短至 2015 年的 1.7 年。2016 年，机器人的投资回收期将进一步缩短至 1.3 年。因此，对中国产业来说，要提高竞争能力，采用机器人是一个必然趋势。

工业机器人主要特点是擅长重复特定的工作程序，特别适合于橡胶产品成型工序，不仅能提高生产效率，降低成本，而且能提高产品质量。国外著名橡胶公司都很重视机器人在橡胶产品生产中的应用,机器人已经越来越多地出现在轮胎、胶鞋等产品的无人化全自动生产线上。

3.4 橡胶工业智能制造取得重大进展

在互联网时代,中国橡胶工业把握机遇,2014 年推出了《中国橡胶工业强国发展战略研究》,明确提出橡胶工业智能制造战略措施和建设橡胶工业强国的路线图,全行业积极推行智能制造,取得重大进展。

3.4.1 轮胎行业

2016 年智能轮胎工厂建设取得重大突破,森麒麟轮胎公司建立并成功运营轮胎"工业 4.0"智慧工厂,依托独特的"森麒麟智能管理系统",实现了轮胎生产的智能化、自动化、信息化、个性化,单台设备的产出率提升 50%,合格率达 99.8%,用工成本较同规模传统企业降低了 75%,用地面积节约 50%。智能轮胎工厂是建设橡胶工业强国的一个新标志,具有里程碑的意义。

2017 年双星、万力、赛轮、三角等一批轮胎企业陆续建成智能工厂,而且开始在国外建立智能工厂。

中策橡胶集团有限公司经过持续探索,运用工业大数据成功搭建起智能炼胶系统。通过进一步减少生产过程的手工参与度,使生产效率和质量获得大幅度提升。从已经投产或试产的新装备在生产实践中发挥的效果来看,胶料合格率从91.27% 提高到 99.20%,生产效率提升了 8%。

橡胶工业与互联网融合出现百花齐放的新趋势。橡胶行业智能化的需求,促进了一批软件企业进入创新橡胶工业互联网中来,MES 等软件(图 3-2)深入推行,橡胶工业 APP 不断开发应用,开始形成了橡胶工业与软件业融合的智能制造新局面。

2018 年智能轮胎设备继续完善、升级,例如,轿车子午胎自动化成型机组、全钢载重子午胎自动化成型机组、全钢子午胎钢丝圈缠绕、三角胶热贴合自动化机组、智能密炼生产线在轮胎行业扩大推广。

测试设备和仪器智能化提高,例如,轮胎 X 射线检测系统可以实现无人检测。

2019—2020 年智能轮胎工厂框架体系逐渐完善,运行水平不断提高,生产效率效果显现。

国家开始重视橡胶工业智能制造有关标准的制定工作,2021 年 10 月 13 日下达由软控股份等单位起草的国家标准《轮胎用射频识别(RFID)电子标签》,赛轮等已开发生产带电子身份证 RFID 的智能轮胎。

贵州轮胎厂与联通合作,建成工厂现场 5G 全连接,在 46 套多功能自动导引

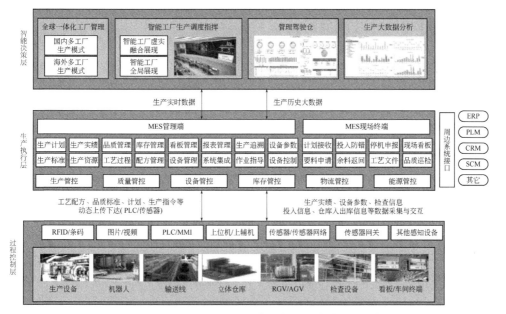

图 3-2　江苏龙贞以 MES 为核心的轮胎智能制造系统

车（AGV）、近 160 套射频识别系统传感器（RFID）以及工业摄像头、PLC、工控机等设备的支持下，实现物流自动化，劳动生产率大大提高。

同时，契合轮胎智能制造的需求，开发了新的橡胶材料、骨架材料和助剂等。

3.4.2　力车胎行业

力车胎行业与装备企业密切合作创新，开发出一批摩托车胎、自行车胎用自动化装备陆续投产应用，产品质量、生产效率大幅度提高，为力车胎行业实现智能工厂打下基础。

继四川远星橡胶有限责任公司首先应用机械手、机器人实现摩托车内胎自动硫化生产机组硫化作业后，外胎弹簧翻包自动成型机、胶帘布自动贴合打卷装置、多股多工位钢丝自动生产线、外胎自动包装线、内胎等离子自动贴嘴装置、内胎配件自动装配机等新型自动化装备先后成功研发，并率先在行业主要骨干企业投入使用。

厦门鸿海机械有限公司最先研制投产的摩托车胎、电动车胎自动高效弹簧翻包成型机，常规品种胎坯成型效率达到单机班产 700 条左右，比半自动成型机翻了一番。

另外，采用新设计、新材料、新设备的自动化注射自行车胎机组开发成功，为力车胎行业智能制造开辟出新路子。

3.4.3 非轮胎橡胶制品行业

非轮胎橡胶制品企业在部分制造工段和物流智能化改造等方面取得进展。

胶管胶带行业持续推进自动化、信息化和智能化项目，加速生产装备的升级改造，初步形成了一批数字化车间和智能工厂，例如无锡贝尔特胶带股份公司建成切割传动带自动化生产线，多个胶管企业建成汽车胶管自动化生产线，使企业的自动化、信息化和智能化水平大幅度提升。目前，行业大部分企业配置了能够保证日常生产经营管理高效运作的硬件和基础软件设施，建立了与公司生产经营活动相匹配的内外部系统沟通平台，将生产经营活动产生的各种数据通过局域网和 ERP 系统实现信息资源共享，初步实现了办公系统和生产经营活动自动化。部分企业初步建成产业链网络平台，例如无锡宝通科技股份有限公司通过智能输送带构建物料输送网络平台助力绿色矿山建设，通过实施联网集中控制、智能化管理、过程在线监测，确保各工序准确、均匀、质量稳定、生产安全、卫生环保和远程运维。浙江双箭橡胶股份有限公司在智能仓储物流方面取得进展，在此基础上加紧建设智能工厂。

橡胶制品行业部分企业建成密炼自动化生产线、硫化自动生产线，越来越多的企业使用机器人、机械臂代替人工，逐步改善操作环境，大大提高生产效率。有的企业探索 3D 打印新工艺取得进展。

3.4.4 胶鞋行业

规模以上胶鞋企业完善企业信息化部门，对照工信部"两化"融合等相关体系要求，理顺企业内部"两化"融合各项工作。降低生产制造环节对于简单劳动力的依赖，实现关键工序生产自动化改造，推动制帮、冷黏成型等环节的精益生产落地实施，借助生产效率提高的同时进一步提高产品质量；完善现有注塑工艺智能生产线的运行，进一步发挥效率潜能，加大冷黏工艺鞋、硫化工艺鞋自动化及智能流水线设备研发力度，推动整体成型装配自动化水平的提升；优化并推广绿色智能化混炼技术，加快硫化鞋智能化生产线研发及投产速度，生产过程和成品中积极采用各类条码、射频识别（FRID）等相关信息化技术，建立完善的制造执行管理系统（MES），提高设备利用率和半成品、成品质量追溯能力以及产品合格率，提高生产效率，提高企业信息化生产和管理水平；积极采用条码、FRID等各类信息化技术，对中高端民品进行防伪，提升企业及品牌的正面形象；与第三方咨询机构、外部设备生产商等合作，配合智能制造，积极开展基于精益生产的管理升级专项活动；与装备制造企业针对制鞋企业的现状开发高性价比的智能炼胶装备取得进展，上辅机及微机控制系统可满足橡胶、塑料等密炼生产过程中多种原材料（炭黑、粉料、液体、胶料）的全过程密闭式自动输送、贮存、称量配料与投料，并实施加工生产工艺全过程微机智能控制。

3.4.5 废橡胶综合利用行业

智能再生胶（胶粉）工厂相继运行，废轮胎裂解智能工厂建成投产。

在脱硫设备方面，常压连续脱硫设备不断完善，智能化程度提高，逐步走向实际应用，江苏中宏、天台坤荣、青岛高机、泰安金山、青岛中胶、南京绿金人、江苏睿博、信达橡胶、江阴迈森、宿迁远泰橡塑机械和江苏强维等企业的设备都已经开始了实际应用。江苏中宏在江苏江阴、安徽六安、福建漳平、山西阳曲以及卡塔尔等建了生产基地。安徽世界村结合世界其他先进技术，也走出了一条适合自身发展的新路子。青岛高机首先开发成功单螺杆连续复合脱硫工艺设备。我国不少企业的脱硫设备已经走向了国外市场。

破碎粉碎设备方面，我国的破碎粉碎设备经过近 30 年的发展，品种越来越多，设备性能也越来越精良，成熟度和稳定性也相对较好，越来越多的企业开始了自动化、智能化的探索，品牌意识逐步加强。四川亚西、四川亚联、广州隽诺、广州联冠、江苏瑞赛克等都研发了自动化胶粉生产线；在磨粉方面，也取得了明显进步，宜兴成宏、徐州永冠也不断创新，水磨法技术得到市场化应用，使用水磨法技术生产胶粉的江西德江隆在 2018 年成功投产，运行稳定。

废橡胶热裂解是废橡胶综合利用处置的方式之一。双星轮胎等陆续开发成功智能废轮胎热裂解生产线。从生产工艺上看，目前我国热裂解主要还是间歇式工艺。连续式热裂解设备由于价格较高，投入较大，在业内使用率还不高。2019 年，热裂解在示范项目的带动以及裂解技术的进步和行业内企业的推动下得到快速发展，一些项目快速上马。

行业自动化水平和清洁生产水平得到了快速提升。2013 年新乡橡塑第一台自动称量下片机开始投入生产；2015 年第一套炼胶自动化设备正式运行，在国内外几百个厂家得到应用；2019 年新乡橡塑又推出"称量下片覆膜一体机"和"2019 型码垛机"，实现了再生胶自动化炼胶向智能化炼胶迈进。

3.4.6 橡胶机械、模具行业

橡胶机械智能制造取得了重要进展。其表现为：

大型企业数控机加工设备广泛应用，例如 3 轴和 5 轴加工中心、大型龙门加工中心、多轴激光切割中心、机器人电焊、喷漆等。这些高精尖数控设备的应用，促进橡胶机械制造发生了革命性的变化；

橡胶机械的自动化控制与世界同步，例如硫化机应用 PLC、PID，轮胎成型机应用 CC-LINK、伺服运动控制系统，大大提高了控制的准确性和自动化水平；

广泛应用机械 CAD/CAE/CAM 产品计算机辅助设计技术，提高了橡胶机械及模具的设计研发水平；

条码和 RFID 等技术开始应用到物流管理或过程追溯中；

开始构建数字化研发平台——数字工厂；

模具智能化制造成为发展趋势，轮胎模具加工装备的智能化正在迅速推进行业的智能制造；

激光加工、3D 打印在轮胎模具制造中的应用更加广泛。3D 打印应用在轮胎模具花纹钢片乃至以后的花纹加工，以及激光雕刻技术的应用，对轮胎模具技术的发展有重要意义，成为轮胎模具发展的方向。

以轮胎成型机为代表的智能橡胶机械设备开发成功，并逐渐扩大应用。

自从 1916 年发明推出本伯里间歇式密炼机以来，100 多年来，为了节省能源，提高生产效率，节省占地面积和空间，同时简化设备和工艺，以便易于实现清洁生产、自动化生产和智能生产等，国内外有关研究机构和企业长期致力于开发螺杆连续混炼工艺设备，但进展缓慢。青岛科技大学吕柏源教授通过 50 年的思考和研究，在开发成功单螺杆连续复合脱硫工艺设备基础上，突破了单螺杆连续混炼的理论研究：一是自强制喂料理论，二是传热强度与传热总量理论，三是剪切强度与剪切总量理论，设计出直径 150mm 单螺杆连续混炼物理样机。通过实验研究表明：混炼的物料其分散度和分布度均达到要求，物料挤出混合物致密，物料混合物物理性能符合要求。单螺杆连续混炼设备有可能应用于以下方面：连续塑炼/连续混炼（含母炼和加硫低温混炼）；单螺杆造粒代替双螺杆造粒；附加后置设备后可以代替压延成型；附加前置设备可实现湿法炼胶生产；通过橡胶制品新工艺布局，可最大限度实现无人工厂等。

3.4.7 橡胶助剂行业

橡胶助剂智能制造也取得重要进展，其表现为：

微通道技术开发应用取得成功，自动化、高效率、环保、安全、低碳等一举多得；

以 DCS（分散控制系统）和 PLC（可编程程序控制器）为代表的 PCS（过程控制系统）广泛应用；

MES、ERP 应用取得进展；

部分大型企业开始构建全产业链的数字化网络运营管理平台；

部分企业在物流仓储自动化方面取得进展。

3.4.8　炭黑行业

炭黑生产制造过程及环节涉及范围比较广泛，基本属于流程型工艺，和橡胶加工工艺制造有一定的区别。

目前炭黑制造整体设计自动化水平一般具有良好的基础，生产企业可以做到运用强大的中控系统实现对整个生产过程全面进行监控操作，但是每个环节的自动化水平有所差别。

"十三五"期间，炭黑企业也开始打造炭黑智能工厂，如茂名环星炭黑有限公司等在"十三五"期间已经开始提出建设智能炭黑工厂，从各环节入手完成局部智能到整个制造过程智能化的全覆盖，例如智能包装环节、产品质量智能调节环节、智能检验检测环节、智能模型系统的建立及生产系统智能衔接等环节。通过先进可靠的仪器仪表和高度自控水平的先进设备以及大量的技术参数给予支撑。

3.4.9　乳胶制品行业

乳胶行业已部分实现智能制造、绿色制造。新工艺、新技术、设备自动化、智能化方面也有新的突破。

目前已有企业的节能环保避孕套生产线（采用避孕套模具自身加热方式）正式投产，产品质量稳定。橡胶外科手套自动密封包装机已经在行业全面推广应用。橡胶手套自动充气检测设备已经成功推广到行业主要乳胶手套生产企业。避孕套自动上料电检的新一代机型已经推广到国内的部分避孕套生产企业。避孕套全自动生产线目前也已经建成。以上行业发展亮点，是实现乳胶制品行业可持续发展的强有力支撑，也是行业发展的目标和方向。

推行低氨、无氨浓缩胶乳的生产与使用，在乳胶海绵等制品的生产中降低了生产成本，节省了除氨工序，节省电力、降低噪声，减少了氨气排放对环境造成的影响。

多家助剂企业坚持循环经济理念，推进绿色环保产品生产，环保系列硫化促进剂已为企业所需要和使用，正在逐步取代现有传统的硫化助剂。

3.5　我国橡胶工业智能制造存在的问题

我国橡胶工业智能制造虽然取得巨大进展，但与国家工业互联网发展的要求和与国内外先进行业相比，还有一定差距。如橡胶工业数字化水平较低，互联网架构、标识解析技术体系以及有关标准制定相对滞后，互联网平台建设缺失，橡胶工业 APP 开发落后，软硬件融合水平低，非轮胎橡胶制品行业智能制造普遍落后等。我国已经进入橡胶工业智能制造新时代，少数企业在智能制造方面取得突破，但对整个橡胶行业来说还不平衡，仍存在严重短板，就是"两 T"（IT/OT）融合落后，致使智能制造的效益未能显现，影响到智能升级。

根据我国轮胎橡胶工业智能制造的现状，继续深化融合创新，落实"两 T"融合，继续深化数智赋能势在必行。特别是疫情和中美竞争的严峻形势，给我们留下深刻的启示，必须以此为契机，坚定橡胶工业数智赋能的方向，以不变应万变，提高竞争水平，加快橡胶工业强国建设。

3.5.1 缺乏专业的智能制造整体解决方案

我国轮胎装备现状主要表现在生产过程自动化程度低，人工占据主导地位；大量繁重、辛苦的体力工作仍然由人工完成；设备之间、设备与管理系统之间存在互联障碍；缺乏合理规划，能耗高，资源浪费严重。目前，国内橡胶机械企业大多针对单个环节进行研发，无法实现轮胎生产整体自动化水平的提升。单个环节提升的效果总是受制于整体系统的运行状况，单个环节的优化无法达到协同效益，无法达到全新概念技术水平，无法"革命性"提升轮胎企业的生产效率与产品质量稳定性。因此，为根本性地提高我国轮胎产业技术水平及国际竞争力，针对轮胎工序工艺制造过程，从工艺、控制、装备等多方面出发，对轮胎各环节的装备和技术进行整体研究，实现由订单到发货的柔性生产与排产，能够实现装备的智能化、数字化生产，满足目前轮胎企业多品种、变批量的柔性化生产。

3.5.2 缺乏轮胎智能制造信息管理系统

国内，轮胎智能制造信息化控制、自动化生产工艺现状主要表现在以下几个方面。

（1）生产控制方面

由于信息化技术的发展，我国轮胎装备行业的信息化水平近几年得到大幅度提升，与世界先进水平之间的差距正在逐渐缩小，特别是一些高端轮胎生产企业已基本实现轮胎制造全过程的信息化控制。但还存在一些问题，主要表现在信息孤立、功能简陋；停留在信息采集阶段，信息价值挖掘不充分。国内的中小轮胎企业依然处于"半自动、半手工阶段"，技术水平落后，导致生产效率低下，原材料利用率不高，只能生产一些低档产品，缺乏生产高端轮胎的能力。随着原材料和人工成本的提高，这些企业的生存空间正在逐渐缩小。针对当前轮胎企业制造装备自动化程度低、生产方式落后的问题，国内行业内多家企业进行了深入研究，其中信息流的柔性化成为当前发展较为迅速的一个方向，主要涉及当前数字化工厂的所有信息控制模块，包括 CAD、MES、ERP 等所有虚拟的信息流，这种信息的柔性化是数字化成型车间生产的基础。

（2）制造工艺方面

据不完全统计，目前国内的炼胶生产线，其炼胶工艺均是在现有设备和工艺基础上改进的，在炼胶质量和效率上有很大提高。在炼胶效率上，母炼胶都实现了高速混炼，时间基本在 3min 左右，终炼基本上还是传统工艺，周期时间在 2.5～3min。但相对于国外技术，在效率和质量的均匀性方面还有较大差距。

（3）压延、裁断工序

目前国内压延、裁断工序主要在进行数字化改造，研究以自适应生产、统计、质量分析控制为核心的数字化网络功能，以提高生产效率和生产质量为核心的接头方法，以控制胎体帘布质量为核心的半成品在线质量检测方法，以提高设备质量为核心的裁刀生产加工工艺和以减少生产环境噪声和振动污染为目的的降低裁断装置振动与噪声方法。但对高速压延、压延过程中的帘布单面半硫化技术、多部件数字化控制一次法复合挤出技术仅进行了一些探讨性的工作，未得到实际的应用推广。

（4）成型工序

轮胎成型设备的市场竞争，提出了对设备质量、效率和成本的新要求。为此，从技术上突破两鼓、三鼓、四鼓成型机的结构设计概念，创立新型的轮胎成型设备结构是必需的。该项目设计是基于柔性单元组合生产线的理念，目标是提高和改善轮胎成型设备质量、效率和成本，并力求使上述指标有所突破。两鼓、三鼓和四鼓成型机的技术已经成熟，大的结构性的改进空间已不存在，有必要在生产线的设计上进行创新性改进。

（5）检测工序

我国进行轮胎平衡试验相对于工业发达国家晚 10 年左右的时间，且绝大多数应用于子午线轮胎。行业规定轮胎动平衡试验对于轿车子午线轮胎是 100%的必检项目。轮胎动平衡检测设备是集机械、电控、测试、计算机软件、气动为一体的具有高附加值的精密专用设备，由于其所具有的复杂性及精密性，到目前为止，我国轮胎企业使用的在线式轮胎平衡试验机几乎全部是进口产品。我国子午线轮胎产量要发展，质量要提高，首先要进行平衡量的标定和修正，这已经得到大轮胎企业的重视和认同。子午线轮胎动平衡试验机的国产化一直是行业内同仁孜孜追求的。

（6）物流系统

目前国内存在的主要问题：一是车间布置不合理。国内轮胎生产企业往往过分单一追求产量，将"尽量布置更多的生产设备"作为一项重要设计原则贯穿于设计当中，由此造成工艺设备布置不合理，各工序之间的衔接性差，导致生产复杂和生产物流成本增加。二是各生产工序衔接不畅。首先是上下工序节拍不一致，上道工序生产完的制品需经过很长的存放时间才能进入下道工序进行加工。另外是由于人机配合、人员配备等原因，下道工序在生产过程中断断续续。以上直接导致企业在生产过程中需要设置很大一块区域用来作为半成品的缓存区，生产能力没有得到充分利用，最终导致生产效率低下。三是信息滞后。我国大部分轮胎生产企业信息系统不完整或者根本就没有信息系统，企业内部装备信息孤岛现象严重。

3.5.3 新技术在轮胎智能制造的应用滞后

在全新概念技术的研究方面，虽然新材料、3D 打印技术已经在其他行业取得应用，但由于国内橡胶企业、研究院所等研究机构的研究起步较晚，并且缺乏技术、资金、人才等资源，远远落后于国外水平，在轮胎智能制造方面尚未出现真正意义上的"全新概念技术"。而面对国外技术的封锁，只能对国外的创新工作有一个基本了解，无法购买或了解到此方面技术的实际情况。

在对现有工艺技术创新方面，国内主要是在对胎体和带束层帘布压延时半硫化进行了一些探讨性的工作，还未得到实际的应用推广；在轮胎成型多鼓化、改善产品的均一性和动平衡、提高生产效率方面做了一些工作，还有待于进一步的完善；硫化采用高温充氮工艺，国内一小部分厂家在半钢子午胎中得到应用，个别的厂家掌握了全钢载重子午胎氮气硫化技术，项目的研究和推广还很不系统，需要完善。

为满足汽车行业的需求而生产的各类新规格轮胎，需对工艺和控制进行改造，例如采用多复合机头生产胎冠部件，半钢成型机由两段法改为一段法，提高产品的均匀性和动平衡性能，同时还需要研究相关的检测和试验设备等。

在生产工艺全新概念的创新技术方面，由于国外技术的封锁，国内主要轮胎企业只能对国外的创新工作有一个基本的了解，进行了理论方面的探讨，还没有能力从事这方面的研究及实验工作。但目前国内主要轮胎企业已纷纷开展了信息化建设，并在密炼、硫化等主要耗能工序进行车间级的信息网络建设，提高车间级控制水平。

3.5.4 用户对智能轮胎需求迫切

目前，我国轮胎行业产品结构不合理、竞争力不够强、结构性产能过剩矛盾突出等问题依然严重。由于智能轮胎（如 RFID 轮胎、TPMS 轮胎等）可有效提高轮胎产品的生产效率和质量，维护生产厂商和消费者的合法权益，并可实现轮胎全生命周期的质量追溯和管理，从而大大提高轮胎使用的安全性，保护人民生命和财产安全，因此随着信息技术和物联网技术的发展，人们生活水平的提高和安全意识的增强，轮胎用户和轮胎生产企业对智能轮胎的需求也愈加迫切。

3.5.5　生产流程再造难度较大、成本较高

我国轮胎工业是在劳动密集型的模式上发展起来的，目前轮胎企业自动化、信息化程度普遍不高，数据收集分析和传递多依靠人工重复性劳动，设备操作、半成品和产品物流对人工的依赖性较高，严重阻碍了轮胎工业由大到强的进程。目前，已经有一些轮胎生产企业开始进行设备的信息化升级改造，并迅速成为使用信息化手段管理生产过程的受益者，在行业内起到了一定的示范作用。但是，目前的信息化管理系统正在发展和完善中，生产数据的采集手段较为落后，轮胎企业的信息化程度不够深入。同时，由于轮胎企业进行信息化建设生产流程再造难度较大，管理人员和工人不适应软件系统，并且进行设备和管理系统的搭建、升级均需要成本，基于这些原因，更多的轮胎企业尚在观望。

3.5.6　工业化与信息化的融合程度低

智能制造技术是以信息技术、自动化技术与先进制造技术全面结合为基础的。而我国制造业的"两化"融合程度相对较低，低端 CAD 软件和企业管理软件得到很好普及，但应用于各类复杂产品设计和企业管理的智能化高端软件产品缺失。

国内大多数企业在生产制造过程中一定程度地应用了自动化技术，但应用于提高产品质量、实现节能减排、提高劳动生产率的智能化技术严重缺乏。同时，信息技术、相关软件产品与制造工艺技术之间的融合不够。

3.5.7　MES 发展处于起步阶段

近年来，我国 MES 的研究和产业都有了一定的发展，但总体来说，与西方发达国家相比，我国无论是在 MES 技术深度还是应用广度上都存在较大差距，主要体现在以下几个方面。

（1）MES 体系还不完整

基本功能不完善，缺乏过程管理与优化等面向典型行业的核心模块。针对离散制造业，尚无完整、系统的 MES 模型、解决方案和成熟的软件产品。

（2）缺乏 MES 技术标准

MES 的设计、开发、实施、维护缺乏国内统一的技术标准，影响了 MES 产品的技术性能，加大了系统开发和应用的成本，与国外同类 MES 产品竞争没有

太多优势。

（3）集成性还没有完全解决

由于缺乏统一的工厂数据模型，MES 各功能子系统之间以及 MES 与企业其他相关信息系统之间缺乏必要的集成，没有形成固定的、标准的数据接口模型，导致 MES 作为企业制造协同的引擎功能远未得到充分发挥。

（4）通用性和可配置性较差

现有系统通常针对企业用户的特定需求，很难应对企业业务流程的变更或重组。由于缺乏基于工厂数据模型的数据集成技术，系统的可配置性、可重构性、可扩展性较差，严重制约 MES 的产品化和推广应用。

（5）实时性不强

MES 作为面向制造车间的实时信息系统，实时性是实现 MES 功能的基础。现有系统缺乏准确、及时、完整的数据采集与信息反馈机制，多数情况下仍然依靠手工填写数据，在底层数据的实时采集、多源信息融合、复杂信息处理及快速决策等方面非常薄弱。

（6）智能化程度不高

MES 中所涉及的信息及决策过程非常复杂，由于缺乏智能机制，现有 MES 大多只提供了一个替代经验管理方式的系统平台，通常需要大量的人工干预，难以保证生产过程的高效和优化。现有 MES 缺少对生产过程数据进行有效分析的模型和工具，收集上来的数据无法提供更加有深度的信息，无法为企业管理层提供更多的数据支持和帮助。

（7）核心技术对外依存度高，缺乏核心竞争力

在橡胶机械领域，构成智能制造装备或实现制造过程智能化的重要基础技术和关键零部件主要依赖进口，例如新型传感器等感知和在线分析技术、典型控制系统与工业网络技术、高性能液压件与气动元件、高速精密轴承、大功率变频技术、特种执行机构等，几乎所有高端装备的核心控制技术（包括软件和硬件）均严重依赖进口。

众多橡胶机械生产厂商还未形成产业集聚力，国内企业竞争主要集中于价格竞争，核心技术竞争力欠缺。

（8）严重缺乏复合型人才

人才是第一资源，推行橡胶工业精益生产、智能制造，不仅需要一大批从事橡胶工业科研开发、生产技术、企业管理、产品营销等的专业人才，而且更加需要一批跨学科、跨行业的复合型人才。

在智能制造中，随着人机交互及机器间的对话越来越普遍，重复性的体力和脑力工作将逐渐被智能机器所代替，人在其中的角色也将由服务者、操作者转变为规划者、协调者、评估者、决策者。因此，智能制造时代，不会出现绝对意义

上的"无人工厂",人的重要性越来越凸显,即使是最先进的软件和最好的信息系统,如果没有人对其进行规划和控制,都无法发挥出应有的功效。智能制造中各个环节必须进行跨学科合作,需要不同学科之间相互理解对方立场和方法,在战略、业务流程和系统上采用综合眼光分析问题,并提出解决方案。智能制造时代,需要大量的"数字-机械"交叉人才、数据科学以及用户界面专家。

附件1:

《中国橡胶工业强国发展战略研究》(2014年9月)摘要及比较

建设橡胶工业强国是我国几代橡胶人的夙愿。加入 WTO 后,我国逐步成为世界橡胶工业大国,2006 年顺势而为,适时提出"自主创新,建设橡胶工业强国"。2011 年将建设橡胶工业强国正式纳入中国橡胶工业协会工作计划,并开始着手编写《建设世界橡胶工业强国框架意见》。2013 年在"两个一百年"中国梦的强有力号召下,《中国橡胶工业强国发展战略研究》编写工作加速进行。这项工作由百名业界专家参与调研编写,近 500 名专家、学者、企业家参与讨论、修改和审校,经过一年左右的紧张工作,《中国橡胶工业强国发展战略研究》终于完稿并出版发行。《中国橡胶工业强国发展战略研究》以世界橡胶工业先进水平和当代高新技术水平为标准,高瞻远瞩,提出了中国橡胶工业强国发展战略目标和措施。内容涵盖几乎所有橡胶产品、原材料和设备,包括高新技术综合篇,内容广泛、全面、系统。《中国橡胶工业强国发展战略研究》的发行是中国橡胶业界的一件大事,必将强有力地加快中国橡胶工业强国的建设步伐,乃至最终建成世界橡胶工业强国。

1. 中国橡胶工业大国的基本经济国情

我国目前是名副其实的橡胶工业大国,但还不是橡胶工业强国,正处于从橡胶工业大国向强国转变的阶段,基本经济国情包括以下两点内涵:

(1)中国目前是名副其实的橡胶工业大国

橡胶工业经济总量(包括品种、产量、产值、销售额和橡胶消耗等)居世界第一,并占有较大比例,在规模和数量上是名副其实的橡胶工业大国,见表 1~表 6。

表1　2001—2013 年中、美、日轮胎产量　　　单位:亿条

项目	2001 年	2002 年	2003 年	2004 年	2005 年	2006 年	2007 年	2008 年	2009 年	2010 年	2011 年	2012 年	2013 年
中国	1.41	1.61	1.88	2.30	2.50	2.85	3.37	3.55	3.85	4.43	4.56	4.70	5.29
美国	2.46	2.56	2.36	2.33	2.28	2.23	1.95	1.74	1.49	1.63	1.70	1.62	1.56

续表

项目	2001年	2002年	2003年	2004年	2005年	2006年	2007年	2008年	2009年	2010年	2011年	2012年	2013年
日本	1.62	1.68	1.70	1.83	1.85	1.85	1.86	1.82	1.39	1.65	1.61	1.55	1.54
全球				11.80	12.30	12.50	13.40	13.20	12.20	13.70	14.6	16.00	16.60
中国占世界比例/%				19.49	20.32	22.80	25.15	26.89	31.56	32.34	31.23	29.38	31.87

表2　2001—2013年中、美、日橡胶消耗量　单位：万吨

项目	2001年	2002年	2003年	2004年	2005年	2006年	2007年	2008年	2009年	2010年	2011年	2012年	2013年
中国	279	306	310	340	400	450	505	550	588	645	690	730	830
美国	281	301	300	305	316	300	291	274	213	266	290	270[①]	264[①]
日本	181	185	189	196	201	204	205	202	147	174	172	169	166
全球	1759	1843	1929	2059	2107	2232	2343	2288	2154	2483	2584	2598	2820
中国占世界比例/%	15.86	16.60	16.07	16.51	18.98	20.16	21.55	24.04	27.30	25.98	26.70	28.10	29.43

① 为测算值。

表3　2001—2013年中、美、日合成橡胶产量　单位：万吨

项目	2001年	2002年	2003年	2004年	2005年	2006年	2007年	2008年	2009年	2010年	2011年	2012年	2013年
中国	105.20	113.30	127.20	123.50	132.53	145.80	163.60	161.71	197.00	241.00	260.00	282.60	294.30[①]
美国	206.21	216.44	227.01	228.89	231.22	256.94	265.80	227.53	196.20	232.20	249.75	227.00	220.00
日本	146.55	152.20	157.70	161.56	162.69	160.70	165.46	165.10	130.32	159.54	161.12	162.74	170.80
全球	1050.00	1087.70	1134.10	1197.70	1207.30	1261.20	1334.70	1289.00	1195.50	1358.00	1431.00	1440.00	1481.50
中国占世界比/%	10.02	10.42	11.22	10.31	10.98	11.56	12.26	12.55	16.48	17.75	18.17	19.63	19.87

① 此数据不包括热塑性弹性体。

表4　2001—2013年中、美、日炭黑产量　单位：万吨

项目	2001年	2002年	2003年	2004年	2005年	2006年	2007年	2008年	2009年	2010年	2011年	2012年	2013年
中国	76.8	85.8	101.8	138.1	161.7	185.2	232.9	242.8	283.1	337.5	385.4	436.4	471.3
美国	155.0	160.0	157.0	159.0	162.0	152.1	151.4	142.9	109.4	135.5	151.0	146.6	146.6
日本	72.8	74.8	77.9	80.2	80.1	81.9	83.0	81.4	57.6	72.3	67.9	63.5	63.5
全球总产量	695.0	705.0	754.0	764.5	765.6	816.4	918.0	960.4	993.3	1100.0	1127.8	1193.8	1263
中国占世界比例/%	11.05	12.17	13.50	18.06	21.12	22.68	25.37	25.28	28.50	30.68	34.17	36.56	37.32

表 5　2001—2013 年主要国家和地区橡胶机械销售额　单位：万美元

项目	2001年	2002年	2003年	2004年	2005年	2006年	2007年	2008年	2009年	2010年	2011年	2012年	2013年
中国	30000	35100	54217	73171	80247	86420	101266	110390	123167	159574	184127	168521	230000
北美	35000	27300	23660	27760	28140	25042	33800	33480	32000	32100	38890	42001	37270
日本	28000	27100	23487	26640	27180	17799	22980	18670	10000	9300	21940	23695	17810
德国	42000	36400	31547	36250	38510	44154	54370	45410	43300	45400	50400	54432	54420
全球总计	189312	196013	185120	263311	265097	282326	327466	347920	344679	402284	448897	454472	500790
中国占世界比例/%	15.85	17.91	29.29	27.79	30.27	30.61	30.92	31.73	35.73	39.67	41.02	37.08	45.93

表 6　橡胶工业大国发展路线图

项目	初级阶段 2002—2004 年	中级阶段 2005—2008 年	高级阶段 2009 年—现在
橡胶消耗量	2002 年我国橡胶消耗量306 万吨，超过美国 301 万吨，居世界第一		
橡胶机械销售额	2003 年我国橡胶机械销售额为 5.4 亿美元，超过德国 3.15 亿美元，居世界第一		
轮胎产量		2005 年我国轮胎产量2.5 亿条，超过美国 2.28 亿条，居世界第一	
出口轮胎销售额		2007 年我国出口轮胎销售额 64.1 亿美元，超过日本 60.94 亿美元，居世界第一	
非轮胎橡胶制品产量		胶鞋、自行车胎、胶管胶带、摩托车胎、橡胶配件等产品产量相继居世界第一	
炭黑产量		2006 年我国炭黑产量185.2 万吨，超过美国152.1 万吨，居世界第一	
其他原材料产量		废橡胶利用、橡胶助剂、橡胶工业用钢丝和帘帆布等也相继居世界第一	
合成橡胶产量			2009 年我国合成橡胶产能达 250 万吨，产量 197万吨，超过美国的 196.2万吨，位居世界第一

　　总结表 1～表 6 可以说明，我国橡胶工业大国的发展经历了以下 3 个阶段：

　　第一阶段，2002—2004 年为橡胶工业大国发展初级阶段。衡量一个国家橡胶工业规模的重要指标是橡胶消耗量。2002 年，我国橡胶消耗量开始居世界第一，

2003 年我国橡胶机械销售额居世界第一。可以认为，我国从 2002 年开始初步进入世界橡胶工业大国行列，称作橡胶工业大国发展初级阶段。

第二阶段，2005—2008 年为橡胶工业大国发展中级阶段。轮胎是橡胶工业中耗胶量最大的产品，经济总量约占整个橡胶工业的 70%。2005 年，我国轮胎产量居世界第一，2007 年出口轮胎销售额居世界第一。在这期间，我国胶鞋、自行车胎、胶管胶带、摩托车胎、橡胶配件、炭黑、废橡胶利用、橡胶助剂、橡胶工业用钢丝和帘帆布等产品产量相继居世界第一。可以认为，从 2005 年开始我国进入橡胶工业大国发展中级阶段。

第三阶段，从 2009 年至今为橡胶工业大国发展高级阶段。2009 年我国合成橡胶产量跃居世界第一。迄今为止综合统计说明，除了天然橡胶外，绝大部分橡胶产品、橡胶原材料和各种橡胶机械等生产规模和产量均居世界第一。可以说，2009 年已经开始进入橡胶工业大国高级阶段，成为名副其实的橡胶工业大国。

（2）逐渐向橡胶工业强国发展

我国在向橡胶工业大国发展的过程中，也在逐渐变强，"十一五"是我国橡胶工业历史上发展最快的时期，取得了重大业绩，而且产品结构不断优化，转变增长方式初见成效，进一步增强了我国世界橡胶工业大国的地位。"十二五"期间面临更大挑战，前几年尽管外部环境不利因素很多，但是，我国仍在向橡胶工业强国发展的道路上不断前进。

2013 年，轮胎子午化率达到 89%，绿色轮胎产业化开始启动。高强力输送带、线绳 V 带比例、钢丝编缠高压胶管比例大幅增加。汽车用橡胶制品质量提高、品种增加。胶鞋行业企业结构不断优化。炭黑行业推广湿法造粒炭黑工艺，利用尾气生产汽电等，减少炭黑油消耗和二氧化碳排放量取得重大进展，基本实现炭黑湿法造粒。橡胶助剂行业淘汰有毒有害产品，推广绿色助剂生产和清洁生产工艺，为橡胶产品提供绿色环保橡胶助剂，如防老剂、促进剂、环保橡胶油等，绿色助剂比例达到 92%。废旧轮胎橡胶综合利用率达到 75%，大力推广绿色环保再生橡胶产品和开展清洁文明生产，节能降耗取得显著成绩，每吨再生橡胶电耗降低20%。

另外，天然橡胶产业在向海外发展方面取得重大进展，境外投资或控股的橡胶园达 11 万公顷，相当于国内种植面积的 1/10。境外投资或控股的天然橡胶加工厂 16 家，加工能力 90 多万吨。合成橡胶生产技术开发能力不断增强，现已掌握了主要胶种的工业化生产技术，形成了相对完备的合成橡胶产业体系，一部分合成橡胶新品种开发成功。橡胶机械与产品工业同步发展，企业国际竞争力和集中度大幅度提高，改变了国际橡胶机械的生产和市场格局。

（3）中国还不是橡胶工业强国

中国现在是橡胶工业大国，正在向橡胶工业强国发展，但还不是橡胶工业强国。我国的橡胶工业经济国情依然是大而不强。虽然在某种程度上，"大"是"强"的重要基础，但两者本质上是不同的。"大"描述的是规模和数量，而"强"表现的是效率和质量。不"强"主要表现在我国橡胶工业现代化水平低、自主创新能力较弱，国际竞争力不强、经济运行质量不高，与世界橡胶工业强国美国、法国、德国、意大利、日本等国家比，差距依然很大。

中国橡胶工业协会根据国家有关部委和中国社科院等有关工业现代化和工业强国的文献，对照橡胶工业强国著名公司的先进指标，结合我国橡胶工业的现状，制定了《中国橡胶工业现代化评价办法》，基本涵盖了橡胶工业强国的主要特征，并进行量化和明确了指标的权重，是评价企业和行业橡胶工业强国水平的有效办法。经过对轮胎等 11 个专业的数十家企业的测评预测，2013 年我国橡胶工业各专业的现代化指数大约在 31.0～69.6 之间，我国橡胶工业综合平均现代化指数约为 49，即为世界先进水平的 49%，也即为橡胶工业强国水平的 49%。

目前我国橡胶工业不强的具体表现如下：

① 劳动生产率低　高生产效率的特征是工业强国"强势"的综合体现，是目前我国橡胶工业与美、日、法、德等橡胶工业强国最根本的差距。据 2013 年度全球轮胎 75 强排行榜，诺基亚轮胎以人均 50.8 万美元销售额居劳动生产率之首，第二位是住友轮胎 37.8 万美元，第三位东洋轮胎 37.3 万美元。据估算，我国 2013 年橡胶工业人均销售额为 96.6 万元，相差较远。我国大多数轮胎企业人均销售额为世界先进水平的 1/3～1/2，据 47 家轮胎厂统计，2013 年平均人均销售额约为 120.3 万元，差距很大。

我国非轮胎橡胶制品人均销售额与国外企业差距更大，日本、德国、瑞典等著名非轮胎橡胶企业的人均销售额一般在 40 万美元以上，最高达 100 万美元以上，我国一般在 40 万～100 万元。

② 产品价格低　在国内，外资企业在品牌、技术等方面都具有优势，其全钢载重子午胎的价格比国内企业高 20%～30%；乘用胎（半钢子午胎）的价格更是高出 50% 以上；国内乘用车轮胎配套市场，外资企业品牌占据了 70%～80% 的市场份额。

据海关统计，我国出口轮胎的价格更低。以出口美国的乘用车轮胎价格为例，2013 年我国出口美国的各种规格乘用车轮胎价格，一般为其他国家和地区出口美国的乘用车轮胎平均价格的 56%～82%。小于 13in（1in=2.54cm）的乘用胎价格是其他国家和地区出口美国同类产品平均价格的 56%，仅为德国轮胎的 14%（详见表 7）。

另外，2013 年我国出口美国的摩托车胎和自行车胎价格仅为其他国家和地区出口美国同类产品平均价格的 37% 左右，是德国产品平均价格的 22%。

表7　2013年美国乘用胎（小于13in）主要进口地的价格情况

项目	总进口数量/条	平均进口价格/(美元/条)
中国大陆	655604	23.93
墨西哥	203051	32.54
泰国	75612	29.60
中国台湾	69487	25.98
印度尼西亚	68805	25.07
德国	65154	168.89
总进口	1284411	42.52
中国占总进口比例	51%	中国价格是总平均价格的56%

产品价格低还突出表现在各类进出口橡胶产品价格的对比上，详见表8。

表8　2013年我国各类进出口橡胶产品价格的对比情况

橡胶产品	进口量/万吨	进口额/亿美元	进口均价/(美元/吨)	出口量/万吨	出口额/亿美元	出口均价/(美元/吨)	进口均价/出口均价
硫化橡胶板、片及异型材（制品）	2.40	2.28	9500	15.4	2.85	1851	5.13
胶管	3.80	6.40	16842	16.5	8.00	4848	3.47
输送带及传动带、V带等	1.90	3.18	16737	24.7	8.18	3312	5.05
新的充气橡胶轮胎	11.80	9.80	8305	499.3	161.50	3235	2.57
避孕套等卫生及医疗制品	0.37	1.44	38919	1.5	1.34	8933	4.36
硫化橡胶的其他制品（海绵制品，门垫，密封垫，码头碰垫）	7.17	20.66	28815	40.3	26.26	6516	4.42
各种形状的硬质橡胶及硬质橡胶制品	0.0489	0.0964	19714	1.168	0.4118	3526	5.59

表8表明，2013年我国橡胶产品平均进口价格高于出口价格4倍的产品分别是硬质橡胶及其制品，硫化橡胶板、片及异型材（制品），输送带及传动带、V带以及避孕套等卫生及医疗制品。

③ 利润率低　据2013年度全球轮胎75强排行榜，申报利润的20家企业无一亏损，2012年平均税前营业收入利润率为10.7%，较上年度增加2个百分点；平均净利润率为5.4%，较上年度增加1个百分点。诺基亚轮胎收益率居首，税前营业收入率及净利润率分别为24%及20%，阿波罗、大陆轮胎、正新国际、米其林、韩泰轮胎、倍耐力等净利润率都保持两位数增长。2012年我国47家轮胎企

业平均税前营业收入利润率约 4.9%，不到上述企业的一半。

据 2013 年度全球非轮胎橡胶制品 50 强排行榜，按利润率排名，汤姆金斯公司、安塞尔公司、特雷勒堡公司、新田公司、顶级手套公司、派克-汉尼芬公司、佛雷依登贝格公司、威力塔斯公司、伊顿公司及达特威勒持股公司分列前 10 位。其中，汤姆金斯公司、安塞尔公司利润率超过 10%。我国株洲时代新材料科技股份有限公司销售收入突破 5 亿美元大关，名列第 36 位，利润率为 4.2%；安徽中鼎密封件公司名列第 40 位。

④ 自主创新能力较弱　一个国家的自主创新能力，一定程度上反映在企业的研发投入、专利申请以及获得专利的数量上。首先研发投入方面的差距是很大的，据中国上市轮胎企业调查，近几年研发投入占销售额的比例不断增加，达到 3% 左右，与世界著名轮胎企业接近，但是投入金额差距巨大，一般仅为其 1/6 左右。

在轮胎专利方面，随着中国成为世界轮胎大国，国内轮胎企业申请专利快速增长，但是发明专利很少，专利质量与国外轮胎企业相比差距很大。

a．研发能力底子相对较薄，创新能力相对缺乏积累，导致目前中国本土企业在轮胎专利申请上还仅停留在"保量"的基础阶段，专利质量（包括授权量、保有量等）有待进一步提高。

b．在重点研发领域与国外先进企业相比，轮胎材料、轮胎机械等领域的专利数量、质量都不高。大量分散而重复的申请，使得中国本土企业没形成系统的专利联盟和壁垒。

c．专利布局不合理，对于海外市场布局更是相当初级。从全球专利布局情况来看，国内企业与国外企业之间的差距明显。统计数据显示，国内重点企业均只在中国进行了专利申请，尚未发现海外市场专利布局行为。国外龙头企业则在全球五大区域均有专利申请，加强了技术和贸易保护，而国内轮胎企业在国外愈来愈多地遭受技术和贸易壁垒。

d．由于自身专利意识的缺乏和政策引导力度有待进一步加强，中国本土轮胎企业在专利运营上尚未起步。

⑤ 产业集中度低　我国合成橡胶、天然橡胶、橡胶助剂、骨架材料和橡胶机械等产业集中度比较高，前 10 家销售额占全国比例超 60%，但橡胶产品产业集中度比较低。由美国《橡胶与塑料新闻》周刊选评的 2013 年度全球轮胎 75 强排行榜中，销售额超过百亿美元的有普利司通、米其林、固特异和中国大陆 4 家企业，2012 年销售额合计为 845.92 亿美元，占全球轮胎总销售额 1872.50 亿美元的 45.18%。我国中策橡胶集团以 45.58 亿美元第二次位于第 10 名。中国大陆上榜的轮胎企业与上年相比大都有了较大的提升，但是与国际四大轮胎品牌相比，即便是我国几家大型轮胎企业，其规模还是比较小的。特别是轮胎企业上榜数量为 26 家，占总上榜数 75 家的 34.67%，但 26 家合计销售额为 252.08 亿美元，仅占全

球轮胎销售额的 14.02%，可见企业集中度之低。

⑥ 信息化与自动化融合程度低　信息化将信息技术、网络技术、现代管理与制造技术相结合，带动了技术研发过程创新、产品设计方法与工具的创新、管理模式和制造模式的创新，实现产品的数字化设计、网络化制造和敏捷制造，快速响应市场变化和客户需求，全面提升制造业发展水平。

自动化是将完备的感知系统、执行系统和控制系统与相关机械装备完美结合，构成了高效、高可靠的自动化装备和柔性生产线，将实现自动、柔性和敏捷制造。

目前橡胶工业的"两化"融合程度相对较低，低端 CAD 软件和企业管理软件得到普及，但应用于各类复杂产品设计和企业管理的智能化高端软件产品缺失。大多数企业在生产制造过程中一定程度地应用了自动化技术，但应用于提高产品质量、实现节能减排、提高劳动生产率的智能化技术严重缺乏。同时，信息技术和相关软件产品与制造工艺技术融合不够。

很多软件公司与橡胶企业结合，开发了多种企业内外部各层次、各部门资源信息管理需要的平台。其中 ERP（企业资源管理）和 PLM（产品生命周期管理）等软件已在企业推行，取得一定效果，特别是在轮胎生产和销售领域已经有 30多家轮胎企业和众多的轮胎经销商、零售商开始应用。但据调查估计，目前我国橡胶加工企业信息化水平较低，信息化项目（如 ERP、PLM 等软件）覆盖率和企业覆盖率均在 30%左右，而且存在各个平台之间无缝衔接效果较差。轮胎企业 MES（操作系统）实现了企业、工厂、车间、工序、机台、销售、物流、市场信息化的集成管理和控制，创造了轮胎产业的一种新型管理模式，已在部分轮胎厂推行，提高了企业工艺控制水平和生产效率，但尚需进一步扩大推广和提高。

有的国外轮胎和橡胶配件工厂已经基本实现了无人化，单机效率高，广泛采用现代物流技术；从炼胶、半成品制造、产品成型、硫化、检测到入库，基本都是自动化，原材料、半成品和成品的移动实现连续化，大量采用 AGV（自动导引车）和机器人来完成，生产效率比传统工厂提高 50%。国内在自动化方面差距比较大，效率低，用人多。

我国橡胶工业不强的表现，除了以上 6 方面外，在环境保护、质量、品牌等方面差距也很大。

2. 关于中国橡胶工业强国的总战略目标和确定依据

关于橡胶工业强国的总战略目标是：争取"十三五"末（2020 年）进入橡胶工业强国初级阶段，"十四五"末（2025 年）进入橡胶工业强国中级阶段。

提出的依据具体如下：

（1）符合"两个一百年"的发展目标

"中国梦"，包括"两个一百年"战略目标，即在中国共产党成立一百年（2021

年）时全面建成小康社会，在新中国成立一百年（2049 年）时建成富强民主文明和谐美丽的社会主义现代化强国。橡胶工业强国的总战略目标基本符合"两个一百年"战略目标。

（2）与国家有关中长期发展规划目标以及有关行业强国建设的目标相吻合

工信部赛迪研究院的一份研究报告提出工业强国建设的时间表是：在 2015 年基本建成具备整体优势和局部强势的现代工业体系，在 2020 年基本建成世界工业强国。

《国家中长期人才发展规划纲要（2010—2020）》（2010 年 6 月）、《国家中长期教育改革与发展规划纲要（2010—2020）》（2010 年 7 月）、《国家中长期科学与技术发展规划纲要（2006—2020)》（2006 年 2 月）分别提出，在 2020 年将我国建成世界人力资源强国、人才强国和科技创新强国的三大目标。

中国社科院 2012 年 9 月 6 日在《中国工业大国国情与工业强国战略》报告中提出，我国工业强国战略目标应该是在 2020 年初步建成世界工业强国，2040 年全面建成世界工业强国。

2013 年 1 月，中国工程院启动了《制造强国战略研究》，提出了在 2020 年进入制造强国行列的指导方针和优先行动。预计中国将可能在 2020 年进入制造强国行列中。调研显示，我国已经具备建设制造强国的基础和优势：第一，我国拥有巨大市场；第二，我国制造业具备完整的产业链；第三，在制造业数字化方面掌握了核心关键技术；第四，拥有独特的人力资源优势；第五，在自主创新方面已取得了一些辉煌成就。

（3）符合目前我国橡胶工业现代化进程

根据《中国橡胶工业现代化水平评价办法（试用稿）》，经过各个专业数十家企业初步测算统计，我国目前橡胶工业各专业的现代化指数大约在 31.0～69.6 之间，我国橡胶工业综合平均现代化指数约完成了 49%，如果不考虑其他影响，仅仅简单地按照目前我国橡胶工业现代化水平年均增长的趋势外推，大约在"十三五"末（2020 年），我国橡胶工业将完成工业现代化进程的 71.9%，即进入橡胶工业强国初级阶段，也可以说初步建成橡胶工业强国；"十四五"末（2025 年）完成 92.7%，进入橡胶工业强国中级阶段，也可以说基本建成橡胶工业强国（见表 9）。

3．中国橡胶工业强国发展战略技术经济指标分解目标

根据橡胶工业强国总战略目标，对于 2020 年、2025 年橡胶工业强国发展战略技术经济指标分解目标如表 9 所示。其中"目前"为各专业及部分企业根据《中国橡胶工业现代化水平评价办法（试用稿）》（中橡协字〔2014〕45 号）预测的人均销售额。

表 9　橡胶工业强国发展战略技术经济指标分解目标

指标类型	指标	标准值	权重	目前①	初级阶段 2020 年（"十三五"末）	中级阶段 2025 年（"十四五"末）
一、效率指标	1．人均销售额/万元					
	轮胎	200		120	148.1	172.1
	力车胎	100		55	60	80
	胶管胶带	180		75	115	150
	胶鞋	80		30	60	80
	橡胶制品	100	15	50	90	100
	乳胶	100		33.2	55	75
	炭黑	100		76	80	85
	废橡胶综合利用	100		55	70	80
	橡胶机械模具	100		32	65	100
	橡胶助剂	100		80	100	150
	骨架材料	150		92	150	190
	2．销售利润率/%					
	轮胎	10		4.7	6.4	8
	力车胎	15		5.8	10.0	12
	胶管胶带	15		6.8	10.0	13
	胶鞋	10		4.5	6.0	10
	橡胶制品	15	15	5.0	8.0	11
	乳胶	8		3.95	5.5	6.5
	炭黑	15		1.0	5.0	10
	废橡胶综合利用	10		5.0	7.0	9
	橡胶机械模具	15		7.0	10.0	13
	橡胶助剂	12		7.0	12.0	15
	骨架材料	10		5.0	12.0	13
二、技术创新指标	3．设备国际水平/%					
	轮胎	80		70	74	76.9
	力车胎	80		60	70	80
	胶管胶带	90		65	75	90
	胶鞋	80		20	50	80
	橡胶制品	80	3	30	60	80
	乳胶	80		20	35	65
	炭黑	80		76	80	80
	废橡胶综合利用	80		40	60	80
	橡胶机械模具	80		50	60	80
	橡胶助剂（绿色化率）	95		92	95	98
	骨架材料	95		90	95	98

指标类型	指标	标准值	权重	目前[①]	初级阶段 2020年 ("十三五"末)	中级阶段 2025年 ("十四五"末)
二、技术创新指标	4. 研发费占销售额比/%	3	8			
	轮胎			1.40	1.9	2.4
	力车胎			1.00	2.0	3.0
	胶管胶带			1.25	2.1	2.8
	胶鞋			0.30	1.0	3.0
	橡胶制品			0.40	2.0	2.5
	乳胶			0.50	1.0	2.0
	炭黑			0.40	2.5	3.0
	废橡胶综合利用			1.50	2.5	3.0
	橡胶机械模具			1.50	2.2	3.0
	橡胶助剂			2.80[①]	3.5	4.5
	骨架材料			1.00	3.0	3.0
	5. 专利质量/%		7			
	轮胎	10		5.0	6.7	8.2
	力车胎	10		5.0	7.0	10.0
	胶管胶带	20		15	18.0	20.0
	胶鞋	10		2.0	8.0	8.0
	橡胶制品	10		3.0	5.0	8.0
	乳胶	40		18	29.0	40.0
	炭黑	10		5.0	6.5	8.0
	废橡胶综合利用	30		11.2	25.0	30.0
	橡胶机械模具	10		4.5	6.0	7.5
	橡胶助剂	65		50.0	60.0	65.0
	骨架材料	20		12.0	15.0	20.0
三、国际化竞争指标	6. 产品出口与进口价格比	1	7			
	轮胎			0.38	0.6	0.8
	力车胎			0.37	0.6	0.8
	胶管胶带			0.24	0.42	0.75
	胶鞋			0.30	0.6	1.0
	橡胶制品			0.40	0.6	0.7
	乳胶			0.49	0.6	0.75
	炭黑			0.50	0.7	1.0
	废橡胶综合利用			0.90	1.0	1.0
	橡胶机械模具			0.60	0.73	0.88
	橡胶助剂			0.95	1.0	1.0
	骨架材料			0.85	0.9	1.0

指标类型	指标	标准值	权重	目前[①]	初级阶段 2020年 ("十三五"末)	中级阶段 2025年 ("十四五"末)
三、国际化竞争指标	7. 出口+境外工厂销售额占总销售额比/%	30	5			
	轮胎			36	37.6	38.8
	力车胎			23	25	30
	胶管胶带			5	12	20
	胶鞋			5	15(自有品牌)	30(自有品牌)
	橡胶制品			8	15	20
	乳胶			42.6	45	50
	炭黑			20	30	35
	废橡胶综合利用			12	15	25
	橡胶机械模具			20	25	30
	橡胶助剂			29.6	35	40
	骨架材料			20	25	30
四、信息化指标	8. 信息化投入占销售额比/%	0.5	5			
	轮胎			0.40	0.47	0.53
	力车胎			0.15	0.25	0.40
	胶管胶带			0.09	0.25	0.45
	胶鞋			0.05	0.30	0.50
	橡胶制品			0.10	0.30	0.40
	乳胶			0.05	0.25	0.40
	炭黑			0.30	0.40	0.50
	废橡胶综合利用			0.10	0.30	0.50
	橡胶机械模具			0.25	0.40	0.50
	橡胶助剂			0.20	0.35	0.50
	骨架材料			0.10	0.25	0.50
	9. 信息化率/%	100	7			
	轮胎			42.9	60.8	78
	力车胎			50	70	90
	胶管胶带			28	55	85
	胶鞋			20	60	100
	橡胶制品			25	70	80
	乳胶			20	40	80
	炭黑			80	90	100
	废橡胶综合利用			25	50	80
	橡胶机械模具			20	50	80
	橡胶助剂			50	80	95
	骨架材料			60	80	95

指标类型	指标	标准值	权重	目前①	初级阶段 2020 年 ("十三五"末)	中级阶段 2025 年 ("十四五"末)
四、信息化指标	10.信息化集成度/%	100	8			
	轮胎			50	66.5	81.6
	力车胎			40	60	80
	胶管胶带			15	55	85
	胶鞋			5	60	100
	橡胶制品			20	65	80
	乳胶			20	40	80
	炭黑			80	90	100
	废橡胶综合利用			20	50	80
	橡胶机械模具			20	50	80
	橡胶助剂			60	75	95
	骨架材料			65	75	95
五、可持续发展指标	11.每吨标煤能源产生现价工业产值/(万元/吨标煤)		8			
	轮胎	20		17.5	18.5	19.2
	力车胎	20		5.0	7.0	10.0
	胶管胶带	25		12.0	18.0	23.0
	胶鞋	10		4.0	6.0	10.0
	橡胶制品	10		3.5	6.7	10.0
	乳胶	5		1.95	3.0	4.5
	炭黑	35		28.0	30.0	35.0
	废橡胶综合利用	5		4.26	5.215	5.81
	橡胶机械模具	15		10.0	12.0	15.0
	橡胶助剂	3.33		1.8	2.5	3.33
	骨架材料	3.5		3.0	3.0	3.5
	12.每吨标煤能源生产产品/(吨产品/吨标煤)		7			
	轮胎	5		4.28	4.56	4.78
	力车胎	5		3.3	4.5	5.0
	胶管胶带	6		3.8	4.8	6.0
	胶鞋	7		3.0	5.0	7.0
	橡胶制品	10		3.3	5.0	8.0
	乳胶	2		0.56	0.8	1.8
	炭黑	—		—	—	—
	废橡胶综合利用	10		9.46	10.43	11.62
	橡胶机械模具	—		—	—	—
	橡胶助剂	1.67		0.9	1.25	1.67
	骨架材料	4		3.03	3.1	3.5

指标类型	指标	标准值	权重	目前①	初级阶段 2020年 ("十三五"末)	中级阶段 2025年 ("十四五"末)
五、可持续发展指标	13．用水重复利用率/%	95	5			
	轮胎			80	90	95
	力车胎			85	93	96
	胶管胶带			60	75	95
	胶鞋			80	90	95
	橡胶制品			80	90	95
	乳胶			77.5	85	90
	炭黑			80	90	95
	废橡胶综合利用			90	95	95
	橡胶机械模具			—	—	—
	橡胶助剂			60	80	90
	骨架材料			90	95	95
现代化指数（平均值）				49.2	71.9	92.7
轮胎				62.8	76.5	88.7
力车胎				48.2	66.4	85.4
胶管胶带				41.8	65.0	88.2
胶鞋				31.0	63.6	98.6
橡胶制品				34.6	66.0	84.1
乳胶				40.8	59.9	86.0
炭黑				57.9	76.2	92.2
废橡胶综合利用				54.7	76.4	94.1
橡胶机械模具				43.9	64.8	87.4
橡胶助剂				69.6	92.2	116.0
骨架材料				56.1	84.2	99.0

① 截至 2013 年底。

4．中国橡胶工业主要产品产量、销售额和生胶消耗预测

根据国家转变经济增长方式、提高经济运行质量的方针，我国橡胶工业今后10年的发展主要是调整结构，用高新技术改造传统橡胶工业，提质增效，重点放在提高质量、自动化水平、信息化水平、生产效率、环境保护和经济效益上，加快橡胶工业强国建设。

具有一定的产业规模和生产能力，是橡胶工业强国的基础。今后 10 年橡胶工业总量要保持增长趋势，但年均增长稍低于现有水平，继续稳固中国橡胶工业国际领先的规模影响力和出口份额。

销售额 2013—2020 年年均增长 7%，2020 年达到 1.49 万亿元；2020—2025年年均增长 6%，2025 年达到 1.99 万亿元。

生胶消耗 2013—2020 年年均增长 6%，2020 年达到 1200 万吨；2020—2025 年年均增长 4%，2025 年达到 1500 万吨。

2014—2025 年中国橡胶工业发展预测见表 10。

表 10　2014—2025 年中国橡胶工业发展预测

项目	2013 年	2014 年	2015 年	2016 年	2017 年	2018 年	2019 年	2020 年	2021 年	2022 年	2023 年	2024 年	2025 年
销售额/亿元	9280	9930	10625	11368	12164	13016	13927	14902	15796	16743	17748	18813	19942
年增长/%		7	7	7	7	7	7	7	6	6	6	6	6
轮胎/亿条	5.29	5.71	6.00	6.30	6.61	6.94	7.29	7.66	7.96	8.28	8.61	8.96	9.31
年增长/%		8.0	5.0	5.0	5.0	5.0	5.0	5.0	4.5	4.5	4.5	4.5	4.5
自行车外胎/万条	59000	69000	77000	82250	86370	90700	95200	100000	103000	105100	107000	108200	108300
年增长/%		16.9	11.6	6.8	5.0	5.0	5.0	5.0	3.0	2.0	1.8	1.1	0.1
摩托车外胎/万条	18000	18900	20400	22060	23820	25700	27750	29970	31160	32100	33000	33900	34500
年增长/%		5.0	7.9	8.1	8.0	7.9	8.0	8.0	4.0	3.0	2.8	2.7	1.8
输送带/亿平方米	5.2	5.5	5.7	6.0	6.2	6.5	6.7	7.0	7.2	7.3	7.5	7.6	7.8
年增长/%		5.5	4.2	4.2	4.2	4.2	4.2	4.2	2.0	2.0	2.0	2.0	2.0
V 带产量/亿 A 米	22.0	23.2	24.2	25.2	26.3	27.4	28.5	29.7	30.3	30.9	31.5	32.2	32.8
年增长/%		5.5	4.2	4.2	4.2	4.2	4.2	4.2	2.0	2.0	2.0	2.0	2.0
胶管产量/亿 B 米	13.0	14.3	14.9	15.5	16.2	16.9	17.6	18.3	18.7	19.0	19.4	19.8	20.2
年增长/%		10.0	4.2	4.2	4.2	4.2	4.2	4.2	2.0	2.0	2.0	2.0	2.0
再生胶和胶粉/万吨	430	465	508	557	610	668	732	803	865	931	1003	1081	1164
年增长/%		8.2	9.2	9.5	9.6	9.6	9.6	9.6	7.7	7.7	7.7	7.7	7.7
橡胶消费/万吨	830	880	933	989	1048	1111	1177	1248	1298	1350	1404	1460	1518

项目	2013年	2014年	2015年	2016年	2017年	2018年	2019年	2020年	2021年	2022年	2023年	2024年	2025年
年增长/%		6	6	6	6	6	6	6	4	4	4	4	4
炭黑产量/万吨	471	504	540	577	618	661	707	757	798	842	889	938	989
年增长/%		7.0	7.0	7.0	7.0	7.0	7.0	7.0	5.5	5.5	5.5	5.5	5.5
橡胶助剂/万吨	100	107	110	115	123	131	140	150	159	169	179	189	200
年增长/%		7.0	2.8	4.1	7.0	6.9	6.9	7.1	6.0	6.0	6.0	5.8	5.8
钢丝/万吨	260	273	287	301	316	332	348	366	380	396	412	428	445
年增长/%		5	5	5	5	5	5	5	4	4	4	4	4
帘帆布/万吨	49.10	51.06	53.11	55.23	57.44	59.74	62.13	64.61	66.55	68.55	70.60	72.72	74.90
年增长/%		4	4	4	4	4	4	4	3	3	3	3	3
合成橡胶/万吨	294	313	338	365	395	426	460	497	529	564	600	639	681
年增长/%		8.0	8.0	8.0	8.0	8.0	8.0	8.0	6.5	6.5	6.5	6.5	6.5
橡机销售额/亿元	130	145	160	170	180	190	200	210	219	229	240	250	262

5. 中国橡胶工业各专业强国发展预期目标特征

根据中国橡胶工业强国总战略目标和对于 2020 年、2025 年橡胶工业强国发展战略技术经济指标分解目标，以及参考中国橡胶工业规模预测，对中国橡胶工业各专业强国发展预期目标特征汇总如表 11 和表 12。

表 11 中国橡胶工业强国发展战略各专业集中度目标特征（销售额）汇总

产品	目前（截至 2013 年）	"十三五"末（2020 年）	"十四五"末（2025 年）
轮胎	前 10 家占全国 44.8%	前 10 家占全国 51.1%	前 10 家占全国 52.4%
力车胎	前 5 家占全国 54%，前 10 家占全国 78%	前 5 家占全国 60%，前 10 家占全国 85%	前 5 家占全国 75%，前 10 家占全国 90%
胶管胶带	前 10 家占全国 34.5%	前 10 家占全国 39.7%	前 10 家占全国 45%
橡胶制品	前 10 家占全国 40%	前 10 家占全国 50%	前 10 家占全国 60%
胶鞋	前 5 家占全国 46.6%，前 10 家占全国 64%	前 5 家占全国 60%，前 10 家占全国 75%	前 5 家占全国 70%，前 10 家占全国 80%
乳胶	前 5 家占全国 26%，前 10 家占全国 32%	前 5 家占全国 32%，前 10 家占全国 46%	前 5 家占全国 40%，前 10 家占全国 60%

产品	目前（截至 2013 年）	"十三五"末（2020 年）	"十四五"末（2025 年）
废橡胶（再生胶）	前 10 家占全国 21.45%	前 10 家占全国 30%	前 10 家占全国 38%
炭黑	前 5 家占全国 40%，前 10 家占全国 70%	前 5 家占全国 50%，前 10 家占全国 80%	前 5 家占全国 65%，前 10 家占全国 85%
橡胶助剂	前 10 家占全国 65.3%	前 10 家占全国 70%	前 10 家占全国 80%
骨架材料	33 家占全国 90%	25 家占全国 90%	20 家占全国 90%
橡胶模具	前 5 家占全国 50%，前 10 家占全国 60%	前 5 家占全国 60%，前 10 家占全国 70%	前 5 家占全国 70%，前 10 家占全国 80%
橡胶机械	前 10 家占全国 60%	前 10 家占全国 65%	前 10 家占全国 68%

表 12　中国橡胶工业强国发展战略各专业企业竞争力预期目标特征（销售额）汇总

产品	目前（截至 2013 年）	"十三五"末（2020 年）	"十四五"末（2025 年）
轮胎	1 家企业进入世界轮胎前 10 强	2 家进入世界轮胎前 10 强	3 家进入世界轮胎前 10 强
力车胎		2 家成为世界级摩托车胎和自行车胎企业	7 家成为世界级摩托车胎和自行车胎企业
胶管胶带	无 1 家进入世界非轮胎前 50 强	2 家进入世界非轮胎前 50 强	5 家进入世界非轮胎前 50 强
橡胶制品	2 家进入世界非轮胎前 40 强	3 家进入世界非轮胎前 50 强，2 家进入世界非轮胎前 30 强	4 家进入世界非轮胎前 50 强，2 家进入世界非轮胎前 30 强
胶鞋		1 家成为世界级企业	2 家成为世界级企业
废橡胶	1 家成为世界级废橡胶综合利用企业	3 家成为世界级废橡胶综合利用企业	5 家成为世界级废橡胶综合利用企业
炭黑	3 家进入世界炭黑前 10 强	5 家进入世界炭黑前 10 强，2 家进入前 5 强	6 家进入世界炭黑前 10 强，3 家进入前 5 强
橡胶助剂	1 家进入世界前 5 强	3 家进入世界前 5 强	4 家进入世界前 5 强
骨架材料		1 家成为世界级骨架材料企业	2 家成为世界级骨架材料企业
橡胶模具	2 家进入世界轮胎模具前 10 强（但没有权威部门认定）	3 家进入世界轮胎模具前 10 强，2 家进入前 5 强	4 家进入世界轮胎模具前 10 强，3 家进入前 5 强
橡胶机械	4 家进入世界橡机前 10 强，1 家进入前 2 强	5 家进入世界橡机前 10 强	6 家进入世界橡机前 10 强，2 家进入前 3 强
合成橡胶		2 家成为世界级合成橡胶企业	2 家成为世界领先合成橡胶企业

6．中国橡胶工业强国发展战略措施

（1）新材料

材料是橡胶工业的基础，新材料是橡胶工业发展的先导。新材料主要是指最近发展或正在发展中的具有比传统材料更优异性能的一类材料。根据新材料的发展，不断调整橡胶原材料结构，对于促进橡胶工业调整产品结构、转型升级、提高运行质量、建设橡胶工业强国具有重要的战略意义。

橡胶工业的原材料分三大类，即主体材料、骨架材料和助剂材料，可以说这三大材料决定了橡胶产品的特性和功能。橡胶工业的发展基本上取决于这三大材料的发展。

目前三大材料的原料，60%来源于石油和煤炭等化石资源。今后三大材料的原料发展方向有四方面：一是提高现有产品的性能和质量，以降低原材料消耗和延长产品寿命；二是改变现有原材料产品的形态，以改善加工工艺，提高质量，降低能耗，改善环境；三是扩大使用热塑性弹性体和树脂，以有利于废旧橡胶产品的回收利用；四是开发生物及生物基材料，代替合成材料，逐步减少橡胶工业对化石资源的依赖。根据以上原则，今后橡胶新材料的发展路线如表13所示。

表 13　橡胶新材料技术路线

目标和措施		"十二五"	"十三五"	"十四五"
目标	原料结构目标	60%来源于化石资源	55%来源于化石资源	50%来源于化石资源
	品种结构目标——扩大使用热塑性弹性体和树脂	消费140万吨，占橡胶消费量的15%，主要用于胶鞋	消费量占橡胶的25%，稳定在胶鞋的应用，扩大在汽车橡胶配件的应用	消费量占橡胶的30%，稳定在胶鞋、汽车配件的应用，开发和扩大在胶带、轮胎的应用
措施	天然橡胶：开发天然胶乳和白炭黑组合的湿法混炼胶；研究开发航空天然橡胶、纳米黏土天然橡胶和低生热天然橡胶等			
	合成橡胶：扩大应用钕系顺丁橡胶、溶聚丁苯橡胶、集成橡胶（SIBR）和合成杜仲胶（TPI），以满足绿色轮胎要求，降低燃料消耗；开发应用合成橡胶和白炭黑组合的湿法混炼胶；开发生物基合成橡胶，以减少对化石资源的依赖			
	热塑性弹性体：开发饱和加氢制备的耐温性能高的SEBS和聚烯烃类弹性体（TPO或TPV），扩大在汽车橡胶配件的应用；开发高气体阻隔聚酰胺弹性体，用于轮胎气密层；热塑性医用溴化丁基橡胶研发及产业化；开发生物基热塑性弹性体			
	杜仲等生物橡胶：杜仲胶由现在的百吨装置，扩大至千吨和万吨装置；开发蒲公英橡胶和银菊橡胶；开发生物基高分子原料乙烯、丙烯、异戊二烯等			
	炭黑和白炭黑：开发低滚动阻力炭黑；扩大白炭黑应用；开发高分散性白炭黑；推广非石油基炭黑CF；开发纳米级无机补强材料			
	骨架材料：扩大应用芳纶纤维；开发超高强度钢丝帘布和钢丝纤维；开发无碱低密度玻纤级应用；开发超高分子量聚乙烯纤维（PE）及应用；开发应用PEN聚酯纤维；开发高强度人造丝及应用；开发尼龙65生物基纤维帘帆布及应用；开发碳纤维橡胶产品			
	骨架材料形态：开发轮胎用浸胶帘布条（免压延）；开发用于全自动化轮胎成型用的浸胶线绳；开发输送带直径直纬帆布和浸胶帆布（免压延）			
	橡胶助剂：开发高热稳定性不溶性硫黄、白炭黑分散剂、母粒化的环保促进剂和防老剂、有机锌等非石油资源的有机和无机填料；开发新的促进剂TBzTD、ZBEC、TBSI等；开发新型防老剂3100、4030、天然氨基酸、新型浅色防老剂、高性能长效性防老剂TAPTD等高端产品			

（2）智能制造

以智能机器人和3D打印技术为代表的智能制造装备时代，将是人类工业发展历史上的一个巨大颠覆。智能制造是具有感知、分析、推理、决策、控制功能的制造装备，它是人工智能技术、机器人技术、信息技术的集成和深度融合。智能制造应用于设计、生产、管理和服务等制造业的各个环节，产生巨大经济效益。大力培育和发展智能制造装备产业对于加快制造业转型升级，提升生产效率、技术水平和产品质量，降低人工成本和能源资源消耗，实现制造过程的智能化和绿色化发展具有重要意义。

橡胶工业是典型的劳动密集型传统工业，目前面临诸多因素的制约，亟待转型升级。例如，大部分工序劳动强度大、部分工序劳动环境恶劣、产品质量受人为因素影响大、劳动力成本不断上升、橡胶原材料 60% 来源于不可再生的化石资源等，这些问题严重影响橡胶工业强国的建设，需要通过智能制造改造和提升橡胶工业。要经过 5～10 年的努力，形成完整的橡胶工业智能制造体系，实现生产过程自动化、智能化、精密化、绿色化，带动橡胶工业整体技术水平的提升，总体技术水平迈入国际先进行列。

具体结合我国橡胶工业的实际，重点推进 10 条自动化生产线的开发和推广。

① 轮胎全自动化生产线，将机器人技术、AGV 导引车、自动化仓储、现代物流技术、信息技术（ERP、MES、PCS 等）、人工智能技术（REID、TPMS）、物联网技术、大数据技术等融入轮胎制造的全生命周期，实现从原材料、半成品、成型、硫化、检测、配送、码垛、仓储全过程的自动化、透明化、可视化、柔性化，人员、设备、物料、质量等关键要素有效协调和控制，半成品、成品质量提升，生产效率提高 50%，人工成本减少 50%。

② 摩托车胎全自动化生产线，参照轮胎全自动化生产线内容。

③ 自行车胎全自动化生产线，参照轮胎全自动化生产线内容。

④ 热塑性弹性体输送带全自动化生产线，适用于输送带的热塑性弹性体新材料和骨架材料，采用挤出设备，全自动化生产高质节能的输送带。

⑤ 切割 V 带全自动化生产线，开发全自动化的切割 V 带用成型、切割、打磨等设备，并采用现代物流技术和装置，实现从原料、成品、检测到仓储的自动化生产管理。

⑥ 模压橡胶制品全自动化生产线，从半成品的制备、金属件的清洗、涂胶、硫化、仓储等，实现全过程智能化管理。

⑦ 3D 打印橡胶制品全自动生产线，应用热塑性弹性体或者树脂取代传统橡胶，开发汽车用防震橡胶、防尘罩、胶管等产品 3D 打印设备，并采用现代物流技术和装置，实现从原料、成品、检测到仓储的自动化生产管理。

⑧ 胶鞋工业智能设备及自动化生产线，智能设备包括自动化制鞋机器人、鞋底打磨机器人、自动涂浆机器人、3D 打印胶鞋设备、鞋帮自动化生产流水线和胶鞋自动化成型流水线等。通过采用胶鞋工业智能设备及自动化生产线，解决生产中的"脏、累、险"，减轻劳动强度，改善劳动环境，提高劳动生产率 30% 以上，降低工人成本。

⑨ 废橡胶再生胶（胶粉）全封闭、自动化生产线，从废橡胶清洗、粉碎、拌料、脱硫、包装、仓储等全过程的封闭、自动化生产，彻底解决废气、废水、粉

尘、噪声污染，大幅度提高生产效率，实现废橡胶处理全过程的智能化。

⑩ 橡胶助剂全自动化生产线,生产过程智能化和产品包装至仓库自动化生产线管理。

（3）低碳经济和循环经济

低碳经济是指在可持续发展理念指导下，通过技术创新、制度创新、产业转型、新能源开发等多种手段，尽可能地减少煤炭石油等高碳能源消耗，减少温室气体排放，达到经济社会发展与生态环境保护双赢的一种经济发展形态。

循环经济就是在物质循环、再生、利用的基础上发展经济，是一种建立在资源回收和循环再利用基础上的经济发展模式。其原则是资源使用的减量化、再利用、资源化、再循环，生产的基本特征是低消耗、低排放、高效率。

橡胶工业 60%的原材料来源于化石资源，在生产过程中消耗大量能源，产生大量废旧橡胶产品需要处理，发展低碳经济和循环经济，是橡胶工业可持续发展的必由之路。

橡胶工业低碳经济和循环经济的目标是：经过 10 年左右的努力，实现橡胶工业原材料从以化石资源为主，逐渐过渡到以天然资源为主，以及废旧橡胶产品的彻底回收利用。具体措施如下：

① 稳定和扩大天然橡胶生产，增加品种，开发湿法混炼胶。

② 推动杜仲等天然橡胶的生产。

③ 开发生物基合成橡胶、热塑性弹性体、合成纤维等。

④ 调整产品结构，生产节能产品，如绿色轮胎、节能输送带等。

⑤ 加强工厂能源管理，使用节能设备，加强工艺管理降低能耗，废热回收利用，太阳能应用等。

⑥ 调整原材料路线，逐渐扩大使用易再生的材料，如热塑性弹性体、树脂等。

⑦ 建立废旧橡胶回收利用体系，继续发展再生胶和胶粉，开发燃烧热利用。

⑧ 减少工厂边角余料，且边角余料全部回收利用。

⑨ 降低能源消耗，彻底回收利用工厂余热。

⑩ 用水重复利用率达到 95%。

（4）现代企业模式

现代科学技术和社会经济的发展，促使工业企业模式不断发生变化。现在我国的橡胶企业，不是计划经济时期单一的橡胶产品制造工厂，已经进入第三次工业革命时代，橡胶企业应当充分利用现代高新技术和现代资本运营，改进企业经营模式，促进企业新发展。

现代资本运营是指企业将自身所拥有的各种生产要素或社会资源,通过兼并、收购、重组、参股、控股、交易、转让、租赁等形式予以优化配置，以实现企业利润最大化、市场占有率最大化以及风险最小化目标的一种经营活动。

我国金融业今后将步入重构阶段，为实体经济发展提供更多的金融产品。金融业的发展将为橡胶行业的发展提供强有力的支持。应该抓住这个机遇，借力资本，改造和提升我国的橡胶工业。

① 鼓励、支持、引导风险投资、创业投资以及民间资本进入传统橡胶产业，借助资本运营，实施兼并重组，促进高新技术在橡胶工业上的应用，进而改造传统橡胶工业，提高运行质量，加快我国橡胶工业向强国发展的步伐。

② 拟通过上市公司兼并重组、品牌共享兼并重组、产销一体和上下游企业兼并重组等方式，建立纵向资产重组企业、横向资产重组企业、品牌共享重组企业、轮胎电商企业、橡胶制品电商企业和境外投资企业。

（5）现代营销模式

在电子商务时代，网络营销、数据库营销、直复营销、一对一营销、精准营销等新的营销模式越来越被熟知与采用。企业的经营理念和营销方式，企业与企业之间的关系，企业与消费者之间的关系都发生了巨大的改变。依托于网络这种崭新的媒体所进行的营销活动是企业整体营销战略的一个组成部分，是以互联网为基本手段来实现企业的总体经营目标，其基本职能在于营造企业的网上营销环境和促进企业的客户交换关系。传统的营销模式（制造商→批发商→零售商→消费者）中，冗长的流通环节大大增加了产品的成本，同时还降低了产品的时效性。与传统营销模式相比，在产品、价格、渠道、促销等很多方面，现代营销模式都有很大的优势。

橡胶产品不同于一般消费品，除了相同的销售环节外，还需要产品安装和售后服务，创建适合橡胶产品特点和中国国情的现代销售模式势在必行。

近年来，电子商务的发展异常迅猛，已经渗透到各个行业。2013年，中国电子商务交易额超过10万亿元，网络零售额超过1.85万亿元，成为全球最大的网络零售市场。一方面，互联网对工业企业的传统营销模式产生了巨大的冲击；另一方面，来自传统工业行业的互联网化也将为互联网行业的发展提供更多的机会。

目前，中国橡胶工业正处于转型升级的关键时期，而顺应互联网发展大势，改变传统营销模式也是其中关键一环。尤其是近年来，轮胎等橡胶企业环境成本、用工成本、物流成本等不断提高，传统营销弊端愈加凸显，电子商务的发展必将给轮胎橡胶行业的营销带来颠覆性的变化。

无论是轮胎和橡胶制品制造企业，还是橡胶原材料企业、橡胶机械企业，以及经销企业、零售商等，都在面临着电子商务对现有营销模式的冲击，应该结合国情，充分利用电子商务，创建中国特色的国际化、专业化橡胶工业电子商务模式。争取"十三五"末电子商务销售额达到橡胶工业销售额的10%，"十四五"末达到20%。

根据国内外电子商务发展趋势，结合中国橡胶工业发展和产品营销的现状，今后橡胶工业电子商务的发展有如下模式：

① 全球橡胶工业综合电子商务平台有实力的企业，面向全球，建立综合的橡胶工业电子商务平台，业务范围包括轮胎等橡胶产品以及原材料、设备等。

② 全球轮胎电子商务平台有实力的企业，面向全球，建立专业的轮胎电子商务平台。

③ 全球橡胶制品电子商务平台有实力的企业，面向全球，建立专业的橡胶制品电子商务平台。

④ 连锁经营和电商相结合的模式。传统轮胎连锁经营和电子商务相结合，是一种利用我国本土优势，线上虚拟店与线下实体店相结合的电子商务模式，这一模式有效解决了传统电子商务用户消费体验、售后服务和客户信任的问题。培育发展民族品牌的线上与线下相结合的连锁模式，与厂家直销、代理模式、大客户、新媒体等模式共存，为广大轮胎生产厂商和消费者用户搭建一个科学、规范、健康的轮胎营销市场（平台）。

⑤ 企业为主的电商模式。有条件的企业，利用企业现有营销网络，引进电商模式，创建适合自己的电商平台。

（6）人才发展

所谓人才是指具有中专（职高）学历及以上、具有初级职称及以上或具有初级职业技能资格及以上的工作人员。人才是第一资源，建设橡胶工业强国，需要一大批从事橡胶工业科研开发、生产技术、企业管理、产品营销等的专业人才。根据我国橡胶工业的发展需要，参考目前橡胶工业人才数占从业人数的比例，预测 2020 年我国橡胶工业人才资源总量需要 61 万人左右，人才资源占从业人员比重达到 50%，基本满足橡胶工业发展需要。到 2025 年我国橡胶工业人才资源总量需要 83 万人左右，人才资源占从业人员比重达到 60%，为实现橡胶工业强国战略提供智力保障。

今后，我国橡胶工业强国战略人才发展的总体目标是：培养和造就一支素质优良、富于创新、乐于奉献的橡胶人才队伍，确立我国橡胶工业人才竞争优势，建设国际一流的橡胶人才队伍，为实现我国橡胶工业强国奠定人才基础。

要坚持把工人、企业经营管理人才和专业技术人才这 3 支队伍建设好；要通过培训和引进国内外人才等方式，全面提高企业管理水平和竞争力。

要重视现代职业教育，考虑到国内最近几十年高校自身教学学科调整，橡胶工艺、橡胶机械等学科先后被调整为高分子化工或橡塑化工等，学习面广而不精。从建设橡胶工业强国战略考虑，拟建立综合的"现代橡胶技术职业学院"，设立天然橡胶、合成橡胶及热塑性弹性体、轮胎、橡胶制品、废橡胶循环利用等专业，全面培养建设橡胶工业强国所需要的人才。

（7）重大科技开发和建设项目

围绕建设橡胶工业强国的目标，参考橡胶工业各细分专业强国战略篇提供的项目，经过选择、补充，汇总了 55 项具有重大影响的科技开发和建设项目，如表 14 所示，供有关部门、行业、企业、科研院校等参考。

表 14　橡胶工业强国发展战略重大科研开发和建设项目

类别	项目名称	项目内容	完成时间	预期效果
轮胎	1. 轮胎试验场建设项目	建成大型专用轮胎试验场，试验场有完整的模拟轮胎各种使用环境的道路，配备专用试验检测设备，具备完善的轮胎检测手段，检验轮胎在各种专用道路上的安全行驶性能。资质得到国际权威机构认可	"十三五"期间	建成后将立足国内面向世界，为绿色轮胎发展服务，加快新产品研制和开发速度，改变目前国内依赖国外检测的局面
	2. 乘用子午线轮胎全自动化生产线	主要实现：胎坯输送系统自动化、成品轮胎实现自动汇总、输送和自动修毛、自动分拣、自动检测、分级、入库	"十三五"期间	半成品物流高度自动化，产量将提高 10%。同时大大提高动平衡均匀性检测的一次合格率，降低外观不良率。达到世界一流轮胎自动化生产水平
	3. 绿色轮胎技术研究及产业化项目	① 从结构、配方、工艺、装备和测试等方面对绿色轮胎性能指标进行技术研究，并形成产业化生产。第一阶段绿色轮胎产量占子午胎产量 50%，第二阶段绿色轮胎产量占子午胎产量 80% ② 开发智能轮胎，并实现产业化	2020 年前完成第一阶段，2025 年完成第二阶段	① 形成绿色轮胎系统化研究发展体系 ② 随着国外技术标准或法规的制定和提升，我国轮胎产品技术指标也随欧美发达国家要求同步提升
	4. 全天然概念轮胎	从橡胶、骨架材料、补强剂、软化剂等主要材料着手，开发采用天然材料制造轮胎	"十四五"期间	从目前 60% 的轮胎材料依赖化石资源，改变为主要用天然材料制造；化石资源使用比例降低到 10% 以下
力车胎	5. 摩托车胎、自行车胎外胎全自动化生产线	开发子午线摩托车胎成型机；开发自动裁送帘布、自动裁送胎面胶、自动夹送钢丝圈、自动成型、自动贴胎面、自动压实的全自动外胎成型机；开发机械手自动装卸胎的自动硫化机等，并采用现代物流技术和信息技术，实现全自动化生产	"十三五"期间	生产效率大幅度提高，达到国际先进水平
	6. 开发力车内胎自动硫化系统	研制用于内胎硫化的机械手，研制内胎半成品自动充气，具有硫化三要素的智能控制系统，各种界面协调连接	2015 年单台机器人用于实际生产，2020—2025 年建成无人硫化生产线	大大提高劳动效率，节约人工成本
胶管胶带	7. 热塑性弹性体芳纶输送带智能生产线	采用新型热塑性弹性体和高强度纤维芳纶，利用挤出工艺，智能化管理，实现输送带生产材料和工艺设备的重大变革	2015—2020 年	实现输送带生产过程节能 20%，由于输送带带体薄而轻，减小电机负载，可节能 20%～30%

类别	项目名称	项目内容	完成时间	预期效果
胶管 胶带	8. 助力转向器及冷却水胶管项目	节能环保、高性能的新型产品，实现替代进口的高技术产品	2016 年前	实现高性能汽车助力转向器胶管总成系统的模块化生产
	9. 切割 V 带自动化生产线	开发全自动化的切割 V 带成型、切割、打磨等设备，并采用现代物流技术和装置，实现从原料、成品、检测到仓储的自动化生产管理	"十三五"期间	提高切割 V 带质量和生产效率，节省人工
	10. PA 吹塑管总成	开发汽车发动机和涡轮增压系统的 PA 连接管路及总成	"十三五"期间	在小排量发动机上实现高功率、高扭矩输出的技术，大幅提高发动机的功率和扭矩，进而促使整车实现节能、环保、低碳、小排量、大动力和低成本等功能特性
	11. 3D 打印汽车用热塑性弹性体胶管	选择耐油、耐高温的热塑性弹性体，采用 3D 打印设备，制造汽车用油管和水管	"十四五"期间	改变传统胶管制造方式，提高质量，减少人工
橡胶制品	12. 橡胶制品全自动化生产线	① 对橡胶制品的骨架、预成型胶料应用射频技术、条码识别系统、磁性导引技术，实施生产工位的无人智能配送 ② 对于金属件清洗、涂胶及产品硫化和表面处理，利用机器人操作 ③ 从半成品的制备、硫化、仓储等，实现全过程智能化管理	2015—2020 年	项目实施后可以节省用工 76%以上，生产效率提升 34.5%，质量出错率下降 98.5%
	13. 防震橡胶制品仿真模拟设计研究	针对传统橡胶减震器设计方法长周期、高成本，提出橡胶减震器的虚拟设计思想，搭建虚拟设计平台，实现参数化建模与虚拟仿真、分析的集成	"十三五"期间	提高效率，缩短开发周期
	14. 核工业耐高强辐射密封产品	研发用于核工业设施高辐射区密封圈	"十三五"期间	达到德国同行业水平
胶鞋	15. 特种防护功能胶鞋研究	通过新材料新技术的开发，结合先进设计理念，提高胶鞋的防护性能，如护踝、阻燃、防刺、防油、防静电等，用于劳保、公安及军队等行业的工作、训练鞋靴	2015—2017 年	通过提高胶鞋的功能性和防护性，结合胶鞋的优点，研制防护功能突出的胶鞋产品，从而拓展其在劳保及军队等领域的应用范围，提升胶鞋在国民经济中的地位
	16. 胶鞋工业智能设备及自动化生产线	智能设备包括自动化机器人、鞋底打磨机器人、自动涂浆机器人、3D 打印胶鞋设备、鞋帮自动化流水线、胶鞋自动化成型流水线	2014—2020 年	通过采用胶鞋工业智能设备及自动化生产线，解决生产中的"脏、累、险"，代替人的繁重劳动，减轻劳动强度，提高劳动生产率 30%以上，降低人工成本

类别	项目名称	项目内容	完成时间	预期效果
乳胶	17. 聚氨酯避孕套的研发应用	水性聚氨酯材料用于避孕套的生产，包括生产工艺路线的确定、与工艺相适应的生产设备的改进，以及聚氨酯避孕套产品标准的制定	"十二五"至"十三五"期间	聚氨酯避孕套具有高致密性、无蛋白质过敏的特点；聚氨酯避孕套能代表避孕套的发展方向；填补国内空白
	18. 乳胶制品生产包装智能生产线	研发橡胶避孕套、乳胶手套等乳胶制品智能生产线（一体化机）	"十三五"至"十四五"期间	产能提高30%以上；降低劳动力成本20%以上；产品质量得到有效保证；增强乳胶制品在国际上的竞争实力
	19.3D打印技术在乳胶制品模型设计上的应用	采用3D技术对乳胶工业手套、家用手套、劳保手套等乳胶制品进行模型设计	"十三五"至"十四五"期间	使用3D技术打印的乳胶制品模型，使设计更具人性化，穿戴更舒适；设计者从繁琐的手工绘图设计解放出来，提高工作效率
炭黑	20. 研发低滚动阻力炭黑品种系列	研发为"绿色轮胎"配套的低滚动阻力炭黑品种	"十二五"期间	使轮胎达到欧盟标签法C级以上的要求
	21. 研发高性能轮胎炭黑品种系列	研发高性能轮胎炭黑品种，包括为超高里程的子午线轮胎、高速度级别的子午线轮胎和赛车轮胎等配套的高补强、高耐磨性炭黑品种系列	"十二五"期间	在原有性能基础上，生产高补强、超高耐磨性炭黑品种系列
	22. 研发特种炭黑品种系列	研发导电炭黑、高档色素炭黑等系列品种	"十二五"至"十三五"期间	替代进口
废橡胶综合利用	23. 万吨废旧轮胎绿色自动化粉碎示范生产线	废旧轮胎子口圈自动切割、轮胎通过设备自动剪切粉碎，钢丝通过磁选自动分离，分选的胶粉通过程序自动进入粉仓储存，全过程计算机控制，生产线规模为每年1万吨以上，能耗控制在300kW·h/t	2020年	在不增加能耗的情况下，减少劳动强度，减少人工50%以上，改变胶粉收集储存过程，达到清洁生产，用程控替代人工操作
	24. 废旧轮胎生产万吨再生橡胶自动化示范生产线	从废旧轮胎粉碎、胶粉储存、自动计量混合、常压脱硫、精炼等工序实现全部密闭及自动化生产。形成1万吨/年以上规模生产能力，能耗控制在7000kW·h/t	2025年前	生产过程全部采用计算机控制，环保、绿色。再生橡胶符合欧盟REACH法规化学品控制限量要求
翻胎	25. 巨型工程轮胎翻新技术装备	研发胎体检查机、轮胎打磨机、胎面胶缠绕机、全自动轮胎硫化机，以及配方材料、工艺技术	2020年前	提高巨型工程轮胎质量，解决依赖进口局面
	26. 开发航空子午线轮胎翻胎技术装备	开发胎体检查机、轮胎静平衡机、航空轮胎打磨机、胎面胶缠绕机、全自动硫化机以及配方材料、工艺技术等	"十三五"期间	替代进口

类别	项目名称	项目内容	完成时间	预期效果
机械模具	27.轮胎活络模具自动化生产线	采用机器人和现代物流技术,实现全自动化生产	2020 年之前	技术水平达到国际领先水平
	28.钢质活络模具型腔制造技术及产业化	研发钢质活络模具型腔设计、制造技术,开发系列化核心专用装备,实现关键核心装备的国产化和自主化	"十三五"期间	技术水平达到国际领先水平,产业规模达到世界第一
橡胶助剂	29.促进剂 M 清洁生产工艺	① 通过反应动力学研究催化体系,提高反应收率,减少"三废"排放 ② 开发溶剂法精制路线,杜绝含盐废水的产生	2015—2018 年	产生的废水量由 20 吨/吨减少到 2 吨/吨以下;废水由原来的高盐改变为低盐或者无盐废水,实现促进剂清洁生产
	30.不溶性硫黄气化一步法连续生产工艺	目前是间歇法生产工艺,目标是实现气化一步法连续生产工艺,进一步实现全自动化和信息化	2015—2018 年	实现硫黄生产的自动化和信息化
	31.促进剂生产工艺自动化和信息化技术	促进剂是在反应釜完成合成的工艺,大多数仍然是手工控制,目标是实现促进剂生产工艺的中控自动化	2015—2020 年	实现促进剂生产中控自动化,提高人均销售收入,从而提高企业和行业的现代化指数,做强橡胶助剂工业
骨架材料	32.超高强度钢帘线和胎圈钢丝开发利用	研制超高强度钢帘线和胎圈钢丝生产工艺装备和黏合技术,开发高性能子午线轮胎	"十三五"期间	达到世界先进水平
	33.生物基纤维尼龙 65 帘布的开发和应用	采用生物原料制造尼龙 65 纤维和帘帆布、试制轮胎和输送带	"十三五"和"十四五"期间	代替化石资源为原料的尼龙 66 和尼龙 6 纤维
热塑性弹性体	34.轮胎用高气体阻隔聚酰胺弹性体的研制	利用热塑性硫化橡胶制备技术,选用合适的硫化体系、相溶剂及相匹配的加工工艺开发这种新材料	2013—2016 年	减轻气密层质量,使轮胎气体阻隔层减重 60%,气密性提高 10 倍,油耗降低 1%,并且加工方法简单,提高了生产效率,社会效益与经济效益巨大
	35.万吨级热塑性医用溴化丁基橡胶研发及产业化	开发万吨级规模医用 TPV 产业化的完全预分散动态硫化工艺新方法,完成 2 种医用 TPV 的配方和工艺开发,并达到 1 万吨/年产能	2017 年	降低生产能耗 75%,实现材料的循环利用和无废边生产,胶塞产品品质得到提升。打破国际垄断,使我国成为国际上第二个拥有生产医用热塑性弹性体 IIR/PP 型 TPV 的国家

类别	项目名称	项目内容	完成时间	预期效果
热塑性弹性体	36. 生物基工程弹性体开发	由可再生的生物质资源，比如玉米、土豆、甘蔗等经发酵得到生物基单体，如癸二酸、衣康酸、丁二酸、1,3-丙二醇及1,4-丁二醇，再经化学合成得到工程弹性体	"十三五"至"十四五"期间	生物基弹性体可以像传统的天然橡胶或者合成橡胶一样制成轮胎以及其他一些橡胶制品，降低橡胶工业对三叶天然橡胶和合成橡胶的依赖度
杜仲胶及生物基橡胶	37. 培育建设3~5个万亩园林化高产胶杜仲基地	以新建为主，在有条件的地区以新建和与传统林矮株化改造相结合，发展立体种植，基地规模为10万~30万亩	2020年前	园林化杜仲基地达到100万亩以上，满足5万吨以上杜仲胶生产原料所需
	38. 建设5~8家杜仲综合利用示范基地	通过产学研结合，充分开发利用杜仲系列产品	2020年前	建立起比较完整的杜仲产业链，提升各产品附加值，降低杜仲胶生产成本
	39. 蒲公英种植示范园、蒲公英橡胶提取技术设备开发及应用	① 建设蒲公英种植示范园 ② 开发蒲公英橡胶提取技术设备 ③ 蒲公英橡胶在轮胎等橡胶制品中的应用研究	"十三五"至"十四五"期间	开发新的天然橡胶资源，降低对三叶天然橡胶和合成橡胶的依赖度
	40. 生物基合成橡胶的开发	① 生物基乙烯、丁二烯、异戊二烯等合成橡胶原料的开发 ② 用生物基合成橡胶原料制造乙丙橡胶、异戊橡胶等合成橡胶	"十三五"至"十四五"期间	降低对化石资源的依赖度
新材料	41. 湿法混炼胶	① 重点研究合成橡胶和天然橡胶的湿法混炼技术与工艺，使橡胶（溶液）与填料在液相状态下混合并均匀分散 ② 分别建成万吨级天然橡胶和合成橡胶湿法混炼示范工厂	"十三五"期间	获得性能优异的混炼胶，该混炼胶可应用于绿色轮胎生产，并达到节能减排效果
	42. 炭黑-白炭黑一体化生产项目	主要进行炭黑和白炭黑一体化生产工艺的研发	"十三五"期间	通过废热、废料的循环利用，实现节能减排
	43. 石墨烯橡胶复合新材料开发应用	采用石墨烯与顺丁橡胶、硅橡胶等高分子材料复合，开发具有耐高温、导电等优异性能的新材料，制造汽车用橡胶制品	"十三五"期间	提高汽车用橡胶产品耐热等性能，可使橡胶制品的耐疲劳性能提升45%~60%
	44. 年产1万吨芳纶帘帆布项目	① 开发芳纶原料苯二甲酰氯清洁生产工艺，并建设万吨级生产装置 ② 建设年产1万吨芳纶纤维和帘帆布及线绳项目	"十三五"期间	芳纶纤维具有高强度、高模量、低密度的特性，非常适合作为轮胎、输送带、传动带等橡胶产品的骨架材料，替代钢丝和尼龙、聚酯纤维，使产品节能、环保

类别	项目名称	项目内容	完成时间	预期效果
营销	45. 跨境轮胎电商交易平台	建立跨境轮胎电商交易服务系统和行业信息流转与决策支持系统	"十三五"期间	改变传统轮胎营销方式，降低营销成本，实现轮胎内外贸健康增长
	46. 跨境橡胶制品电商平台	建立跨境橡胶制品电商交易服务系统和行业信息流转与决策支持系统	"十三五"期间	改变传统橡胶制品营销方式，降低营销成本，实现轮胎内外贸健康增长
橡胶机械与成套设备生产线	47. 连续挤出橡胶混炼生产线	通过三维 CAD 软件和有限元等方法，对连续挤出橡胶混炼机进行设计，并配套上辅机系统，建成连续挤出橡胶混炼生产线	"十三五"期间	实现橡胶混炼由间歇式到连续式的转变，减少占地面积，提高混炼胶质量和生产效率，降低能耗，改善环境，并为轮胎等产品全自动化连续生产提供前部工序的支持
	48. 钢帘布 L 型冷喂料大型挤出生产线	采用 L 型冷喂料大型挤出机，挤出 500~1000mm 钢帘布，并设计前后配套装置，形成自动生产线	"十三五"期间	实现钢帘布挤出生产，提高质量
	49. 轿车子午胎柔性成型系统	该项目涵盖轿车子午胎生产的成型、信息化管理、物流、仓储等各个工序，将智能化输送技术有效植入到轿车子午胎生产的成型环节	"十三五"期间	轮胎柔性自动化成型生产系统的单胎成型时间达 44s，定位精度 0.05mm
	50. 卫星式积木化轮胎集成制造系统	针对传统轮胎企业投资额度大、用工人数多、工厂规模大、战略位置布局难、工序配合难等问题，结合橡胶新材料和新工艺的出现，研发小型化的钢丝帘布压延机、精密挤出机和集成化成型机，最终完成卫星式积木化轮胎集成制造中心的研发	"十三五"末	满足轮胎企业多规格小批量生产的需求，保障轮胎企业投资规模最小化
	51. 全新概念轮胎自动化生产线	彻底变革轮胎传统成型概念，半成品形态实现条块化，将机器人技术、AGV 导引车、自动化仓储、现代物流技术、信息技术（ERP、MES、PCS 等）、人工智能技术（REID、TPMS）、物联网技术、大数据技术等融入轮胎制造的全生命周期，实现从原材料、半成品、成型、硫化、检测、配送、码垛、仓储全过程的自动化	"十四五"期间	半成品、成品质量提升，生产效率大幅度提高，基本上实现无人化，达到世界先进水平
科研	52. 建立国家级橡胶材料检测研发平台	开展橡胶材料及制品机理研究、检测方法研究；开展橡胶制品及材料的解剖分析；开展检测设备研制、制造	"十三五"期间	为社会提供检测、技术咨询服务；为企业提供橡胶检测员培训；参与国际的能力验证项目、获得国际相关领域认证
	53. 建立国家级"橡胶科学研究院"	橡胶是关乎国计民生的基础产业和战略物资，建立国家级橡胶科学研究院，全面开展橡胶原材料应用和装备现代化等研究	"十三五"末	从事橡胶材料的开发和应用研究工作，适应橡胶工业强国发展的需要

类别	项目名称	项目内容	完成时间	预期效果
科研	54. 橡胶工业知识产权电子商务平台	通过"众研"模式，建设集知识产权挖掘、检索、评估、保护、运用、交易、产业化"一站式"的电子商务交易平台	"十三五"末	提高橡胶工业自主创新水平
人力发展	55. 建立综合的"现代橡胶技术职业学院"	设立天然橡胶、合成橡胶及热塑性弹性体、轮胎、橡胶制品、废橡胶循环利用等专业	"十三五"期间	全面培养建设橡胶工业强国所需的橡胶专业人才

（8）分产品橡胶工业强国发展战略路线

根据建设橡胶工业强国的目标，通过采取一系列战略措施，预测"十四五"效果，汇总分产品橡胶工业强国发展战略路线，见表15～表25。

表15　轮胎强国发展战略路线

项目	"十二五"	"十三五"	"十四五"
1. 产业集中度	前10家销售额占全国44.8%	前10家销售额占全国51.1%	前10家销售额占全国52.4%
2. 企业竞争力	1家企业进入世界轮胎前10强	2家企业进入世界轮胎前10强	3家企业进入世界轮胎前10强
3. 质量、品牌	绿色轮胎产量占子午胎产量20%	绿色轮胎产量占子午胎产量50%；10个以上绿色子午胎品牌在技术上接近世界一流水平，销售价格接近韩国轮胎水平	绿色轮胎产量占子午胎产量80%；10个以上绿色子午胎品牌在技术上达到世界一流水平，销售价格接近日本轮胎水平
4. 人均销售额/万元	120.0	148.1	172.1
5. 销售利润率/%	4.7	6.4	8.0
6. 设备国际化率/%	70.0	74.0	76.9
7. 研发费用占比/%	1.4	1.9	2.4
8. 专利质量/%	5.0	6.7	8.2
9. 信息化投入占比/%	0.40	0.47	0.53
10. 信息化率/%	42.9	60.8	78.0
11. 信息化集成度/%	50.0	66.5	81.6
12. 吨煤产值/(万元/吨)	17.5	18.5	19.2
13. 吨煤产量/(t/t)	4.28	4.56	4.78
14. 用水重复利用率/%	80.0	87.0	92.3
15. 重大科研开发和建设项目	① 轮胎试验场建设项目 ② 乘用子午线轮胎全自动化生产线 ③ 绿色轮胎技术研究及产业化项目 ④ 全天然概念轮胎项目		

表 16 力车胎强国发展战略路线

项目	"十二五"	"十三五"	"十四五"
1. 产业集中度	前 5 家销售额占全国 54%，前 10 家销售额占全国 78%	前 5 家销售额占全国 60%，前 10 家销售额占全国 85%	前 5 家销售额占全国 75%，前 10 家销售额占全国 90%
2. 企业竞争力		2 家成为世界级企业	4 家成为世界级企业
3. 质量、品牌	超薄自行车胎合格率为 93%；有 2 家企业进入世界名牌	超薄自行车胎合格率为 95%；争取 4 家企业进入世界名牌	超薄自行车胎合格率为 98%；争取 7 家企业进入世界名牌
4. 人均销售额/万元	45	60	80
5. 销售利润率/%	5.8	10.0	12.0
6. 设备国际化率/%	60	70	80
7. 研发费用占比/%	1.0	2.0	3.0
8. 专利质量/%	5	7	10
9. 信息化投入占比/%	0.15	0.25	0.40
10. 信息化率/%	50	70	90
11. 信息化集成度/%	40	60	80
12. 吨煤产值/(万元/吨)	5	7	10
13. 吨煤产量/(t/t)	3.3	4.5	5.0
14. 用水重复利用率/%	85	93	96
15. 重大科研开发和建设项目	① 摩托车胎、自行车胎全自动化生产线 ② 开发高黏合力的黏合体系 ③ 开发力车内胎自动硫化系统		

表 17 胶管胶带强国发展战略路线

项目	"十二五"	"十三五"	"十四五"
1. 产业集中度	前 10 家销售额占全国 34.5%	前 10 家销售额占全国 39.7%	前 10 家销售额占全国 45%
2. 企业竞争力	无 1 家进入世界非轮胎前 50 强	2 家进入世界非轮胎前 50 强	2 家进入世界非轮胎前 40 强
3. 质量、品牌	缺少高端产品，没有世界名牌	主导产品有 2～3 件高端产品，至少有一件中国品牌进入世界名牌	主导产品均有高端产品，至少有两件中国品牌进入世界名牌
4. 人均销售额/万元	75	115	150
5. 销售利润率/%	6.8	10.0	13.0
6. 设备国际化率/%	65	75	90
7. 研发费用占比/%	1.25	2.10	2.80
8. 专利质量/%	25	35	55
9. 信息化投入占比/%	0.09	0.25	0.45
10. 信息化率/%	28	55	85
11. 信息化集成度/%	15	55	85
12. 吨煤产值/(万元/吨)	12	18	23

项目	"十二五"	"十三五"	"十四五"
13. 吨煤产量/(t/t)	3.8	4.8	6.0
14. 用水重复利用率/%	60	75	95
15. 重大科研开发和建设项目	① 热塑性弹性体芳纶输送带智能生产线 ② 助力转向器及冷却水胶管项目 ③ 切割 V 带自动化生产线 ④ PA 吹塑管总成		

表 18　橡胶制品强国发展战略路线

项目	"十二五"	"十三五"	"十四五"
1. 产业集中度	前 10 家销售额占全国 41%	前 10 家销售额占全国 50%	前 10 家销售额占全国 55%
2. 企业竞争力	2 家进入世界非轮胎前 40 强	3 家进入世界非轮胎前 50 强，2 家进入世界非轮胎前 30 强	4 家进入世界非轮胎前 50 强，2 家进入世界非轮胎前 30 强
3. 质量、品牌	没有知名品牌和高端产品进入国际市场	3～5 家企业的汽车减震和密封制品为世界知名汽车配套，其中 2 家企业减震制品进入世界知名品牌	3 家企业的减震和密封制品进入世界名牌
4. 人均销售额/万元	50	90	100
5. 销售利润率/%	5	8	11
6. 设备国际化率/%	30	60	80
7. 研发费用占比/%	0.4	2.0	2.5
8. 专利质量/%	3	5	8
9. 信息化投入占比/%	0.1	0.3	0.4
10. 信息化率/%	25	70	80
11. 信息化集成度/%	20	65	80
12. 吨煤产值/(万元/吨)	3.5	6.7	10.0
13. 吨煤产量/(t/t)	3.3	5.0	8.0
14. 用水重复利用率/%	80	90	95
15. 重大科研开发和建设项目	① 橡胶制品全自动化生产线 ② 核工业耐高强辐射密封产品 ③ 防震橡胶仿真模拟设计研究		

表 19　胶鞋强国发展战略路线

项目	"十二五"	"十三五"	"十四五"
1. 产业集中度	前 5 家销售额占全国 46.6%，前 10 家销售额占全国 64%	前 5 家销售额占全国 60%，前 10 家销售额占全国 75%	前 5 家销售额占全国 70%，前 10 家销售额占全国 80%
2. 企业竞争力		1 家成为世界级企业	2 家成为世界级企业

项目	"十二五"	"十三五"	"十四五"
3. 质量、品牌	为国际品牌代加工占比80%以上,缺少世界级名牌企业	培育1个胶鞋名牌打入国际市场	创2个胶鞋世界名牌
4. 人均销售额/万元	30	60	80
5. 销售利润率/%	4.5	6.0	10.0
6. 设备国际化率/%	20	50	80
7. 研发费用占比/%	0.3	1.0	3.0
8. 专利质量/%	2	8	8
9. 信息化投入占比/%	0.05	0.30	0.50
10. 信息化率/%	20	60	100
11. 信息化集成度/%	5	60	100
12. 吨煤产值/(万元/吨)	4	6	10
13. 吨煤产量/(t/t)	3	5	7
14. 用水重复利用率/%	80	90	95
15. 重大科研开发和建设项目	① 特种防护功能胶鞋研究 ② 胶鞋工业智能设备及自动化生产线		

表20 乳胶强国发展战略路线

项目	"十二五"	"十三五"	"十四五"
1. 产业集中度	前5家销售额占全国26%,前10家销售额占全国32%	前5家销售额占全国32%,前10家销售额占全国46%	前5家销售额占全国40%,前10家销售额占全国60%
2. 企业竞争力	进入世界前50强	进入世界前20强	进入世界前10强
3. 质量、品牌	1个国际知名品牌	1~2个国际知名品牌	2~4个国际知名品牌
4. 人均销售额/万元	33.2	55.0	75.0
5. 销售利润率/%	3.95	5.50	6.50
6. 设备国际化率/%	20	35	65
7. 研发费用占比/%	0.5	1.0	2.0
8. 专利质量/%	18	29	40
9. 信息化投入占比/%	0.05	0.25	0.40
10. 信息化率/%	20	40	80
11. 信息化集成度/%	20	40	80
12. 吨煤产值/(万元/吨)	1.95	3.00	4.50
13. 吨煤产量/(t/t)	0.56	0.80	1.80
14. 用水重复利用率/%	77.5	85.0	90.0
15. 重大科研开发和建设项目	① 聚氨酯避孕套的研发应用 ② 乳胶制品生产包装智能生产线 ③ 3D打印技术在乳胶制品模型设计上的应用		

表21　炭黑强国发展战略路线

项目	"十二五"	"十三五"	"十四五"
1. 产业集中度	前5家销售额占全国40%，前10家销售额占全国70%	前5家销售额占全国50%，前10家销售额占全国80%	前5家销售额占全国65%，前10家销售额占全国85%
2. 企业竞争力	3家进入世界炭黑前10强	5家进入世界炭黑前10强，2家进入前5强	6家进入世界炭黑前10强，3家进入前5强
3. 质量、品牌	缺少高端产品和世界名牌	主导产品有2~3种高端产品，至少有1种进入世界名牌	主导产品有3~5种高端产品，至少有2种进入世界名牌
4. 人均销售额/万元	76	80	85
5. 销售利润率/%	1	5	10
6. 设备国际化率/%	76	80	80
7. 研发费用占比/%	0.4	2.5	3.0
8. 专利质量/%	5.0	6.5	8.0
9. 信息化投入占比/%	0.3	0.4	0.5
10. 信息化率/%	80	90	100
11. 信息化集成度/%	80	90	100
12. 吨煤产值/(万元/吨)	28	30	35
13. 吨煤产量/(t/t)	—	—	—
14. 用水重复利用率/%	80	90	95
15. 重大科研开发和建设项目	① 研发低滚动阻力炭黑品种系列 ② 研发高性能轮胎炭黑品种系列 ③ 研发特种炭黑品种系列		

表22　废橡胶综合利用强国发展战略路线

项目	"十二五"	"十三五"	"十四五"
1. 产业集中度	前10家销售额占全国21.45%	前10家销售额占全国30%	前10家销售额占全国38%
2. 企业竞争力	1家成为世界级企业	3家成为世界级企业	5家成为世界级企业
3. 质量、品牌	中国再生胶20%符合欧盟REACH要求，缺少世界名牌意识，没有世界名牌	中国再生胶80%符合欧盟REACH要求，至少2个品牌进入世界名牌	中国再生胶90%符合欧盟REACH要求，至少4个品牌进入世界名牌
4. 人均销售额/万元	55	70	80
5. 销售利润率/%	5	7	9
6. 设备国际化率/%	40	60	80
7. 研发费用占比/%	1.5	2.5	3.0
8. 专利质量/%	11.2	25.0	30.0
9. 信息化投入占比/%	0.1	0.3	0.5
10. 信息化率/%	25	50	80
11. 信息化集成度/%	20	50	80

项目	"十二五"	"十三五"	"十四五"
12. 吨煤产值/(万元/吨)	4.260	5.215	5.810
13. 吨煤产量/(t/t)	9.46	10.43	11.62
14. 用水重复利用率/%	90	95	95
15. 重大科研开发和建设项目	① 万吨废旧轮胎绿色自动化粉碎示范生产线 ② 废旧轮胎生产再生橡胶万吨自动化示范生产线		

表 23　橡胶机械模具强国发展战略路线

项目	"十二五"	"十三五"	"十四五"
1. 产业集中度	前 5 家销售额占全国 50%，前 10 家销售额占全国 60%	前 5 家销售额占全国 60%，前 10 家销售额占全国 70%	前 5 家销售额占全国 70%，前 10 家销售额占全国 80%
2. 企业竞争力	2 家进入世界轮胎模具前 10 强（但没有权威部门认定）	3 家进入世界轮胎模具前 10 强，2 家进入前 5 强	4 家进入世界轮胎模具前 10 强，3 家进入前 5 强
3. 质量、品牌	缺少高端产品，没有世界名牌	主导产品有 2～3 件高端产品，至少有 1 件进入世界名牌	主导产品有 3～4 件高端产品，至少有 2 件进入世界名牌
4. 人均销售额/万元	32	65	100
5. 销售利润率/%	7	10	13
6. 设备国际化率/%	50	60	80
7. 研发费用占比/%	1.5	2.2	3.0
8. 专利质量/%	4.5	6.0	7.5
9. 信息化投入占比/%	0.25	0.40	0.50
10. 信息化率/%	20	50	80
11. 信息化集成度/%	20	50	80
12. 吨煤产值/(万元/吨)	10	12	15
13. 吨煤产量/(t/t)	—	—	—
14. 用水重复利用率/%	—	—	—
15. 重大科研开发和建设项目	① 轮胎活络模具自动化生产线 ② 钢质活络模具型腔制造技术及产业化		

表 24　橡胶助剂强国发展战略路线

项目	"十二五"	"十三五"	"十四五"
1. 产业集中度	前 10 家销售额占全国 65.3%	前 10 家销售额占全国 70%	前 10 家销售额占全国 80%
2. 企业竞争力	1 家进入世界前 5 强	3 家进入世界前 5 强	4 家进入世界前 5 强
3. 质量、品牌	前 10 强产品质量达国际先进标准率为 80%，世界名牌 1 家	前 10 强产品质量达国际先进标准率为 98%，世界名牌 3 家	前 10 强产品质量达国际先进标准率为 100%，世界名牌 5 家

项目	"十二五"	"十三五"	"十四五"
4．人均销售额/万元	80	100	150
5．销售利润率/%	7	12	15
6．设备国际化率/%	92	95	98
7．研发费用占比/%	2.8	3.5	4.5
8．专利质量/%	50	60	65
9．信息化投入占比/%	0.20	0.35	0.50
10．信息化率/%	50	80	95
11．信息化集成度/%	60	75	95
12．吨煤产值/(万元/吨)	1.80	2.50	3.33
13．吨煤产量/(t/t)	0.90	1.25	1.67
14．用水重复利用率/%	60	80	90
15．重大科研开发和建设项目	① 促进剂 M 的清洁生产工艺 ② 不溶性硫黄的气化一步法连续生产工艺 ③ 促进剂生产工艺自动化和信息化技术		

表25　骨架材料强国发展战略路线

项目	"十二五"	"十三五"	"十四五"
1．产业集中度	33 家销售额占全国90%	25 家销售额占全国90%	20 家销售额占全国90%
2．企业竞争力		1 家成为世界级骨架材料企业	2 家成为世界级骨架材料企业
3．质量、品牌	1 个规格品种为高端产品	3 个规格品种为高端产品	3 个规格品种为高端产品
4．人均销售额/万元	92	150	190
5．销售利润率/%	5	12	13
6．设备国际化率/%	90	95	98
7．研发费用占比/%	1	3	3
8．专利质量/%	2	4	4
9．信息化投入占比/%	0.10	0.25	0.50
10．信息化率/%	60	80	95
11．信息化集成度/%	65	75	95
12．吨煤产值/(万元/吨)	3.0	3.0	3.5
13．吨煤产量/(t/t)	3.03	3.10	3.50
14．用水重复利用率/%	90	95	95
15．重大科研开发和建设项目	① 超高强度钢帘线和胎圈钢丝开发利用 ② 年产 10000t 的芳纶帘帆布项目 ③ 生物基纤维尼龙 65 帘布的开发和应用		

（9）政策支持

为达到建设橡胶工业强国的目标，除企业自身的建设与努力以外，还需要国家政策扶持，建议如下：

① 轮胎试验场　在轮胎试验场的建设上，轮胎企业联合支持集中力量建设大型、具有综合性能的轮胎试验场，统一由第三方进行管理与运作，做到公平、公正。希望国家给予土地和资金的支持。

② 取消天然橡胶进口关税　随着橡胶工业对天然橡胶的需求量增大，国产天然橡胶无法满足国内企业需求，80%以上依靠进口。建议逐步取消进口关税乃至零关税。

③ 天然橡胶价格调控政策　天然橡胶价格巨幅波动，损害了天然橡胶生产者和消费者的利益。建议政府出台相应价格调控政策，通过建立价格稳定基金等，在胶价低于一定价位时给予胶农一定的补贴，在价格过高时对价格进行平抑，通过对天然橡胶市场进行调控，保证植胶生产者和下游产业的利益。

④ 建立第三方检验测试平台　在橡胶行业，国家出台政策并给予资金支持，依托技术实力强的研究院单位建立产品、原材料第三方检验测试平台，为整个行业服务。

⑤ 支持电子商务的发展　对于开展轮胎、橡胶制品电子商务活动的主体在税收方面给予一定的政策支持；同时，对于涉及跨境电商部分，在关税方面也给予一定的政策支持。

7.《中国橡胶工业强国发展战略研究》与德国"工业4.0"、美国"工业互联网"比较

德国"工业4.0"以及美国"工业互联网"有3个共同特点：一是都有政府政策和费用的强力支持；二是组成由制造业和IT业巨头牵头，协会参与实施，组成战略联盟，推动发展；三是重视跨学科、跨行业，特别是互联网和制造业的高度融合和培育交叉人才、数据科学家和用户界面专家。《中国橡胶工业强国发展战略研究》在这三方面严重不足，特别是缺乏国家政策和费用的强力支持，没有落实形成推动智能制造的产业联盟和交叉人才的培育措施，有待于进一步补充和落实。

8.《中国橡胶工业强国发展战略研究》要点

一个目标：争取"十三五"末（2020年）进入橡胶工业强国初级阶段，"十四五"末（2025年）进入橡胶工业强国中级阶段；

"两化"融合：现代信息技术与制造技术的深度融合；

提高3个认识：互联网对制造业的影响是革命性的、"工业3.0"和"工业4.0"可以并联发展、精益生产是推行智能制造的最佳工具；

处理好四大关系：现代信息技术与制造技术的关系、精益生产与智能制造的关系、橡胶工业智能制造与其他行业"互联网+"的关系、人与机器人的关系；

争取六大战略支撑与保障；

构建七大"两化"融合的网络平台：轿车轮胎自由定制平台、鞋类自由定制平台、跨境轮胎电商平台、跨境橡胶制品电商平台、输送带制造服务平台、废旧橡胶综合利用平台、杜仲产业链平台；

推进十大战略任务和重点；

落实 32 项重点开发建设项目；

成立若干智能制造产业联盟。

《中国橡胶工业强国发展战略研究》的这些要点，都体现在上文的内容中。

附件2：

中国橡胶工业现代化水平评价办法（试用稿）

中橡协字〔2014〕45 号

一、工业现代化定义

中国橡胶工业现代化是指我国橡胶工业在经济发展过程中，在现代科学技术进步的推动下，持续变革和发展，工业结构变化，整体工业生产力水平不断提高，最终达到当今世界先进水平的过程。

二、工业实现现代化途径

1．必须以信息化带动工业化，以工业化促进信息化，探索科技含量高的新型工业化道路。

2．必须由数量扩张向质量提高转变，从工业大国向工业强国的转变。

三、工业现代化的标志分析

现代化是一个历史性的、动态的概念，因而现代化水平的判断标准是随着时代不同而不同的。

现代化是一个世界性的概念，现代化的标准在同一时代、在世界范围内是统一的。无论是发展中国家还是发达国家，现代化的标准应该一致。

现代化水平的判断是在用相对静态的标准判断动态事物的发展水平。

一般认为，实现工业现代化存在三方面标志，即工业增长效率方面的标志、工业结构方面的标志和工业环境方面的标志。

（1）工业总体上由高速增长到长期稳定增长的转变，是实现工业现代化的基础性标志。

工业基本实现现代化，工业增长呈现缓慢稳定增长的趋势，但由于合理的工业结构和先进技术的应用，劳动生产率达到了很高水平，而且劳动生产率的增长速度也很快。

（2）工业结构的高级化，是工业现代化实现的核心标志。

工业现代化水平的工业结构方面指标是工业的高加工度化和技术集约化的程度，工业的高加工度化和技术集约化构成了工业结构的高级化基本内涵。

（3）形成绿色工业生产体系、保证工业经济与环境协调发展，是实现工业现代化的环境标志。

随着工业增长方式从粗放的数量扩张向集约的质量提高的转变，能源消耗和环境污染的程度逐渐降低，这也正是工业现代化的实现过程。

四、工业现代化评价指标

根据工业现代化的三大标志，设计了如表所示的工业现代化评价指标。在选择工业现代化评价指标时遵循了三方面原则：一是重视指标的国际可比性和资料的可获取性，尽量选取量化、相对量指标；二是指标数量尽可能少，使具体计算评价过程简单明了；三是考虑到橡胶产品的差异，部分具体指标又细分为轮胎等不同产品企业现代化评价指标。

橡胶工业现代化评价指标

分类标志	指标类型	具体评价指标	标准值		权重
工业效率指标	总体效率指标	1. 人均销售额/万元	轮胎	200	15
			力车胎	100	
			胶管胶带	180	
			胶鞋	80	
			橡胶制品	100	
			乳胶	100	
			炭黑	100	
			废橡胶综合利用	100	
			橡胶机械模具	100	
			橡胶助剂	100	
			骨架材料	150	
		2. 销售利润率/%	轮胎	10	15
			力车胎	15	
			胶管胶带	15	
			胶鞋	10	
			橡胶制品	15	
			乳胶	8	
			炭黑	15	
			废橡胶综合利用	10	
			橡胶机械模具	15	
			橡胶助剂	12	
			骨架材料	10	

分类标志	指标类型	具体评价指标	标准值		权重
工业结构指标	技术创新指标	1. 设备国际化/%	轮胎	80	3
			力车胎	80	
			胶管胶带	90	
			胶鞋	80	
			橡胶制品	80	
			乳胶	80	
			炭黑	80	
			废橡胶综合利用	80	
			橡胶机械模具	80	
			橡胶助剂（绿色化率）	95	
			骨架材料	95	
		2. 研发经费占销售额比/%	3		8
		3. 专利质量/%	轮胎	10	7
			力车胎	10	
			胶管胶带	20	
			胶鞋	10	
			橡胶制品	10	
			乳胶	40	
			炭黑	10	
			废橡胶综合利用	30	
			橡胶机械模具	10	
			橡胶助剂	65	
			骨架材料	20	
	国际化程度指标	1. 产品出口与进口价格比值	1		7
		2. 出口额加上境外工厂销售收入占企业总销售收入比例/%	30		5
	信息化水平指标	1. 信息化投入占销售收入比重/%	0.5		5
		2. 信息化率/%	100		7
		3. 信息化集成度/%	100		8
工业环境指标	可持续发展水平指标	1. 每吨标煤能源产生现价工业产值/(万元/吨标煤)	轮胎	20	8
			力车胎	20	
			胶管胶带	25	
			胶鞋	10	
			橡胶制品	10	
			乳胶	5	
			炭黑	35	
			废橡胶综合利用	5	
			橡胶机械模具	15	
			橡胶助剂	3.33	
			骨架材料	3.5	

分类标志	指标类型	具体评价指标	标准值		权重
工业环境指标	可持续发展水平指标	2. 每吨标煤能源生产产品/(吨产品/吨标煤)	轮胎	5	7
			力车胎	5	
			胶管胶带	6	
			胶鞋	7	
			橡胶制品	10	
			乳胶	2	
			炭黑	—	
			废橡胶综合利用	10	
			橡胶机械模具	—	
			橡胶助剂	1.67	
			骨架材料	4	
		3. 用水重复利用率/%	95		5

（一）工业增长效率方面，选取 2 个评价指标

（1）人均销售额，是指企业年度人均销售收入额，反映企业劳动生产效率，体现企业生产技术水平、经营管理水平、职工技术熟练程度等，在一定程度上反映企业的现代化水平。

（2）销售利润率，是指企业实现的总利润对同期销售收入的比率。用以反映企业销售收入与利润之间的关系，是反映企业获利能力的指标，这项指标越高，说明企业销售收入获取利润的能力越强。

（二）工业结构方面，选取 3 类 8 个评价指标

1. 技术创新指标

（1）设备国际化，是指企业在用达到国际水平的主要工业生产设备数量与全部主要生产设备数量的比值，反映工业生产设备主要技术经济参数的先进水平，进而反映工业技术的现代化水平。此项指标橡胶助剂企业选取为橡胶助剂产品绿色化率。

（2）研发经费占销售额比，是指企业每年用于研究开发新产品、新技术等活动的费用占销售收入的比例，是企业生存、持续发展和开拓创新的原动力，进而反映实现工业现代化的能力。

（3）企业申请并拥有专利，一方面是知识产权的保护意识，更是反映企业的研发能力，在行业中技术领先的程度。专利质量，是指企业拥有发明专利数占专利总数的比率，计算方法为：专利质量=发明专利/（发明专利数+实用新型专利数+外观设计专利数）。

2. 国际化程度指标

一般而言，国际竞争力高，在一定程度上反映其具有较高的现代化水平。

（1）产品出口与进口价格比值，是反映产品国际竞争力水平的指标，表示出

口产品平均价格较进口产品平均价格的比值，即比值=出口产品平均价格/进口产品平均价格。该指标小于 1，表明进口产品为高附加值产品为主；指标大于 1，表明出口产品为高附加值产品为主。出口产品平均价格采用本企业出口产品的平均价格；进口产品平均价格，请参照当年度中国海关进口同类产品的平均价格。

（2）出口额加上境外工厂销售收入占企业总销售收入比例，是反映企业对国际市场的依存程度，在一定程度上也反映行业的国际竞争力水平。

3．信息化水平指标

（1）信息化投入占销售收入比重，是指信息化基础建设投入及信息系统运维投入占销售收入比重，是企业满足业务发展需要，提升信息化水平的基础，反映企业实现工业现代化的能力。

（2）信息化率，是指企业应用信息技术的单一业务环节占所有业务环节的比例。企业业务环节可划分为产品设计、工艺设计、生产管理、生产制造、采购管理、销售管理、财务管理、质量和计量、能源和环保、安全管理、项目管理、设备管理、人力资源管理、办公管理等 14 个业务环节。

（3）信息化集成度，是指企业 14 项单一业务环节按照产品、企业管理、价值链 3 个维度的综合集成程度。具体可参见 GB/T 23020—2013《工业企业信息化和工业化融合评估规范》。

（三）在环境和可持续发展方面，根据侧重点不同，选取 3 个评价指标。

（1）每吨标煤能源产生现价工业产值，旨在从效益角度反映企业的能源利用率，进而从环境保护角度说明工业现代化程度。

（2）每吨标煤能源生产产品，旨在从企业生产产品过程中的能源利用效率角度，反映橡胶行业在环境保护方面的工业现代化程度。标准值参照中国橡胶工业协会自律标准 XXZB/LT-102—2014《绿色轮胎技术规范》等规范。

（3）用水重复利用率，旨在从企业生产产品过程中的水资源利用效率角度，反映橡胶行业在环境友好方面的工业现代化程度。标准值参照发改委、生态环境部、工信部正在起草的《轮胎行业清洁生产评价指标体系》（征求意见稿）。

五、工业现代化评价办法

（一）现代化水平指数的计算方法

1．对数据进行无量纲化处理，使量纲不同的各指标的数据转化为可以直接进行合并计算的数值。具体计算方法为：

$$P_i = D_i / S_i$$

式中，P_i 为第 i 个要素指标无量纲化后的值；D_i 为第 i 个要素指标的实测值；S_i 为第 i 个要素指标的标准值。

2. 对各指标无量纲化后的值进行加权合成，得出企业现代化水平指数。指数计算公式为：

$$A = \sum_{i=1}^{n}(P_i \times W_i)$$

式中，A 为企业现代化水平指数；n 为现代化水平构成的要素指标个数；P_i 为第 i 个要素指标无量纲化后的值；W_i 为第 i 个要素指标的权重。

（二）评价方法

1. 企业

企业按照上述计算方法，得出本企业现代化水平指数 A 的值，若值大于 70，判断企业已经进入现代化初级阶段。

2. 细分专业

各分会依托现有报送统计数据的企业，根据各企业报送的现代化水平指数的值判断本分会所属专业的现代化水平。具体判断方法如下：

（1）统计样本企业现代化水平指数达到 70 以上的企业数占样本总数的 70% 以上；

（2）统计样本企业现代化水平指数达到 70 以上企业的销售收入总和占样本企业销售收入总和的 70% 以上；

（3）同时满足上述两个条件，则判断本专业已经进入现代化初级阶段。

3. 全行业

依据各个分会统计各个细分专业的现代化水平状况，判断我国橡胶工业的现代化水平。具体判断方法如下：

（1）统计细分专业现代化水平达到现代化初级阶段的数量占统计细分专业数量的 70% 以上；

（2）统计细分专业达到现代化水平初级阶段的专业销售收入总和占所有专业销售收入总和的 70% 以上；

（3）同时满足上述两个条件，则判断我国橡胶工业已经进入现代化初级阶段。

（三）评价级别

1. 现代化水平初级阶段：现代化水平指数达到 70 以上。

2. 现代化水平中级阶段：现代化水平指数达到 80 以上。

3. 现代化水平高级阶段：现代化水平指数达到 90 以上。

注：此《中国橡胶工业现代化水平评价办法（试用稿）》，是结合《中国橡胶工业强国发展战略研究》编写工作，经过各分会（委员会）秘书处及有关企业试运用评价办法，对本专业和企业的现代化水平状况进行测评，并提出了修改补充意见。根据反馈意见，于 2014 年 8 月 27 日对评价办法进一步修订后以中橡协字〔2014〕45 号文印发，请各有关单位在推进强国战略过程中，作为一个工具试用。

第 **4** 章

MES 在轮胎工业上的应用与实践

4.1　MES 的概念

MES 的英文全称是 manufacturing execution system，即制造执行系统，它是一套用于企业的生产信息化系统，主要面向企业的制造执行层。广义上，MES 不仅是一套信息化系统，它还包括跟该信息化系统相关的理论、标准和方法。

MES 在统一的平台上可视化地展现了企业从生产计划与排产到生产组织过程、操作过程、生产质量控制、生产能耗和物耗情况以及生产绩效的全过程，为生产的动态管理提供了有效手段，能帮助企业降低成本、挖潜增效、节能减排、提高质量。MES 能够克服信息孤岛或信息断层问题，加强生产执行管理，推动制造企业信息化与工业化深度融合。

MES 是一套面向制造企业车间执行层的生产信息化管理系统。MES 可以为企业提供包括制造数据管理、计划排程管理、生产调度管理、库存管理、质量管理、人力资源管理、工作中心/设备管理、工具工装管理、采购管理、成本管理、项目看板管理、生产过程控制、底层数据集成分析、上层数据集成分解等管理模块，为企业打造一个扎实、可靠、全面、可行的制造协同管理平台。

4.2　MES 的发展史

20 世纪 70 年代末，西门子公司提出 MES 的概念（图 4-1）。这个阶段的 MES 比较传统，是为解决某个特定领域的问题而设计和开发的自成一体的系统。后逐步拓展到与实时控制系统进行集成。

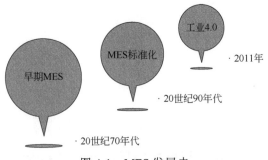

图 4-1　MES 发展史

　　1990 年 11 月，美国先进制造研究中心 AMR（Advanced Manufacturing Research）首先提出 MES 制造执行系统这一概念，旨在加强 MRP 计划的执行功能，把 MRP 计划同车间作业现场控制，通过执行系统联系起来。这里的现场控制包括 PLC 程控器、数据采集器、条形码、各种计量及检测仪器、机械手等。MES 设置了必要的接口，与提供生产现场控制设施的厂商建立合作关系。ISA-95 是企业系统与控制系统集成的国际标准，由仪表、系统和自动化协会（ISA）在 1995 年投票通过。

　　2011 年德国提出"工业 4.0"，其核心是智能制造，通过嵌入式的处理器、存储器、传感器和通信模块，把设备、产品、原材料、软件联系在一起，使得产品和不同的生产设备能够互联互通并交换命令。"工业 4.0"还将在未来实现工厂、消费者、产品、信息数据的互联，最终实现万物互联，从而重构整个社会的生产方式。

4.3　MES 在智能制造中的关键作用

　　具有承上启下作用（图 4-2）的 MES，能够帮助制造型企业实现智能制造升级，实现从需求到生产再到交付过程的智能工厂规划闭环管控，从而大幅提高生产效率。

　　MES 是智能制造的核心。MES 填补了上层系统上线后产生的信息鸿沟，使企业信息流能够畅通，为生产制造车间现场带来规范的管理模式。

　　MES 是集信息技术、系统控制技术、电子技术、光电子技术、通信技术、传感技术、软件技术和专家系统等为一体，实现扩展或替代脑力劳动为目的的高层次的控制技术。通过 MES 可以使企业增强如下能力：

　　（1）增强国际市场竞争力

　　面对全球性的竞争格局正在由"技术壁垒"逐渐替代了"贸易壁垒"，劳动密集型企业向知识密集型企业转型，"了解用户、把脉市场、不断创新"已成为企业生存和发展的必备能力；盘活和共享社会资源成为迫切需要，信息技术综合多方资源，能够快速地组织设计与生产活动，最经济地选择生产经营方式和合作伙伴，

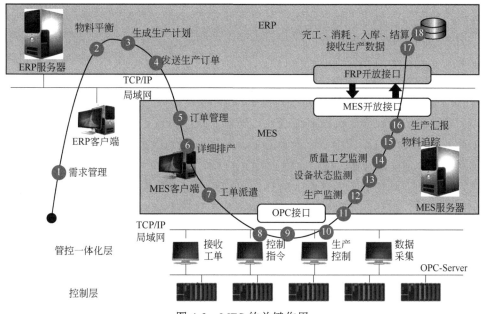

图 4-2 MES 的关键作用

向客户提供最满意的服务，形成高效的研究、开发、设计、制造和销售网络。

（2）经济发展的必然趋势

新经济时代，轮胎是一个安全系数很高的产品，它未来的发展方向是安全、环保、节能，信息化能够促进企业向这个方向发展。在这一背景和要求下，企业信息化是轮胎企业参与国际市场竞争的通行证。

（3）精益生产之道

我国自改革开放以来，国民经济发展迅速，很大程度上依赖于制造业的发展。对任何国家而言，大力发展制造业不仅关系到国计民生，同时还将影响到国家的国际地位，制造业的腾飞必将带动整个国民经济的发展。当今，制造业生存的 3 个关键要素分别是：供应链管理（SCM）、信息技术（IT）、成批制造技术。供应链管理是从原材料供应到产品出厂整个过程的管理，旨在实现物流资源的流通及资源配置的最优化；信息技术就是改变传统的作业方式，实现快速、专业的生产，从而减少人工介入，有效降低生产经营成本；而成批制造技术就是随着生产技术的深化，逐步改善对生产制造的人、料、法、环、机的管理，促进现代管理理念的实现。

4.4 轮胎工业制造特点

橡胶轮胎工业属于国家战略储备行业。航空、军工、大型装备等重大工程对轮胎等橡胶制品提出了精准定制和高可靠性要求，如航母舰载机轮胎起降距离短、矿用工程轮胎配方差异大等。橡胶轮胎的生产制造属于典型的流程与离散混合制造模式，其快速增长的个性化定制需求使得传统大规模生产模式难以应对客户需求变化时的生产制造能力、快速响应能力、智能决策能力，混合制造模式下产线 MES 的动态调控和智能联动亦尤为重要。

橡胶轮胎行业属于传统制造行业，其特点是：属于劳动力、技术、资金密集型产业，多工序间歇式生产，人为因素影响多，从而导致轮胎产量基数大，产品档次不高，高技术含量、高附加值产品少，低档次产品低价恶性竞争激烈等问题，大大限制了我国轮胎行业"由大转强"的进程。随着我国人口红利的消失，人工费用的增长，传统制造业依靠人力发展的道路已经越走越窄。与此同时，以"智慧工厂"建设为代表的智能化装备，正为传统装备制造行业的生产方式带来革命性的产业变革。

4.5 轮胎工厂 MES 设计与架构

4.5.1 MES 管理思想与要素

基于 MES 平台实现企业生产车间的精益化生产。MES 集成、高效的性能将给企业带来无限的发展前景。所以，MES 的实施不仅给企业管理者和员工带来思维上全新的挑战，同时也将给企业运营模式带来深远的影响。制造企业的生产管理，主要是对车间生产"人、机、料、法、环"五大基本要素的管理与控制，这也是制造业信息化生产管理过程中的 MES 管理五要素。MES 在工厂生产管控过程中，就是要对这 5 个基本要素进行管理。

① 人员：MES 对生产过程中的人员进行管控，人员严格按照生产工艺流程操作，如对不符合工艺、生产流程的人员进行控制。建立人员和产品、生产、工艺等信息的追溯关系，便于追溯分析，实现质量控制。保证生产人员严格按照生产流程进行操作，保证产品质量均一性。同时，MES 可以通过及时的数据采集和数据报表显示，实现透明化的作业流程，极大增加了人员管理的方便性，使管理层不进生产线即可对生产线的作业状况了如指掌。

② 设备：对设备进行数字化管控，设备状态实时展示，设备数据实时采集，对故障进行预警，及时对设备进行预防性维护、维修、保养，对设备进行全生命周期管理，保障设备持续不间断运行。同时，MES 通过标准的集成接口，实现与自动化系统进行无缝整合，从而可以更加方便地采集设备数据和工程数据，使 MES 可以通过对整个工厂的设备运行状况的实施监控，快速对设备异常进行反

应，大大提升设备的稼动率。

③ 物料：建立物料编码体系，实现一物一码的 MES 信息化管控。同时对生产过程中的原材料、半成品、成品、辅料等进行管控。对物料进行防误，避免用错物料。同时建立原料和成品的信息追溯，当出现工艺变动时，能够及时对产品进行追溯分析，锁定相关产品，快速解决产品质量问题。生产过程中，实时掌控物料的库存，根据工序间节拍，实现物料的可靠、及时输送，避免停机待料。

④ 工艺：包括生产制造的规则、生产工艺、操作流程、施工标准、作业标准等。与设备控制系统集成，实现工艺审核后，直接下发到设备控制系统，设备严格按照工艺进行生产，对所有的实际执行工艺参数进行记录，对与标准不符的异常进行报警，避免工艺执行不到位、工艺变形的问题。

⑤ 环境：对生产管理环境进行管理，现场生产温度、湿度等实时进行采集、分析，对异常进行报警。实时分析生产环境对质量的影响，协助用户快速解决由环境导致的质量问题。

通过 MES 对生产相关的"人、机、料、法、环"等要素全面进行信息化管控，保证生产的质量和收益。

4.5.2　轮胎工厂 MES 设计介绍

MES 位于 ERP 管理层和过程控制层中间，应起到承上启下的作用。主要实现基础数据管理、生产订单管理、作业调度管理、质量管理、物流调度管理、工艺管理、物料管理、库存管理、绩效管理、能源管理、发货管理、设备管理、工艺工装管理等功能。通过 MES 的实施，实现 ERP 管理层至设备过程控制的一体化管控，确保企业有效地控制工艺，提升产品质量，保证产品的稳定性。MES 整体业务流程图见图 4-3。

ERP 管理层包含 ERP 系统、PDM 系统、APP 系统。ERP 系统实现企业的采购、成本、MRP 等企业资源计划的管理。PDM 系统实现轮胎产品数据研发系统管理。工业 APP 实现企业微信、钉钉系统的集成。

过程控制层包含对轮胎各工序设备系统的控制，以及工序间、原材料、半部件、轮胎输送的自动化物流系统、AGV 物流系统及立体库存储系统。

4.5.3　轮胎工厂 MES 架构说明

MES 应基于平台化、模块化部署，整体架构见图 4-4。MES 包括 MES 管理系统、PCS 过程控制系统、数据存储服务、接口服务、设备传感层等。

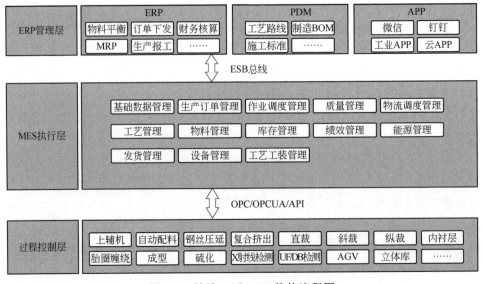

图 4-3 轮胎工厂 MES 整体流程图

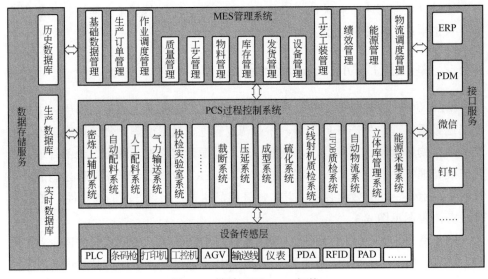

图 4-4 轮胎工厂 MES 架构

（1）MES 管理系统

企业搭建 MES 软件平台，符合 MESA/ISA-95 标准，基于批次过程控制、企业建模技术，为企业内部生产管理、质量管理、工艺管理、物流仓储提供保障系统；为企业实现拉动生产、精益生产、六西格玛管理、全面质量管理、流程改进提供基础系统支持。

对生产过程、质量、设备状态等进行实时监控，提供看板管理的功能，各级管理人员可以通过 MES 实时掌控车间的生产状况；实现在现场直观展示生产、设备、质量情况，能够及时获取生产现场的异常情况，及时处理并解决，提高生产管理效率。生产节拍实时采集，实现工时、工艺标准化管理，提升生产效率，改进工艺，为产能核算、产品研发、工艺分析管理提供数据支持。

（2）PCS 过程控制系统

在各工序部署 PCS，下层与设备 PLC 进行通信，上层与 MES 软件系统进行通信。将工艺等指令下传到 PLC 控制系统执行，采集并监控 PLC 控制系统的数据，对异常及时报警，实现投料防误、质量控制、设备管理、信息追溯。一般包括密炼上辅机系统、自动配料系统、炭黑输送系统、钢丝压延系统、帘布压延系统、复合挤出系统、内衬压延系统、裁断系统、钢丝圈缠绕系统、胎圈贴合系统、成型机系统、硫化机系统、检测系统等。

企业应部署自动化立体仓储及物流系统，提高物流速度，降低物流人员的工作量。该系统一般包括货架系统、堆垛机、输送系统、电气控制系统、网络、数据库及 WMS 管理系统。企业基于"总体规划、分步实施"的原则根据需要部署输送及立体库系统。可分步实施原材料立体库系统、小料立体库系统、胶片立体库系统、帘布大卷立体库系统、半部件立体库系统、胎坯立体库系统、成品立体库系统、原材料输送系统、小料输送系统、胶片输送系统、半制品输送系统、胎坯输送系统、成品胎输送系统、质检分拣系统、成品胎分拣系统等。

智能化工厂的核心是要部署计划调度优化系统及生产物流调度系统，通过合理的排程和调度将物料及时输送到对应的机台位置，提高效率、避免待料，合理分配企业资源，实现车间级物流输送单元的调度、监视、数据记录等。

（3）数据存储系统

应部署实时数据库系统，对各工序设备的过程数据进行实时监测、分析，为企业的生产管理和调度、数据分析、决策支持及远程监控提供实时数据服务和数据管理功能，帮助企业提升生产运营效率。

部署业务数据库实现企业 MES 业务数据的存储、分析，为企业生产管理提供数据支持。为提升系统的运行效率，企业应将数据库分生产数据库和历史数据库进行部署。生产数据库存储 3～6 个月最优生产单元的数据，其他时间段的数据存储到历史数据库，历史数据库根据业务模型进行定期抽取，从而搭建快速分析系统，为企业决策、产品工艺改进、质量提升提供数据分析支持。

4.6　轮胎工厂 MES 主要功能模块

企业应基于批次过程控制、企业建模技术、拉动生产、精益生产、六西格玛管理、全面质量管理思想搭建 MES 软件平台。

　　信息化的实施与企业的行业特点紧密相关，特别是 MES 的实施具有明显的行业特点，轮胎行业 MES 的功能结构见图 4-5（①为可选配功能）。功能包含基础数据管理、生产订单管理、作业调度管理、质量管理、工艺管理、物料管理、库存管理、物流调度管理、发货管理、设备管理、工艺工装管理、绩效管理、能源管理部分。各模块相互衔接，协同搭建业务流程自动化的 MES，定义出工厂的模型架构功能，为企业实施 MES 提供建议性的功能方案。

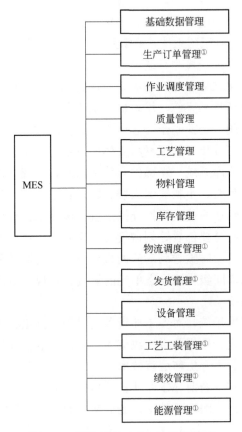

图 4-5　轮胎行业 MES 的功能结构

4.6.1　基础数据管理

4.6.1.1　概述

　　对橡胶轮胎企业的主要物料主数据等基础数据进行定义，统一编码规则。

4.6.1.2　胶料类别

胶料是炼胶生产过程中最重要的产成品，应对橡胶生产所需的胶料信息进行规划、分类，建立胶料信息结构体系。

胶料类别信息应包括以下内容：

① 定义胶料类别，如全钢胎、半钢胎、斜交胎、轻卡胎、特种胎等；

② 定义胶料类别的编码规则。

4.6.1.3　胶料信息

对橡胶生产所需的胶料信息进行规划、分类，建立胶料信息结构体系。

胶料信息管理应包括以下内容：

① 维护胶料信息，如：胶料类别、胶料代号、胶料名称、胶料别名、配方名称、胶料组合代码、配方用途、含胶率、厂家、代码别称、是否出片、标准段数等；

② 定义胶料的编码规则；

③ 定义胶料与物料的关系；

④ 支持与 ERP 系统同步数据。

4.6.1.4　半部件类别

定义轮胎生产的半部件类别，对半部件进行规划、分类，建立半部件类别结构体系。半部件类别信息管理应包括以下内容：

① 定义轮胎半部件类别信息，如：胎面、胎侧、带束层、胶片、胎体、垫胶、子口耐磨胶、上三角胶、下三角胶、三角胶、钢丝圈夹胶、胎面基部胶、气密层胶、过渡层胶、钢丝圈包布等；

② 定义半部件类别编码规则。

4.6.1.5　物料存放时间设置

根据轮胎原材料、胶料、半制品、胎坯的物料特性和工艺要求设定工艺时间，存放超出工艺时间时进行报警。

物料停放时间设置信息应包括以下内容：

① 定义物料的最大停放时间、最小停放时间、报警提前量等信息；

② 定义存放时间规则和物料的对应关系；

③ 设定报警提前量、报警方式等信息。

4.6.1.6　轮胎物料分类

对轮胎生产制造所需物料进行规划，建立物料分类编码体系。轮胎物料分类应包括以下内容：

① 定义物料大类，如：原材料、小料包、塑炼胶、母炼胶、终炼胶、返回胶、半部件、胎坯、轮胎等；

② 定义物料小料，如：原材料、天然胶等。

4.6.2 生产订单管理

4.6.2.1 概述

根据订单要求对企业生产进行有效计划、组织和控制，对各种资源进行合理配置和管理，对订单进行全程跟踪，平衡生产物流、提高生产效率、降低制造成本。

采用成熟先进的数据分析策略和 APS 自动排程思想，实现订单详细信息的维护和分类汇总，对订单运行情况进行跟踪，能够评估跟踪订单状态信息。生产订单管理的功能结构见图 4-6。

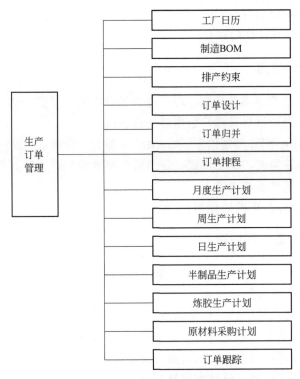

图 4-6　生产订单管理的功能结构

基于轮胎行业的业务特点，搭建 APS 排产模型，解决轮胎行业订单变更过于频繁，导致计划频繁变更的现象。建立有效的销售预测模型，减少销售驱动生产，使生产计划被动变更的现象；减少因特殊订单跟踪耗费大量人力资源的现象。

通过分析企业订单信息、现有机台生产能力和企业库存水平，制定出合理的生产计划，包括企业生产计划和硫化、成型、半制品工序的生产计划。在制定计划的过程中，对计划的合理性进行相关的校验，在产量数据自动获取到系统中后，对生产计划的完成情况进行比对，以指导后期生产计划的制定。

轮胎企业的 APS 生产订单排产应分为 4 个模型实施：硫化周计划排产、成型硫化日计划排产、半制品计划排产、密炼计划排产，各模型相辅相成。

4.6.2.2 工厂日历

设定每个制造资源和设备的生产和出勤模式，为计划排产提供基础数据。工厂日历应包括以下内容：

① 定义工作班组类型，如甲、乙、丙、丁等；

② 定义工序的工作班次及班次的工作时间，如早班（8：00～16：00）、中班（16：00～24：00）、夜班（00：00～8：00）；

③ 定义统计自然日与班对应关系，如设定为早班、中班和次日夜班对应当天；

④ 设定各工序的工作日历基础数据，标注休息日及假期时间；

⑤ 设定倒班规律；

⑥ 根据工作日历和倒班规律生成周期，自动生成各工序的班次工作日历，排程时根据班次工作日历进行计划排产，包括日期、班次、班组、工作时间等信息。

4.6.2.3 制造 BOM

设定各工序之间原料、产成品制造 BOM 关系，为计划排程提供主数据，对物料、工序、原料、数量等工艺路线进行管理。制造 BOM 应包括以下内容。

① 定义工艺路线信息，设定工序的投入原材料及产成品的物料信息。

② 设定制造过程设备能力信息，设定各工序所含各设备对应每种物料的产能信息，如工序编号、工序名称、设备、物料产能等。

③ 设定由工序投入产品和工序之间的时间制约方法、时间制约值等相关信息。制约条件包括：

a. 代码：条件的编号，以字符串和数字进行识别；

b. 品目/资源：工序投入的产品；

c. 制造：按比例设定制造一个单位的输出产成品所需要投入半制品的数量；

d. 时间制约方法：设定工序之间的时间制约方法；

e. 时间制约最小值：设定工序之间需要间隔的最小时间值；

f. 时间制约最大值：设定工序之间需要间隔的最大时间值。

④ 设定工序生产的制造指令，通过制造指令可以指定制造产成品时使用的资

源（设备、模具、操作人等）和它的制造能力值等，制造指令信息包括：

　　a. 指令代码：设定使用指令的种类；

　　b. 产品/资源：设定使用的资源；

　　c. 前设置：设定前设置所需要的时间；

　　d. 制造：设定该资源生产该产品的能力值和能力单位；

　　e. 后设置：输入后设置所需要的时间；

　　f. 时间制约方法：设定工序之间的时间制约方法；

　　g. 时间制约最小值：设定工序之间需要间隔的最小时间值；

　　h. 时间制约最大值：设定工序之间需要间隔的最大时间值；

　　i. 备注：用于字符串或数字备注；

　　j. 资源优先度：设定用于制造产成品的资源优先度；

　　k. 设定工序输出的产成品，工序制造完成后的输出结果。

4.6.2.4　排产约束

　　设定排产所需的约束条件，对资源所需各种制约条件进行设定。排产约束应包括以下内容。

　　① 设定资源的类别。主资源指制造产成品时所需要的设备或作业者，副资源指使用主资源的附属资源。对于多资源组合的情况下，进行资源的复数指令的设定；

　　② 设定制造资源所需的必要工作时间，设定针对设备机台、物料规格不同的工作所需时间；

　　③ 设定制造资源更换物料规格所需的操作时间；

　　④ 设定各工序的设备制造所需要的输入规格必要量或资源的能力值和能力单位；

　　⑤ 设定各工序设备的合格率，安排计划时需要对必要量进行核算；

　　⑥ 设定资源制造能力单位，根据单位和不同的设备情况进行资源能力的设定；

　　⑦ 设定生产完毕每种规格物料后，需要整理工作等所消耗的时间；

　　⑧ 对各工序、设备与生产物料及 BOM 组成部分，生产制约方法的种类进行设定。

　　a. 前工序结束时间与本工序开始时间之间的关系，前工序结束后本工序才能开始；

　　b. 前工序开始时间与本工序开始时间之间的关系，前工序开始同时本工序开始；

　　c. 前工序开始时间与本工序开始时间及前工序结束时间和本工序结束时间的

关系；前工序开始同时本工序开始，前工序结束同时本工序结束；

d．前工序的任何时间和本工序制造开始时间的关系，前工序的任何时刻本工序都可以开始；

e．前工序制造结束时间和本工序任何时间之间的关系，前工序制造结束时间在本工序完成之前都可以；

f．本工序各自工作的制造开始时刻和制造结束时刻与前工序的工作时刻关联，多个本工序完成顺序执行的开始时间和结束时间与前工序对应；

g．前工序各自工作的制造开始时刻和制造结束时刻与本工序的工作时刻关联，多个前工序的顺序执行开始时间和结束时间与本工序开始时间和结束时间相对应。

⑨ 设定模具、成型鼓等工装和机台的约束条件，排产时进行设定。

4.6.2.5 订单设计

接收或录入销售订单信息，在产品规范体系的支持下，结合产品库存以及市场的预测信息，建立对应的生产订单信息，为企业制造车间详细排程提供数据。订单设计应包括以下内容：

① 获取生产订单的信息，如产品名称、产品品种、产品规格、产品订货量、交货期等。

② 获取产品的库存信息，以及对库存周转率的分析。

③ 获取针对市场销售预测信息。

④ 获取订单的优先级关系（正向分派是尽量从最早可分派时间的第一个工序开始分派，逆向分派是从最后工序中离交货期尽可能近的日期开始向前分派）。

a．优先度使用大于 0 小于 100 的数字；

b．大于 90 小于等于 100 属于特急订单，属于正向分派；

c．大于 50 小于等于 90 属于重视交货期订单，属于逆向分派；

d．大于等于 0 小于等于 50 属于填空订单，属于正向分派。

⑤ 获取产品数据、工艺数据。

⑥ 设计订单工艺路径。

⑦ 设计各工序过程控制参数及过程的规格要求。

⑧ 设计产品原料要求。

⑨ 设计过程质检要求。

⑩ 设计质检放行标准。

⑪ 设计标记要求。

⑫ 设计包装要求。

⑬ 设计运输要求。

4.6.2.6　订单归并

将订货量较小的生产订单，归并成适合企业规模生产的大订单，提高设备产能，减少计划余材，减少切换物料所消耗的额外成本。订单归并应包括以下内容：

① 维护订单归并原则；

② 获取订单信息；

③ 相似订单归并；

④ 建立归并订单；

⑤ 归并订单调整。

4.6.2.7　订单排程

根据订单设计的结果，综合考虑产品工艺路线、生产周期、库存、模具状态、设备能力、订单优先级、排产约束条件、制造 BOM、工厂日历等因素，为生产订单分配生产能力，发挥瓶颈工序产能、平衡物流。生产排程应包括以下内容：

① 获取企业生产工作日历；

② 获取企业各工序生产能力；

③ 获取工艺路线及各工序的标准生产时间；

④ 获取生产订单信息；

⑤ 确定订单计划量与计划生产时间；

⑥ 平衡工序能力，分析工序能力负荷情况；

⑦ 自动生成各工序的生产计划；

⑧ 平衡成型工序的生产计划，首先根据订单生成硫化的生产计划；

⑨ 根据硫化生产计划生成成型生产计划；

⑩ 根据成型生产计划、半制品库存生成各工序半制品的生产计划；

⑪ 根据半制品和成型的生产计划，计算密炼终炼胶及原材料的需求量；

⑫ 根据终炼胶计划计算小料配料及母炼胶的生产计划，自动计算原材料的需求量。

4.6.2.8　月度生产计划

合理安排和分解计划，按照从上至下、由粗到细的原则对计划进行分解。根据生产订单、库存、市场预测制定月度任务计划，根据月度计划安排原材料采购计划及生产备料等。月度生产计划应包括以下内容：

① 获取订单信息；

② 获取库存信息；

③ 获取市场预测信息;

④ 制定月度生产计划,包括产品编号、产品名称、规格、数量、交货期等信息。

4.6.2.9　周生产计划

根据月度生产计划、当前库存、计划完成情况、工装器具状态及实验计划状态生成每周计划,根据每周计划实现原材料备料、物流调度等,实现制造资源的规划。周生产计划应包括以下内容:

① 周计划信息;

② 当前计划完成状态信息;

③ 导入企业销售预测订单信息;

④ 计算当前库存,以及根据销售情况,预测轮胎库存;

⑤ 分析当前硫化模具、机台的生产状态;

⑥ 搭建 APS 排产模型;

⑦ 生成硫化周生产计划;

⑧ 生成成型周生产计划,包括日期、产品名称、规格、数量、交货期等。

4.6.2.10　日生产计划

根据周生产计划、当班库存、设备生产状态和模具工装的状态,调整日生产计划,下发到各机台设备执行。日生产计划应包括以下内容:

① 搭建成型、硫化计划排产模型;

② 获取周生产计划;

③ 获取当班库存信息;

④ 获取模具工装及设备状态信息,获取硫化模块、成型机头、胶囊、夹具等工装信息进行管理,实时分析工装状态;

⑤ 分析硫化工序各机台的生产状态;

⑥ 分析成型工序各机台的生产状态;

⑦ 根据排产模型设定各项约束条件:产能、成型型号、硫化对应型号等;

⑧ 根据周生产计划生成日生产计划;

⑨ 计划审核后自动下发到对应工序或机台。

4.6.2.11　半制品生产计划

根据成型日生产计划、工艺 BOM 及各项约束条件动态生成半制品日生产计划。该模块应包含如下功能:

① 搭建半制品生产计划排产模型;

② 分析压延、复合、内衬、裁断、胎圈等半制品工序的生产状态;

③ 设定各半制品工序的产能等约束条件；

④ 根据排产模型生成半制品生产计划。

4.6.2.12　炼胶生产计划

根据半制品生产计划生成炼胶生产计划。该模块包含如下功能：

① 搭建炼胶生产计划的排产模型；

② 设定密炼上辅机、自动配料工艺配方和称量配方；

③ 分析各上辅机、小料机台的生产状态；

④ 实时统计分析胶料库存；

⑤ 基于排产模型生成炼胶生产计划。

4.6.2.13　原材料采购计划

根据月度生产计划、当前原材料库存以及原材料市场价格预测，确定原材料的采购计划。提前备货，避免影响生产，同时平衡资金占用和价格涨跌因素，对原材料进行指导采购。原材料采购计划应包括以下内容：

① 获取月度生产计划；

② 获取原材料库存信息；

③ 对原材料市场情况进行调研，预测原材料的价格波动趋势；

④ 根据月度生产计划和制造 BOM 自动生成原材料的需求计划；

⑤ 根据各相关因素合理编排原材料采购计划。

4.6.2.14　订单跟踪

对订单当前状态和执行情况进行实时动态跟踪，把握订单生产进度，预测订单交期，对脱期订单或者超期订单发出警告。设置订单结束标记作为 ERP 财务报工前提条件，已报工订单不再安排组织生产。订单跟踪应包括以下内容：

① 维护订单跟踪规则；

② 获取订单信息；

③ 获取生产订单生产量、计划量、计划完成时间；

④ 更新生产订单完成数量和完成状态；

⑤ 更新生产订单状态；

⑥ 生产订单自动报工；

⑦ 生产订单手工报工；

⑧ 跟踪生产订单生产欠量；

⑨ 跟踪生产订单生产进度；

⑩ 更新生产订单状态；

⑪ 对脱期订单发出警告；

⑫ 对超期订单进行警告；

⑬ 对计划异常执行情况进行警告。

4.6.3 作业调度管理

面向工序、设备、机台详细分解作业计划，明确物料的生产顺序与生产时间，根据具体生产情况，具备调整功能。确定精确的计划作业顺序时间及负荷，为作业分派资源，跟踪作业执行情况，并调整作业计划。作业调度管理的功能结构见图 4-7。

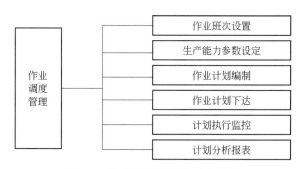

图 4-7　作业调度管理的功能结构

4.6.3.1 作业班次设置

建立全工厂各工序的作业班次，设定各机台班次的更换顺序和规则。作业班次设置应包括以下内容：

① 设置工序、班次、生成周期天数；

② 获取班次参数，如早、中、夜；

③ 获取班组参数，如甲、乙、丙、丁；

④ 建立班次工作日历，如工序、日期、周别、班次、班组、班次开始时间、班次结束时间等。

4.6.3.2 生产能力参数设定

设置工厂各工序设备生产能力参数。设备生产能力应包括以下内容：

① 工厂机台设置参数；

② 工厂物料设置参数；

③ 建立各机台物料的设备能力参数，如机台、物料、时间、产量等；

④ 建立各工序的设备能力参数，包括机台、物料、换料时间、平均生产时间、班产量等。

4.6.3.3　作业计划编制

将各工序的日生产计划根据库存、设备状态、模具状态及作业情况进行计划拆分，依据作业规程要求编制详细的作业计划，计划拆解到班次、规格、产量、机台，并且按照优先级设定生产顺序，合理安排计划，保证按时、按质、按量完成生产任务。作业计划编制考虑的因素还包括前期作业计划完成情况、在制品库存、劳动力定额、设备能力及状态等。当作业过程中出现异常或波动，可对作业计划进行调整，以适应当前设备、库存、物流情况。作业计划编制应包括以下内容：

　　① 获取日生产计划信息；

　　② 采集物料库存信息；

　　③ 采集工装库存信息；

　　④ 作业计划编制；

　　⑤ 作业计划可以通过 excel 表导入系统中；

　　⑥ 作业计划审核后，直接下发到机台执行；

　　⑦ 作业计划可以进行调整；

　　⑧ 计划合理性检查，避免制定不合格的计划安排；

　　⑨ 根据设备停机、原料及在制品库存情况，调整作业计划，包括作业计划时间调整、计划物料调整、作业顺序调整等。

4.6.3.4　作业计划下达

审核作业计划信息，确认后下达到对应的机台，机台接收后获取对应的工艺配方，下发到 PLC 等控制系统执行，同时监控并采集生产过程信息。作业计划派发应包括以下内容：

　　① 获取作业计划信息；

　　② 获取作业计划内材料信息、库存信息；

　　③ MES 获取对应计划的工艺配方信息；

　　④ 工艺配方下达到对应的 PLC 等控制系统。

4.6.3.5　计划执行监控

执行作业计划，跟踪各工序作业计划执行进度、物料消耗情况、设备运转等信息，实时反映作业计划的执行情况。计划执行监控应包括以下内容：

　　① 执行计划，监控 PLC 等控制系统的运行；

　　② 对生产过程、采集过程及产成品信息进行监控，对不符合工艺标准等异常及时报警；

　　③ 实时更新作业计划执行状态；

④ 统计计划数、完成数、分析完成率（完成数/计划数）；

⑤ 作业异常时进行报警与提示。

4.6.3.6 计划分析报表

收集各工序作业计划执行情况，分析机台运行时间、机台生产效率、机台运转率、换规格次数等信息，反应计划情况，为优化排产、合理生产提供依据。计划分析报表应包括以下内容：

① 作业间隔时间分析，有效分析工作效率，解决生产性能瓶颈问题，如工序、日期、机台、物料、配方重量、平均能量、间隔时间等。

② 机台生产效率分析，如机台、日期、计划量、实际产量、生产效率。

③ 机台运转率对比分析，如机台、甲班、甲班停机、相对运转率、乙班停机、相对运转率、丙班、丙班停机、相对运转率、丁班、丁班停机、相对运转率、运转率差、运转率最低班组、机台有效运转率、机台相对运转率。

④ 机台换规格次数分析，提供换规格的效率分析，如机台、换规格次数、日期、换规格平均时间。

4.6.4 质量管理

4.6.4.1 概述

对原料进厂直至产成品出厂全过程进行质量管控，提供符合用户要求的高质量产品。质量管理的功能结构见图4-8。

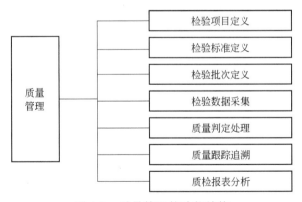

图 4-8　质量管理的功能结构

4.6.4.2 检验项目定义

定义全厂各工序的检验项目。对原材料、胶料、半部件、轮胎等制定相应的质量检测项目。检验项目定义应包括以下内容：

① 定义检验项目的分类，如分类编号、分类名称、统计分类名称等。

② 定义原材料的检验项目，如门尼黏度、流变、密度、硬度等。

③ 定义胶料的检验项目，如门尼黏度、流变、密度、硬度等。

④ 定义半部件的检验项目，如长度、宽度、厚度、外观等。

⑤ 定义成品的检验项目，如外观、气泡检测、漏压检测等。

4.6.4.3 检验标准定义

针对检验项目定义各项目的检验标准，根据检验标准对检验数据进行判级。检验标准定义应包括以下内容：

① 原材料检验标准项目，包括物料名称、版本、版本状态、生效日期、标准编号、偏差下限、容许下限、偏差上限、容许上限、是否合格、检测意见、等级、子标识等。

② 检验级别分类，如车间料检验、车间专检料检验、外送料检验等。

③ 检验处理方式，如低掺用、高掺用、复测、加工等处理方式。

④ 维护检验标准内容，如物料、版本状态、标准版本、版本启停、定义日期、生效日期、标准编号、偏差下限、容许下限、偏差上限、容许上限、是否合格、检测意见、等级、子标识等。

⑤ 半成品检验标准。

⑥ 成品外观的检验标准。

4.6.4.4 检验批次定义

对检验批次进行记录分类，方便对检验批次的质量情况进行跟踪。根据检验标准确定取样的频率，明确检验批次和实际批次的对应关系。检验批次应包括以下内容：

① 定义原材料检验批次的产地信息。

② 定义供应商信息。

③ 定义原材料检验批次记录，如批次号、序号、产地、供应商、重量、胶名、牌号、送样人、送样日期、在用标志等。

④ 定义检验批次记录，如车次、日期、班次、机台、班组、胶料名称等。

⑤ 定义半制品检验批次，首件检测，如车卷工号、日期、班次、机台、物料名称等。

⑥ 定义检验批次，如首件检测。

4.6.4.5 检验数据采集

在线收集或人工录入质检数据，包括快检结果、化学检验结果、物理性能、无损检验结果、表面质检结果等，MES 能够根据标准和数据实现自动判级。检验数据采集应包括以下内容：

① 对原材料的检验信息进行采集。原材料检验指标包括生胶物性、钢拔、撕裂、炭黑分散度等信息。

② 对快检实验室的设备信息进行采集，设备采购时符合 MES 的接口标准。

③ 对半制品生产过程检验数据进行记录。

④ 对半制品质检的数据人工采集到系统中。

⑤ 对产成品的质检数据自动或人工采集到系统中。

4.6.4.6 质量判定处理

依据质检标准，实时分析采集到的原始质检数据，对原料、在制品、成品进行质量判定，确定产品质量等级。质量判定包括自动判定与人工判定。可以通过质检实绩与量化标准数据的比对，自动得到判定结果，也可以人工给出判定结果。产品质量等级应包括正品、返修品、次品、废品等，具体的质量等级根据检测物料和等级划分而确定。质量判定与处置应包括以下内容：

① 采集并判定物料的化学性能。

② 采集并判定物料的物理性能。

③ 采集并判定物料的表面性能。

④ 采集并判定物料的质量等级。

⑤ 根据质量等级对物料进行相应的处理。

⑥ 返修处置，没有返修合格不允许流转到下一工序。

⑦ 不合格品要进行相应的处理措施，对处理措施进行跟踪，能够追溯产品流转的全过程，处理方式包括掺用、返炼、报废等。

⑧ 原材料检验判定，不合格品降级使用，或者返回厂家处理；胶料检验不合格品进行掺用、返炼等处理，半部件不合格品进行掺用或者报废处理。

⑨ 对于降级处理的产品进行跟踪，对全过程跟踪分析。

⑩ 质检数据进行不同维度的综合分析，挖掘质量的变化趋势，发现并解决问题。

4.6.4.7 质量跟踪追溯

对生产过程中的质量管控事件与质量信息进行跟踪，为产品质量异常原因分析提供历史数据。对于各工序产品检测点、质检标准、检测数据、质量等级、处理措施、处理结果等进行跟踪管理。通过质量追溯，获知产品在整个生产组织过程中发生的所有质检事件以及质检的详细内容，能够据此分析异常原因并提前预警，为工艺质量提升提供基础数据。质量跟踪与追溯应包括以下内容：

① 质量管理事件信息；

② 查询原材料、半成品、成品质检信息；

③ 追溯详细的质检数据、质量等级等信息；

④ 追溯质量异常发生的时间、地点、质检员、检测数据、处理措施等信息。

4.6.4.8　质检报表分析

对质检采集的数据进行分析，形成各种决策性的报表，为工艺改进、质量提升提供数据分析，为企业管理层提供数据支持。质检报表分析应包括以下内容：

① 获取质量检测信息；

② 分析原材料质量报表，对比不同供应商的质量情况；

③ 分析胶料质检统计分析报表，对比分析不同工艺版本的质量报表；

④ 分析半成品质检统计分析报表，对比不同施工工艺变动影响的质量报表；

⑤ 分析成品质检统计分析报表，分析操作员、工艺、设备、工装等不同因素对质量的影响，从而不断进行工艺调整、设备优化，提供数据依据。

4.6.5　工艺管理

4.6.5.1　概述

对工艺配方集中管控，下发到机台执行，降低工艺维护的出错率，确保工艺配方执行率准确无误。保证工艺执行不变形，提高工艺统计分析效率。工艺管理的功能结构见图 4-9。

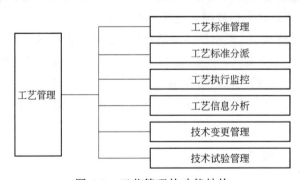

图 4-9　工艺管理的功能结构

4.6.5.2　工艺标准管理

制定各工序的工艺配方标准，实现工艺配方的集中管控。制定对应权限，避免现场随意修改工艺数据。对版本执行进行记录，能够根据版本查询生产履历信息。工艺标准管理功能应包括如下内容：

① 统一物料的编码信息；

② 统一管理各工序的工艺配方标准，如配方编号、配方类别、配方状态、设定机台、原材料信息、配方信息、设备工艺信息等；

③ 集中管理各半部件生产工序物料的施工标准和参数，如长度、宽度、厚度、温控温度等参数；

④ 最大停放时间、最小停放时间等物料有效期设定，根据物料有效期对物料存放进行监控，异常情况报警控制；

⑤ 提供模板维护功能，提高录入和修改的效率；

⑥ 具备配方、施工表修改、复制、审核等功能；

⑦ 具备从 PDM 系统导入工艺配方的接口功能。

4.6.5.3 工艺标准分派

实现工艺标准的审核、下发，机台接收执行，对执行过程中的偏差进行报警提示。可保证工艺执行的准确性，提供多级审核的功能。工艺标准分派功能应包括如下内容：

① 对工艺标准进行校对；

② 工艺标准审核流程化；

③ 审核无误后，执行工艺标准下发；

④ 机台接收并根据计划执行相应的工艺标准；

⑤ 记录工艺版本的状态；

⑥ 能够对比不同工艺标准版本的差异；

⑦ 能够实时进行各工艺版本的追溯分析。

4.6.5.4 工艺执行监控

工艺配方下发到 PLC 控制系统执行，同时监控设备运行过程中的各项指标，当与当前工艺产生偏差时，及时进行预警，通过短信、邮件、微信等方式通知相关责任人对偏差进行分析解决。工艺执行监控功能应包括如下内容：

① 对工艺执行信息进行记录，并且绑定生产信息和工艺信息的记录，如执行时间、机台、工艺版本状态等信息；

② 获取监控生产过程的各项指标参数，如转速、功率、温度等信息；对比工艺标准和各项监控参数，对于偏差较大者进行报警；

③ 当实际生产和工艺标准出现重大偏差时，及时控制设备停止运转，避免批次质量事故的发生，要求设备供应商提供控制信号，符合 MES 的接口标准；

④ 对工艺执行过程进行详细的记录，能够追溯分析。

4.6.5.5 工艺信息分析

实时进行工艺信息监控、分析,为工艺改进提供数据。工艺信息分析功能应包括如下内容:

① 实时进行工艺监控、记录、分析;

② 对现场工艺曲线实时查询,便于工艺人员对现场生产情况的跟踪;

③ 工艺人员对追溯的胶料配方信息和相关生产数据的查询;

④ 对修改前配方和修改后配方的对比,对配方不同版本对比分析;

⑤ 对工艺修改前后产成品的质量情况进行对比分析,为工艺改进提供数据。

4.6.5.6 技术变更管理

集中管理变更通知单,并下发到各相关部门或机台,快速及时。技术变更管理功能应包括以下内容:

① 技术变更类型定义;

② 技术变更通知单内容管理,如变更类型、原因、内容、下发工序、下发部门、下发机台等;

③ 记录变更时间;

④ 技术通知单下发后,机台接收显示并报警;

⑤ 绑定各机台的生产信息和技术通知单,实现历史数据追溯分析。

4.6.5.7 技术试验管理

技术、工艺、结构、设备参数发生变更后,对产成品进行标记,跟踪质检情况、里程试验情况、市场应用情况,方便进行工艺改进。技术试验管理功能应包括以下内容:

① 维护技术试验信息;

② 绑定技术试验物料信息;

③ 扫描时进行预警提示,对试验物料进行重点关注;

④ 针对试验胎的统计分析报表,分析改进试验前后的质量、市场反馈情况,方便进行工艺改进和新产品的研发。

4.6.6 物料管理

4.6.6.1 概述

对制造过程中使用到的物料进行全程跟踪,实时掌握物料库存、物料调拨库存，对物料的入库、出库、调拨、退库等进行管理。物料内部管理采用库位管理，保证先进先出，实现物料的精细化管理。物料管理的功能结构见图 4-10。

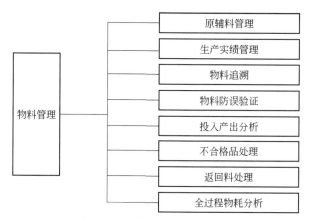

图 4-10 物料管理的功能结构

4.6.6.2 原辅料管理

原辅料的申请、采购、到货、入库、出库等功能定位于 ERP 系统中实现，生产厂向采购部门领用后的原辅料信息由 MES 进行管理。对原辅料采用库位管理，详细存储信息由 MES 管理，汇总后通过接口传递给 ERP 系统。原辅料管理应包括以下内容：

① 获取原辅料基础信息数据；

② 生成 MES 批次号，打印批次信息，后续进行物料管理；

③ 入库信息汇总后传递到 ERP 系统，与 ERP 系统的订单进行关联；

④ 原辅料进行库位管理，定义库位的规划，入库时按库位存放，出库时根据先进先出原则自动进行提示；

⑤ MES 根据日计划和制造 BOM 生成原材料领料单，根据领料单由原材料库发货；

⑥ 具备 ERP 接口的功能。

4.6.6.3 生产实绩管理

生产实绩反映生产单元具体工作情况，包括投入物料信息、产出物料信息、生产工艺情况、人工工时等。所有流转卡片在 MES 中进行打印。生产实绩管理应包括以下内容：

① 自动收集或人工录入生产实绩信息，同时采集或录入工装号，绑定工装和生产信息，能够根据工装锁定生产信息；

② 汇报成本核算基础数据；

③ 生成产量报表；

④ 从 PLC 自动获取参数；

⑤ 定义各设备机台完成信号，设备供应商提供符合 MES 的标准化接口。

4.6.6.4 物料追溯

该过程收集物料在整个制造运行中发生的所有事件，包括物料的规格数量、位置、质量以及权属变更情况等；记录物料流转的履历，追溯从原材料开始到成品的整个生产制造过程，形成完整物料追溯体系，便于产品质量分析与工艺改进，同时为质量认证提供数据支持。物料追溯功能应包括以下内容：

① 维护物料跟踪事件与规则；

② 收集物料投入消耗信息，包括规格、重量、位置、质量及权属等信息；

③ 更新物料信息及状态；

④ 追溯从原料到成品的全过程物耗情况；

⑤ 根据成品条码可以追溯整个生产过程信息、原材料投入信息、产品变更信息、质检信息；

⑥ 实现全过程物料的追溯和管理，实现从"三包"理赔至原材料投入的全过程追溯，以条码或者 RFID 为载体将所有的过程信息都关联在一起；

⑦ 根据条码可以获取当前产品所处的状态，如生产工序、操作人员、生产机台、生产工艺、当前库存状态（生产、入库、销售出库、经销商库存状态、"三包"理赔）等信息；

⑧ 自动生成产量生产报表，如班报、日报、月报等；

⑨ 每个工序投料前扫描原材料，产出后绑定与原材料的追溯关系，使用原材料前扫描原材料条码，产出后自动打印流转卡。

4.6.6.5 物料防误验证

根据工艺 BOM 对每个工序投入原辅材料和产成品进行验证，对于不符合标准的进行报警，必要时控制设备停机，避免用错原材料或半制品的现象发生。物料防误验证应包括以下内容：

① 获取物料验证工艺 BOM 信息；

② 投入原材料、半制品时扫描，获取前工序生产信息或采购信息，进行验证，验证不通过进行报警，必要时控制设备停机，如控制投料门开关、移动行车、输送带等。

4.6.6.6 投入产出分析

对各工序投入的原材料和产成品进行统计分析，为计划员、采购部、物流部提供计划和采购的依据，为成本核算提供数据。投入产出分析应包括以下内容：

① 采集原材料领料出库信息；

② 记录生产投料消耗信息；

③ 记录各工序产生的废料、返回料；

④ 记录生产过程中产生的水、电、风、气等能源信息；

⑤ 人工录入或从设备自动采集产成品生产信息，包含物料名称、生产机台、生产班次、生产班组、操作人、车次、工装号、有效期、生产时间、失效时间、停放时间、质量状态等信息；

⑥ 汇总各工序投入产出的分析报表，对比分析投入产出的物耗信息。

4.6.6.7 不合格品处理

当生产过程中产生不合格的产成品时，提报不合格品处理单，跟踪不合格品的处理过程和状态，保证产品质量。对次品、废品等不合格品进行统计。不合格品处理功能应包括以下内容：

① 定义判定标准；

② 不合格品产生时，提报不合格品处理单；

③ 跟踪不合格品处理单的状态；

④ 跟踪记录不合格品处理过程；

⑤ 跟踪不合格品处理结果，下工序使用前进行验证，不允许不合格品流转到下工序；

⑥ 统计次品、废品等不合格品报表。

4.6.6.8 返回料处理

当返回料产生时，对返回料进行跟踪和处置，能够实时查询，对比分析。返回料应包括以下内容：

① 对返回料的管理及报废要遵循企业的工艺规定；

② 对各工序产生的返回料信息进行记录；

③ 对各工序产生的返回料信息进行称重，生成并打印返回胶流转卡片，包括批次信息、返回料名称、产生工序、产生机台、人员、重量、数量、时间等信息；

④ 返回上工序或其他处理工序进行处理；

⑤ 处理或掺用前扫描条码，按照工艺标准掺用或处理；

⑥ 可以追溯返回料的物料去向、物料状态；

⑦ 记录返回料从产生至消亡的履历。

4.6.6.9 全过程物耗分析

对全过程生产的物耗进行记录、跟踪，对全过程的投入和产出进行对比分析、改善，实现从原材料入厂至成品出厂的全过程管理和追溯。全过程物耗功能应包括以下内容：

① 采集各物料规格、重量等生产及消耗信息；

② 获取投入产出的重量信息；

③ 原材料、半部件、产成品的全过程物耗监控和追溯分析；

④ 日、周、月、年工序投入产出物耗分析；

⑤ 日、周、月、年车间、工厂投入产出物耗分析。

4.6.7 库存管理

4.6.7.1 概述

对生产制造密切相关的原料库、在制品库、成品库进行管理，合理划分库区库位，按照物料的形态、质量等级、加工途径、产品去向等信息，建立库区与各生产工序的逻辑关系；设置堆放规则，指示并执行物料在生产过程中的搬运操作，为库区合理利用、物流畅通高效提供保障。

记录生产线各主要环节的原材料、半制品流转过程，对各个环节的物料流向和数量信息进行记录和统计，为生产管理、计划管理、成本管理提供基础数据。

保证库存管理按照先进先出的原则进行使用。存在 WMS 等自动化立体仓库时，能够进行对接，实现物流自动化、现代化管理。库存管理的功能结构见图 4-11。

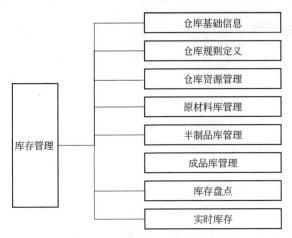

图 4-11 库存管理的功能结构

4.6.7.2 仓库基础信息

对仓库属性等基础信息进行定义，统一仓库之间的编码格式。仓库基础信息应包括以下内容：

① 基于多工厂的模式，设定多工厂仓库；

② 对仓库进行统一编号定义，如仓库编号、仓库名称、属性、地址、所属工厂、仓库类型等；

③ 支持仓库信息与 ERP 系统同步。

4.6.7.3　仓库规则定义

为物料堆放、调拨等相关仓库作业提供物料属性与库位属性匹配计算的规则，满足各种物料的合理堆放要求；设定各种存放的预警报警条件。仓库规则定义功能应包括以下内容：

① 维护库区堆放规则；

② 仓库先进先出规则限制时间段；

③ 物料存放的最大、最小停放时间；

④ 物料存放的预警时间；

⑤ 设置库区堆放规则的优先级。

4.6.7.4　仓库资源管理

仓库资源管理是仓库管理的基础，通过对仓库运行所需的库位、物料、搬运设备、存储设备、操作人员进行管理，通过合理划分库区，明确具体库位，实现对物料"一物一地"精细化管理。仓库资源管理应包括以下内容：

① 维护划分库区、库位；

② 维护设备信息，包含设备编码、作业范围、作业能力等属性；

③ 设置设备作业状态；

④ 设置仓库操作人员对库区的操作权限。

4.6.7.5　原材料库管理

依据先进先出的原则对原材料库进行管理，对采购入库、原料检验、预入库、正式入库、退库、领料出库等业务进行操作；依据领料计划进行出库，确认信息和实物一致性；对原料批次进行货位管理，便于快速定位和盘点库存。原材料库管理功能应包括以下内容：

① 原材料采购入库后，记录入库信息；

② 根据采购入库信息打印原料批次条码卡片；

③ 原材料采购入库后，按指定库位存放，并将最终库位信息更新到系统中；

④ 原材料采购入库置待检状态，检验合格后，更新为合格状态，不合格降级使用或者退库处理，合格做正式入库处理；

⑤ 定期对原料库盘点，保持账面库存和实际库存一致。盘点信息包括品名、前存数量、本期领用数量、生产耗用、账面盘存数量、账面数量、实际重量、实际数量；

⑥ 获取车间领料计划单，根据领料单先进先出使用原材料。领料单包括名称、规格、单位、请领数量、重量、实发数量、实发重量；

⑦ 与原材料检验集成，控制不合格胶料不允许发到车间；

⑧ 不再使用的车间原料退回原料仓库，填写退料单，车间原料相应减少；

⑨ 提供原料管理的结存、盘点等报表，根据原料的领用、消耗，统计每种原料每天、每月的盘存数量和重量；

⑩ 提供原料出入库单据。

4.6.7.6　半制品库管理

对半制品制造工序的产出半制品信息进行管理，对半制品入库、出库信息进行条码化记录和管理，确保半制品出库时严格按照先进先出的原则。半制品库管理应包括以下内容：

① 记录半制品入库信息，入库时批次对应到库位；

② 记录半制品领用出库信息；

③ 记录半制品使用出库信息；

④ 实现半制品库位管理，按照先进先出原则进行库存管理；

⑤ 库位之间物料移动时进行库存调整；

⑥ 实时统计半制品库存；

⑦ 提供库存盘点功能，定期盘点库存，确保账物相符；

⑧ 库龄分析，对未满足停放时间、超期停放的半制品进行报警。

4.6.7.7　成品库管理

对成品库进行管理，对产品的入库、出库、退库等业务进行管理，确保按照先进先出的原则使用；对合格品库、不合格品库分不同的业务处理。成品库的管理应包括以下功能：

① 质检后产品扫描入库，生成入库单；

② 获取销售出库单，根据销售出库单扫描出库，出库验证规格、品级，按先进先出规则，避免发错货；

③ 对于调拨到其他仓库的产品进行调拨扫描记录；

④ 对于从其他仓库调入的产品进行调拨扫描记录；

⑤ 对于实时库存进行统计分析；

⑥ 入库时验证品级等信息，对于未检和信息不存在的禁止入库；

⑦ 对库区进行定位管理；

⑧ 库内冻结功能，对于冻结的产品禁止出库；

⑨ 库内降级功能，对于漏检等复检的产品提供库内品级更改功能；

⑩ 对不合格品库存进行管理；

⑪ 对超期存放的轮胎进行报警提示。

4.6.7.8 库存盘点

提供库存扫描盘点功能，统计账面库存和盘点库存，对库存不一致的情况分析原因并进行纠正，保证库存数据的准确性。库存盘点功能应包括以下内容：

① 原材料库存盘点；

② 半制品库存盘点；

③ 成品库存盘点。

4.6.7.9 实时库存

对各仓库的库存、库位状态进行跟踪，准确反映库存存放情况。实时库存应包括以下内容：

① 根据仓库运行情况显示库位状态；

② 原材料库存：根据原料的领用和消耗情况，自动统计当前的原料实时库存情况，具体到每个批次的原料数量、重量、入库日期信息，以图形化的方式显示每种原料的当前库存情况，并根据每种原料的安全库存设置库存报警；

③ 半制品库实时统计分析，以图形化的方式显示每种半制品的当前库存情况，并根据每种半制品物料的安全库存设置库存报警；

④ 车间物料实时库存统计分析，以图形化的方式显示每种车间物料的当前库存情况，并根据每种物料的安全库存设置库存报警；

⑤ 成品库实时统计分析，以图形化的方式显示每种成品库的当前库存情况，并根据每种成品胎的安全库存设置库存报警；

⑥ 显示仓库物料堆放示意图。

4.6.8 物流调度管理

4.6.8.1 概述

企业以智能化为核心，需部署 MES 平台，通过合理的排产管理和调度将物料及时输送到对应的机台位置，提高生产效率，避免待料，合理分配企业资源，实现车间级物流输送单元的调度、监视、数据记录等。

企业应部署自动化立体仓储及物流系统，提高物流速度，降低物流人员的工作量。物流系统应依据企业情况合理部署货架系统、堆垛机、输送系统、电气控制系统、网络、数据库及 WMS 等系统。企业应基于"总体规划、分步实施"的原则根据需要部署智能化物流输送及立体库系统。

企业应根据工厂的实际现状及需求，分步部署实施原材料立体库系统、小料立体库系统、胶片立体库系统、帘布大卷立体库系统、半部件立体库系统、胎坯立体库系统、成品胎立体库系统、原材料输送系统、小料输送系统、胶片输送系统、半制品输送系统、胎坯输送系统、成品胎输送系统、质检分拣系统、成品胎分拣系统等。

MES 和物流调度系统结合，实现企业的智能化物流，合理调度工序间的物料，避免待料，实现最小化库存，使得企业的资产最优化配置。企业应用 AGV、立体库、自动物流、智能化输送等系统技术实现智能化物流调度，选择性应用在原材料立体库、碎胶称量输送、胶片立体存储、胶片输送、半部件立体存储、半部件输送、胎坯输送、胎坯立体存储、成品输送、成品分拣、成品轮胎立体库等。物流调度管理的功能结构见图 4-12。

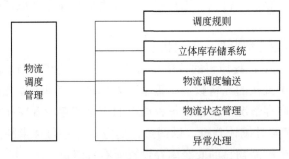

图 4-12　物流调度管理的功能结构

4.6.8.2　调度规则

企业根据实际业务需要建立适合企业的调度模型，建立各工序之间物料调度的规则。调度规则应考虑如下功能：

① 参与调度的子系统，子系统的状态定义；
② 设定各工序设备、物流系统的节拍；
③ 定义物流调度规则；
④ 定义立体库入库存储的规则；
⑤ 定义立体库出库的规则；
⑥ 定义异常处理的规则。

4.6.8.3　立体库存储系统

企业可根据实际业务需要部署立体库存储系统，对原材料、胶片、半部件、胎坯、轮胎进行管理。立体库系统应考虑如下功能：

① 存储容量设计模型；

② 存储效率设计模型；

③ 实时库存，按照最优效率实现入库、出库操作；

④ 遵循先进先出的原则使用，对于超期等异常现象进行报警；

⑤ 根据下游工序的状态能够调度物料出库。

4.6.8.4　物流调度输送

实现物料入库、立体库到机台的输送，能够做到按需分配，避免待料及生产的精细化管控。物流调度输送应考虑如下功能：

① 搭建合理的调度模型，根据物流节拍实现物料的及时输送；

② 基于输送线、AGV、EMS 等不同的方式实现物料输送；

③ 制定智能化生产调度计划，实现物料的合理输送，避免待料，实现最小化库存管理。

4.6.8.5　物流状态管理

实现物流状态的管理，企业管理人员应根据状态进行物流的监控，及时对异常进行处理，对物流调度的合理性进行调整优化。应考虑如下功能：

① 状态的定义；

② 通过可视化的形式展现物流各环节的状态；

③ 对物流信息记录、分析，对调度进行优化。

4.6.8.6　异常处理

实现物流的异常处理，保证物流的正常运行，保证企业生产的稳定运行。应考虑如下功能：

① 立体库系统各环节的故障报警及处理措施；

② 物流系统各环节的故障报警及处理措施；

③ AGV、堆垛机、RGV、EMS 等故障报警及处理措施；

④ 物料输送错误的确认机制及错误的处理措施；

⑤ 异常物料退库的处理措施；

⑥ 不合格物料的处理措施；

⑦ 物料不能及时到达的处理措施；

⑧ 物流线故障后保证生产的异常处理措施；

⑨ 系统故障后的异常处理措施；

⑩ 网络故障后的异常处理措施；

⑪ RFID、条码枪、PDA 等故障的异常处理措施；

⑫ 库存异常等异常处理措施；

⑬ 建立完备的异常机制，保障生产的稳定运行。

4.6.9 发货管理

4.6.9.1 概述

发货管理支撑成品的发货作业，规范产成品出厂管理业务，根据订单交货要求，合理有效组织出厂资源，缩短出厂物流周期，降低产成品库存，保证订单按期交货，提高客户满意度。发货管理的功能结构见图 4-13。

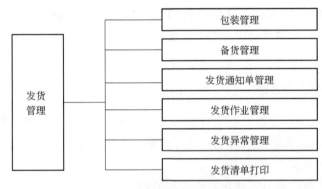

图 4-13　发货管理的功能结构

4.6.9.2 包装管理

根据订单要求确定包装类型（全包装、半包装），根据轮胎的类型及订单的需求确定内胎的规格和厂家，并进行安装。包装管理应包括以下内容：

① 获取订单需求及辅料规格型号；

② 根据订单需求进行包装；

③ 如果全包装，根据需要打印并粘贴包装条码。

4.6.9.3 备货管理

成品产出根据质量检测结果并综判合格入成品库后，可根据订单需求提前备货；通过备货管理，可加速成品的出厂速度，减少发货错误，确保物流畅通和订单按期完成。备货管理应包括以下内容：

① 生成备货信息；

② 备货扫描；

③ 备货扫描验证，对已出库、未出库、规格不符、品级不符等进行报警提示，根据报警提示进行修正；

④ 备货扫描完成确认。

4.6.9.4　发货通知单管理

根据用户订单要求、运输方式等编制相应的出货计划，指导仓库管理人员进行发货作业。发货计划确认后，现场可以进行具体的发货作业。发货通知单管理应包括以下内容：

① 获取可发货资源信息；

② 按量发货计划编制下发；

③ 按件发货计划编制下发；

④ 接收发货通知单信息，并执行确认；

⑤ 发货计划执行状态跟踪与查询。

4.6.9.5　发货作业管理

成品库发货人员根据发货计划实施成品装车发货，确认发货实绩，打印出库单、装车单等。发货作业管理应包括以下内容：

① 获取发货计划信息；

② 装车实绩输入；

③ 发货实绩查询；

④ 发货报表维护。

4.6.9.6　发货异常管理

对发货过程中异常流程进行处理，对信息错误、退货、实际发货数变更等情况进行调整处理，同时与 ERP 数据同步。发货异常管理应包括以下内容：

① 出现实际信息和账面信息不符时，退入库中，通过相应的功能进行调整，将信息调整为一致；

② 实际发货数和订单数不符时，按照实际数量进行统计，同时传递给 ERP 相应的接口处理；

③ 出现退货时，需要重新做入库扫描动作。

4.6.9.7　发货清单打印

发货扫描完成后，将发货通知单对应的发货清单列表打印后反馈给厂家。

① 根据发货通知单号获取发货清单列表；

② 按照设定模板打印发货清单列表。

4.6.10　设备管理

4.6.10.1　概述

设备管理的作用：计划、协调和跟踪维护设备及相关资产，确保生产制造的可用性以及对周期性、预防性或者主动性的设备维护，支持运行、点检、检修、保养等现场设备管理。

设备管理对安全装置检验、工艺检查、计量器具检验进行管理，规范设备管理业务流程，减少停机，避免质量、安全责任事故。设备管理的功能结构见图4-14。

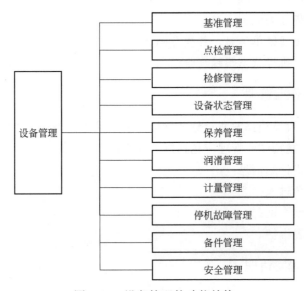

图 4-14　设备管理的功能结构

4.6.10.2　基准管理

建立生产厂或作业区域-单体设备-分部设备-更换件相互关联的体系结构，维护设备档案，包括单体设备、分部设备、更换件等。基准管理功能应包括以下内容：

① 建立设备基本档案，如设备编号、型号、数量、采购时间等；
② 建立设备分类标准；
③ 建立设备的点检标准，如点检方法、点检分类、点检周期、点检内容等；
④ 建立设备的润滑标准，包括润滑方法、润滑周期、润滑内容等；
⑤ 建立设备的计量标准，包括计量方法、计量周期、计量内容等；
⑥ 建立设备的保养标准，包括保养方法，保养周期、保养内容等；

⑦ 建立设备检修作业标准，包括检修标准项目、检修标准定额、检修用料清单等；

⑧ 建立设备检修技术标准。

4.6.10.3 点检管理

依据设备的点检标准生成点检计划，收集并分析点检实绩。点检管理功能应包括以下内容：

① 获取设备基本档案信息；

② 获取点检标准信息；

③ 编制点检计划，如点检项目、点检方法、点检标准、点检周期等；

④ 调整点检计划；

⑤ 收集点检实绩信息，包括定性检测的描述、定量检测的结果值等；

⑥ 根据点检标准的上下限，判断设备的缺陷和异常；

⑦ 基于异常处理信息，生成异常报告单。

4.6.10.4 检修管理

根据检修标准与设备状态制定检修计划，合理安排人工、备件、资材等资源，平衡生产厂的检修工作负荷，收集检修实绩，跟踪实施进度。检修管理功能应包括以下内容：

① 设备基本档案信息；

② 检修标准信息；

③ 编制检修计划，如定修计划、年修计划、日修计划等；

④ 审核检修计划；

⑤ 生成检修委托；

⑥ 跟踪检修实施过程；

⑦ 记录检修实绩信息，如人力投入、检修机械、检修时间、备品备件的消耗等；

⑧ 验收检修委托实绩。

4.6.10.5 设备状态管理

对设备在运行过程中所发生的异常、故障、事故进行统一管理，分析发生异常、故障、事故的原因。设备状态管理功能应包括以下内容：

① 设备异常信息，如异常原因、异常处理状态、异常描述、设备状态等；

② 记录分析异常处理的过程、异常造成的影响和损失等信息；

③ 收集设备故障信息，包括停机设备编号、停机时间、故障原因等；

④ 编写事故处理报告，纳入设备管理档案。

4.6.10.6 保养管理

依据设备保养标准生成保养计划，收集并分析保养实绩。保养管理应包括以下内容：

① 设备的基本档案信息；

② 保养标准信息；

③ 编制保养计划，包括保养项目、保养方法、保养标准、保养周期等；

④ 调整保养计划；

⑤ 收集保养实绩信息，包括保养完成时间、保养人、保养结果；

⑥ 根据保养完成时间自动完成下步保养计划。

4.6.10.7 润滑管理

依据设备润滑标准生成润滑计划，收集并分析润滑实绩。润滑管理应包括以下内容：

① 获取设备基本档案信息；

② 获取润滑标准信息；

③ 编制润滑计划，定义润滑项目、润滑方法、润滑标准、润滑周期等；

④ 调整润滑计划；

⑤ 收集润滑实绩信息，包括润滑完成时间、实施润滑的人、润滑结果等信息；

⑥ 根据润滑完成时间自动完成下步润滑计划。

4.6.10.8 计量管理

依据设备计量标准生成计量计划，收集并分析计量实绩。计量管理应包括以下内容：

① 获取计量设备档案信息；

② 获取计量标准信息；

③ 区分本厂检验和送外检仪表信息；

④ 编制计量校准计划，包括计量校准完成时间、校准人、校准完成时间等信息；

⑤ 根据校准完成时间自动生成下步校准计划；

⑥ 根据计量器具检验状态及完成时间。

4.6.10.9 停机故障管理

检测设备停机状态、故障自动申报、跟踪故障处理流程，分析产生停机异常、故障、事故的原因，对停机故障进行分析。停机故障管理应包括以下内容：

① 自动监控设备停机现象并进行记录，并维护停机原因；

② 故障申报处理，发生故障后进行申报，记录处理过程，包括到现场时间、故障处理时间、解决时间、确认时间、处理人、确认人等信息；

③ 统计分析故障解决效率；

④ 对计划停机、非计划停机进行统计并形成报表；

⑤ 对设备故障率、运转率、计划停机、非计划停机进行报表统计；

⑥ 计算设备 OEE 指标，指导设备管理；

⑦ 对停机进行停机原因分析。

4.6.10.10　备件管理

对备品备件库存进行管理，对备件库存实时统计，能自动生成常用备件的采购计划，对备件的使用情况及库存资金占用等进行分析。备件管理应包括以下内容：

① 获取备件分类信息；

② 获取备件规格等信息；

③ 设定备件最小库存、最大库存限制；

④ 对备件的入库进行管理，入库信息可以从 ERP 的出库单接口获取；

⑤ 对备件出库信息进行管理，包括出库人、出库时间、出库机台、价格等信息；

⑥ 对备件的实时库存进行统计；

⑦ 备件定期盘点，账面库存修正；

⑧ 根据备件标准，对低于安全库存的备件进行报警，对超期存放的备件进行报警；

⑨ 自动生成常用备件的采购计划；

⑩ 对外修备件提报维修计划；

⑪ 跟踪外修备件的维修、返回、上机测试等状态；

⑫ 生成备件的库存分析、成本分析、资金占用分析、库龄分析等各种报表。

4.6.10.11　安全管理

对设备的安全开关、安全措施进行检测，如果失效，则给出报警提示，并且通过系统发布，对问题及时进行维护，避免安全事故的发生。安全管理应包括以下内容：

① 设备安全检测及报警信息记录；

② 对设备安全检测进行发布，状态跟踪；

③ 如果不能检测，则通过手工方式录入，强制进行安全检测管理。

4.6.11 工艺工装管理

4.6.11.1 概述

工艺工装管理是指对与生产作业计划密切相关、影响生产工艺和质量控制的工器具进行全生命周期管理，实现工艺工装的合理使用，提高产品质量和机组能力。

通过编码作为特殊性设备进行管理，如果管理上比较复杂，可以实行专门管理，如模具管理。工艺工装管理的功能结构见图 4-15。

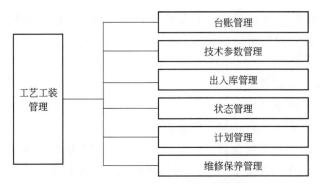

图 4-15 工艺工装管理的功能结构

4.6.11.2 台账管理

定义工艺工装器具的台账，维护管理档案信息。台账管理模块应包括以下功能：

① 定义类别及所属工序等信息；

② 模具台账信息管理，如模具台账信息，包括模具规格、模号、模具类型（模套、花块、侧板、活字块）、模具和产品系列的对应关系、模具状态（在库、在硫化、在组装、发外维修）、模具制造厂家、入厂时间等信息；

③ 工器具库的管理；

④ 工装台账信息管理；

⑤ 定义设备机台和工器具的对应关系。

4.6.11.3 技术参数管理

管理工艺工器具的技术参数信息，作为采购验收入库的验收标准。技术参数管理模块应包括以下功能：

① 设定工器具的工艺参数，对技术参数进行集中控制，如：模具参数温压标准、合模力、胶囊、内衬高度等设备参数标准；

② 对工艺工装器具统一编码管理；

③ 记录更换施工表过程信息，根据计划、产品系列参数、工艺参数、工器具地址生成更换施工表，按照指定的格式打印。

4.6.11.4　出入库管理

对工器具的出入库信息进行记录，实时统计库存信息；对工器具进行库位管理，保证信息准确性，为计划排产提供准确的数据。出入库管理应包括以下功能：

① 获取工器具台账信息；

② 对入库信息进行管理，包括入库时间、入库库位、设备状态等；

③ 根据计划单出库，对出库信息进行管理，包括出库时间、出库机台、出库人、设备状态等信息；

④ 准确统计工器具的库存管理状态；

⑤ 工具发外维修或厂内维修时，对状态及进度进行管控；

⑥ 定期盘点，处理异常数据，使得账面库存和盘点库存一致。

4.6.11.5　状态管理

对工艺工装的工器具状态进行管理，状态发生变更时同步更新工器具的状态，生产管理人员及时了解工器具的状态，方便对生产做出调整。状态管理应包括以下功能：

① 根据不同的状态进行更新，状态包括入库、出库、在库、机台、维修、组装、发外、清洗、保养、上机测试等阶段，状态发生变化时同步更新；

② 形成各种状态的实时报表，对未按照状态进行变化的及时进行报警提示，如：发外维修的要跟踪返回时间等。

4.6.11.6　计划管理

对工艺工装的维护、保养、清洗计划的制定和执行跟踪，对异常执行计划进行预警和跟踪；对计划性维修计划的自动制定及跟踪。计划管理应包括以下功能：

① 获取维修、保养的标准信息；

② 获取月度生产计划信息；

③ 获取各工装的维修保养周期，如：模具洗模周期、换模周期、洗模预警时间、换模预警时间、保养周期、计划预警时间等；

④ 根据月度生产计划和工区的能力制定对应的计划；

⑤ 根据采购到货情况、发外返厂情况、质量巡检情况、模具质量情况、产品质量统计情况制定模具检测或维修周计划；

⑥ 根据技改通知、检测情况制定维修计划或发外维修计划，并将发外维修计划发布到综合计划部和供应部，自动更改模具状态；

⑦ 根据保养周期和上次保养自动生成保养计划。

4.6.11.7 维修保养管理

对制定的维修保养计划进行跟踪，记录处理结果，异常计划报警。维修保养管理应包括以下功能：

① 获取维修保养计划；

② 获取维修保养周期；

③ 对即将到期的未完成的维修保养计划进行预警；

④ 维修保养完成后，记录计划执行状态；

⑤ 根据保养周期和完成时间自动生成下次保养计划，并进行状态跟踪。

4.6.12 绩效管理

4.6.12.1 概述

汇总并整合生产、质量、设备、库存等制造运行数据，与历史数据和预期结果进行比较，提供分析报告和性能评价报告，为管理者提供决策依据。绩效管理的功能结构见图 4-16。

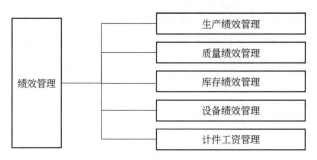

图 4-16 绩效管理的功能结构

4.6.12.2 生产绩效管理

制定并维护生产绩效指标，将实际生产数据与生产绩效指标进行比对与分析。生产绩效指标应包括生产订单准时交货率、生产计划准时完成率、生产效率达标率、生产成本控制达标率等。生产绩效管理应包括以下内容：

① 维护生产绩效指标；

② 汇总、分析生产运行数据；

③ 提供离线报告；

④ 提供在线性能评价。

4.6.12.3 质量绩效管理

制定并维护质量绩效指标，将实际质量数据与质量绩效指标进行比对与分析。质量绩效指标应包括原材料废次品率、一次检验合格率、产品合格率、成品返修率等。质量绩效管理应包括以下内容：

① 维护质量绩效指标；

② 汇总、分析质量运行数据；

③ 提供离线报告；

④ 提供在线性能评价。

4.6.12.4 库存绩效管理

制定库存绩效指标，根据物料出库、入库、使用、消耗等数据，进行库存绩效分析。库存绩效指标应包括库存周转率、仓库收发差错率、仓库有效利用率、库存账龄、物料完好率等。库存绩效管理功能应包括以下内容：

① 制定库存绩效指标；

② 汇总、分析库存运行数据；

③ 提供离线报告，包括收发存报表、库存结构分析表、物料移动轨迹分析表等。

4.6.12.5 设备绩效管理

制定设备绩效指标，根据设备运行数据，对设备运行进行绩效分析。设备绩效指标应包括设备运行率、设备维修率、设备故障率、设备停机率、设备综合效率（OEE）等。设备绩效管理功能应包括以下内容：

① 制定维护绩效指标；

② 汇总、分析设备运行数据；

③ 提供离线报告；

④ 提供在线性能评价。

4.6.12.6 计件工资管理

计件工资管理可统计设备实际产量，根据计件工资标准，计算工人的计件工资；为计件工资统计人员提供统计数据。计件工资管理应包括以下功能：

① 按照客户化条件获取计件工资标准，如：设备、规格设定标准细则；
② 获取各机台的实际产量；
③ 获取各机台的操作人信息；
④ 统计质量状态、不合格数量；
⑤ 自动统计计件工资报表。

4.6.13　能源管理

4.6.13.1　概述

能源管理是对能耗和能效的管理，对水、电、风、气等能源信息的管理，可实现能耗数据和能效数据的采集和分析，为企业的节能减排提供数据支持。能源管理的功能结构见图 4-17。

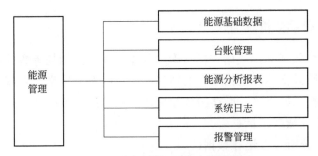

图 4-17　能源管理的功能结构

运用了成熟的计算机通信技术及软件开发技术，将先进的能源管理体系思想及能源管理手段融入整个系统平台中，实现能源系统分散的数据自动采集和控制、集中管理调度和能源供需平衡，以及实现所需能源预测，为在生产全过程中实现较好的节能、降耗和环保的目标创造条件。即对能源数据进行采集、加工、分析、处理以实现对能源设备、能源预测、能源计划、能源实绩、能源平衡等进行全方位的监控和管理，达到企业节能增效、提高能源利用效率的目的。

建设能源管理系统将综合降低产品能源消耗，降低能源生产和供应损耗，提高能源动力系统运行的安全性和可靠性，同时减少人力成本，提高能源管理效率和质量，提高企业信息化水平。

4.6.13.2　能源基础数据

对企业能源管理规则、采集频率等基础数据进行定义，应包含如下功能：
① 用户自定义峰、平、谷时间区间及电价，用于峰、平、谷电量统计；

② 对现场集中器台账的基本信息进行管理，并能够实时监控集中器工作状态；

③ 定义统计单元是为了便于统计、汇总计算可设定用于统计分析的计量点（或虚拟计量点）；

④ 通过配置与测控点的关系（可实现多个测控点的加减乘除等运算法则）实现此统计单元的耗能量统计；

⑤ 统计单元实现层级视图显示，各科室部门分别显示，统计单元主要由各科室部门及用户特别提出的单元组成。

4.6.13.3 台账管理

台账管理定义能源点的台账，建立能源的层级关系，便于数据的统计分析，应考虑如下功能：

① 各种能源介质类型的监测点台账管理；

② 网络拓扑关系管理；

③ 流量计、电表、集中器台账管理；

④ 电力峰、平、谷时间段以及电费的设定。

4.6.13.4 能源分析报表

集中分析生产数据和能源数据，建立企业的能耗标准体系，实现企业节能降耗的管理目标。应考虑如下功能：

① 能够动态获取生产计划、执行结果等数据，并与各个计划时间区间、机台所消耗的电能进行关联统计，从而计算出每个计划的产量和该胶号的能耗；

② 对各个机台、班次、班组进行单耗分析对比，并能计算各个胶料型号的耗电比，为生产计划下达及实施错峰用能提供强有力的数据依据；

③ 结合生产系统中的数据，动态分析各个班次、班组胶料单耗并形成报表和曲线；

④ 结合成品轮胎称重子系统数据，动态分析吨成品胎能耗，以上数据自动生成日报、周报、月报及相关曲线；

⑤ 根据现场具备自动采集功能的监测点管网结构及实时数据，实现变损、线损分析；

⑥ 通过密炼机、开炼机等重点耗电机台的电流曲线变化，结合该设备运行时电流实际变化规律，系统可以帮助用户从能量消耗的角度分析设备现场的运行情况，比如开炼机炼胶、辊子空负荷转动等状态；

⑦ 通过能源消耗及产量生成能耗基准，通过和标准对比，不断更改工艺及提高设备能耗利用率来实现工艺节能；

⑧ 对相同工艺、相似车间进行能耗对标，可以按照分厂/部门、重点工序/工

艺、重点设备进行能耗和单耗的比对分析，进而实现能源绩效管理，能耗标准用户可自行维护；

⑨ 实现电、蒸汽的日、周、月能耗统计分析报表，对重点工序单位产品进行按日按周按月的环比分析（图形、数据）；

⑩ 获取全厂或某车间的耗能量（电、蒸汽）、产量及单耗报表。

4.6.13.5 系统日志

对系统日志进行采集、分析，异常故障发生时能够追溯，数据的恢复。系统日志应考虑如下功能：

① 系统日志分为数据日志和操作日志；

② 对每条数据的收发都进行日志记录，记录原始数据格式，一旦数据异常，不但可以通过数据库系统引擎来追查问题，还可以追溯到原始的每一个通信数据包；

③ 操作日志是系统用户在使用系统过程中对系统数据产生影响的动作记录，保证能源系统的安全。

4.6.13.6 报警管理

建立能源报警体系，发生异常及时报警，并推送到相关责任人。报警管理应考虑如下功能：

① 可设置不同报警类型、不同报警级别的接收方式（短信、邮件、页面）；

② 设置各点的报警规则；

③ 报警发生时通过不同的报警方式通知到责任人，并进行记录；

④ 对报警处理过程进行记录；

⑤ 建立能源管理的专家知识库；

⑥ 建立能源管理的标准体系。

4.7 轮胎工厂 MES 的实践应用

4.7.1 原材料管理工序的 MES 场景应用

4.7.1.1 业务流程

原材料管理的业务流程见图 4-18。

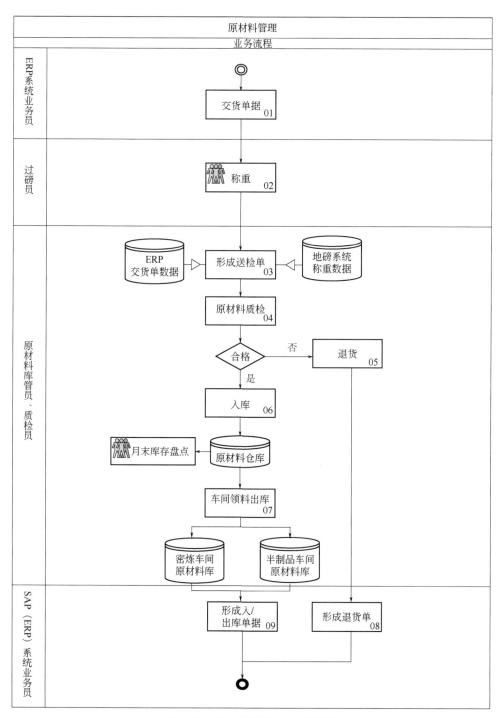

图 4-18　原材料管理的业务流程

4.7.1.2　业务场景描述

（1）ERP 交货单据下达

通过 ERP 系统下达交货通知单，由送货方打印送货通知单，司机拿着送货通知单分别交给门卫和地磅管理员；门卫放行后，由地磅管理员依据交货单据信息对原材料进行称重管理，采集重量信息；取得毛重信息后根据送检规则自动形成送检单。

（2）称重系统统计重量

过磅员依据交货单信息在称重系统中录入交货单号、车牌号、供应商信息、司机联系方式等基础数据，过磅后采集物料的实际重量信息，称重系统通过接口程序将实际重量信息传递给 MES。

MES 通过接口程序取得 SAP 系统中交货单信息，地磅管理员在称重前，登录 MES，选择对应的交货单号，系统自动采集重量信息，并保存。如果采集的重量与交货单重量的差异超过设定的范围，系统需要进行报警提示。

地磅系统采集的重量，仓库管理员在入库时依据实际清点结果只能修改得更小，不能修改变大。

（3）形成送检单

MES 通过与 ERP 系统的接口程序，取得交货单的基础信息，如物料名称、要货数量、供应商名称、交货日期、物料条码号等信息；如果多个批次的条码需要手工逐一填写，总量不能超值过磅重量，过磅后称重系统将实际重量信息传递给 MES；MES 依据交货单的基础信息和过磅后的实际重量信息，根据后台由技术设定的送检规则形成送检单。对于没有条码的物料，需要原材料库管员打印条码后贴在物料外包装上，之后通知原材料质检室进行质检。

（4）原材料质检

送检单形成以后，MES 中原材料库管员就能查看到所有明细数据；由原材料库管员进行送检审核操作，之后通知质检部门进行取样质检——质检流程。

质检合格后，由原材料库管员进行入库操作，质检不合格物料由技术部处理，原材料库管员依据技术处理结果进行退货操作或者正常入库操作。

（5）质检不合格物料退货

质检不合格的物料，由原材料库管员依据技术处理结果进行退货操作或者正常入库操作；对于退货的物料，原材料库管员在 MES 中录入退货单，退货单通过接口程序传递给 ERP 系统。退货单的录入可以通过两种方式实现：第一，在WEB 系统中手工录入退货单；第二，使用手持终端扫描的退货功能，扫描物料批次条码后自动形成退货单。

（6）入库

质检完成后，在原材料入库功能中可以查询到所有质检合格的送检单，由原材料库管员对合格物料做入库审核操作。原材料入库也可以通过两种方式实现：第一，在 WEB 系统中手工进行入库单的审核操作；第二，使用手持终端的入库功能，扫描物料的批次条码后自动形成入库单。原材料入库时绑定托盘 RFID 的追溯关系，调用原材料 WMS 调度入库管理。

胶料、粉料、胎圈钢丝、钢丝帘布以及纤维大卷帘布根据不同的形态入不同的库位。

纤维大卷帘布采用行吊装置，吊装大卷两侧的卷轴，由人工操作运输至入库输送线位置；胶料、粉料、钢丝帘布采用人工叉车直接搬运方式，由叉车直接叉取至入库输送线位置，每个库位输送线入口处具有称重装置，对送入库房的物品进行重量复检（立库建议采用标准托盘）。

已经送到入库口的托盘或卷轴托架（复合胶、帘布、钢帘线等无特殊包装的），经人工手持 PDA 扫描包装外包的条码号与立托托盘进行绑定（托盘带 RFID），并将条码号和单托重量进行绑定。针对有特殊包装的天然胶或其他物料，由 MES 打印带有批次加序列号的条码，人工手持 PDA 扫描后进行入库。

（7）车间领料出库

密炼车间依据生产计划和线边库库存，将原材料需求计划发送到原材料 WMS 进行领料出库，原材料库 WMS 进行领料出库操作。领料出库也可以通过两种方式实现：第一，在 MES 根据设备、计划及库存信息自动生成领料调度计划；第二，人工要料使用手持终端和 MES 客户端录入领料出库要料信息功能，扫描物料的批次条码后自动形成领料出库单。

在进行出库操作时，WMS 要进行先入先出进行出库管理，能够进行异常报警。

纤维帘布和钢丝帘布托盘出库后，出库口显示物料信息和需配送机台及相应的配送人员等信息，由人工扫描 RFID 确认后，由叉车叉走货物或由 AGV 送至所需设备线边库。设备 MES 客户端读写器读取 RFID 信息，确认入设备线边库。用完的空托盘送至设备固定位置由人工或 AGV 送至相应托盘的入库输送线入立库存放。

粉料的出库由 MES 根据密炼机台胶料的生产计划和粉料的库存情况，按照日计划产量进行粉料出库操作，并根据粉料配方（品牌、产地属性）按照最少剂量进行配齐供应，粉料的计划量结合粉料配齐、剩余粉料重量和数量最少进行匹配，确保现场库存最少。粉料到达出库工位后，出库口显示物料信息和需配送的称量机台及相应的配送人等信息。到达称量指定的投入工位后，称量系统通过检测 RFID 信息，确定是否是当前需要的粉料，不符合要求进行报警并关闭投入口。粉料自动秤在切换计划时，需要通过重新读取 RFID 信息对所有投入工位的物料进行投入验证。投入工位读到新的 RFID 物料信息时，需要操作工给称量系统投入信号，并确认粉料料仓当前余量或进行清仓处理。称量系统读取到的投料工位的托盘物料信息重量，并根据产出进行倒扣料处理。托盘物料投料完成后，需要撤走托盘，称量系统根据倒扣料情况，提醒需要新的托盘或是否投料已完成，或将剩余的没有投入的料计入撤走的托盘剩余量。

车间领用物料按照出库保管员指定的批次进行领用，天然胶也是按照批次进行领用，如果发生多个批次同时使用，进行切料混用，需要走单独的复配天然胶流程，打印新的条码卡片。

（8）形成退货单

对于已经入库但检查出不合格的物料由 MES 扫描条码查找对应的 ERP 入库单进行出库，ERP 系统通过接口程序接收到退货信息后，形成 ERP 系统中的实际退货单据。

物料托盘由堆垛机进行入库作业。入立库的原材料以托盘为单位，质量状态为待检状态，原材料完成入厂质量检验后（物料检测结果以生产批次作为最少单位），由 MES 将检查结果按照物料批次下发到立库 WMS，进行批量更新。不合格的物料通过异常出库口出库后，通过 MES 进行退货处理，合格物料的信息和真实的实收数量上传 SAP 系统。

（9）形成入库、出库单

ERP 系统通过接口程序收到入库、出库、退库信息后，形成 ERP 系统中的实际入库、出库单据。

（10）原材料车间盘点

原材料需要对批次条码和库位进行盘库处理，确保信息准确；针对数据差异产生盘库表，并上传 SAP ERP，SAP ERP 审核通过后，在 MES 和 SAP ERP 同步更新。

（11）原材料库存查询

查询每个库位目前存放的物料批次信息、内向交货单、数量等信息，并能够按照自定义查询条件进行信息查询和导出。

（12）原材料批次信息流水查询

查询每批次原料在入厂和出入库、投入等移动数量库位的流水信息。

（13）原材料电子看板

可实时查询各库位物料状态看板、超期物料看板、现场环境指标看板，信息包括原材料批次、库位、数量、供应商信息、出入库状态、质检状态等。

4.7.2　密炼工序的 MES 场景应用

4.7.2.1　业务流程

密炼 MES 的业务流程见图 4-19。

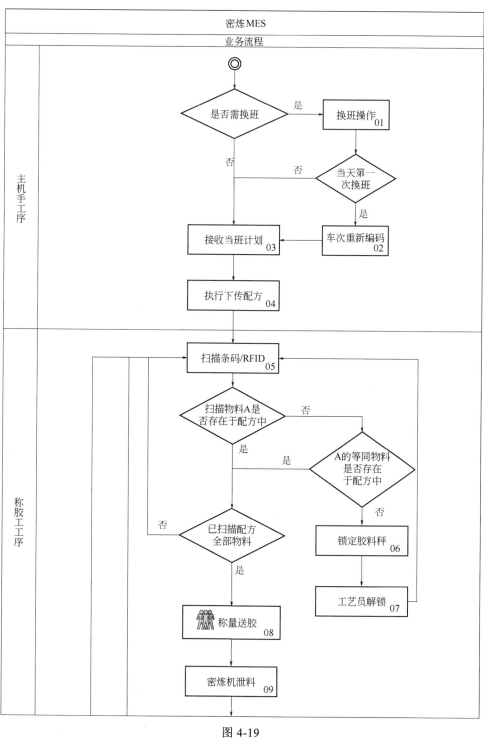

图 4-19

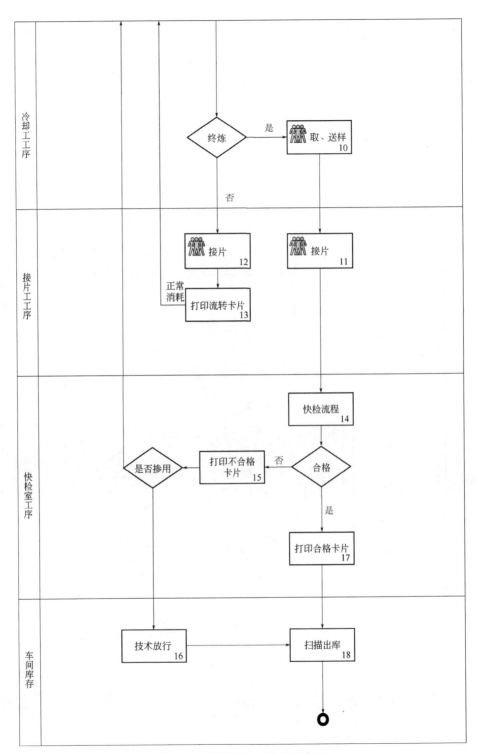

图 4-19　密炼 MES 的业务流程

4.7.2.2 业务场景描述

（1）执行网络计划

① 接收计划前观察是否到达换班时间，如是，需及时换班，换班时应注意填写正确的员工编码及班次班组。

② 计划下传时必须保证所下计划 ERP 品号和配方版本、工艺版本的缺一不可及唯一性。

③ 如此次换班为当天第一次接班操作，则接下来生产的胶料车次应重新进行编码，即从 1 开始重新计数；否则同一个主机手同一个机台同一天生产的同一种终炼胶料车次应连续且保持唯一。

④ 从网络接收计划员下传的计划，可选择单个接收或全部接收。

⑤ 主机手执行计划，但只能按照计划原顺序执行完第一个再执行第二个，以此类推。

（2）称量工序校验

① 配方下传开始执行，在称量物料之前应扫描所有要称量的物料条码，如果扫描的物料及其等同物料均不在所生产计划的 ERP 品号、配方和工艺中，则锁定胶料秤，且必须通过工艺员扫描工作卡解锁，并重新扫描。

② 如扫描 RFID 读取物料无误则判断是否有遗漏的未扫描物料，如有则继续扫描，否则开始送料，并开始密炼（物料的条码不应与实物分离，条码的扫描时机必须是其对应物料开始使用之前）。

③ 密炼结束后开泄料门泄料的同时，向 MES 网络数据库中传递生产曲线，增加车次，写入库存、消耗原料。

（3）终炼取样

如果此车胶料为终炼胶则在洗胶工序时应取样以备快检，此处应注意的是：胶样上书写的胶号、车次应与实际情况保持一致；两个不同班次生产的胶料绝对不能送给同一个快检班次，否则将出现无法打印终炼卡片的情况。

（4）接片操作

① 终炼胶接片不需要打印卡片，只需要保存胶料质量，在胶片上标识胶料信息。

② 母炼胶接片接收完计划重量后自动切割结束接片，打印母炼胶卡片后进入车间，等待度过最小停放时间后进行消耗。

③ MES 接片客户端和 PLC 控制系统对接，采集裁切信号和自动称量信号，实现卡片信息的自动生成，以及车信息和托盘 RFID 信息的绑定。

（5）快检工序

① 快检室根据车间胶料样品信息进行质检计划制定并检验。

② 质检结果如果不合格，则首先根据需要进行架子拆分，打印不合格卡片，

再看其是否需要被掺用，如是则拉回车间掺用，或者由技术部做技术放行将其调拨入合格库，并看作合格胶料发往后工序；如果合格则打印合格终炼卡片，入合格库等待发往后工序。

4.7.3　半部件工序的 MES 场景应用

4.7.3.1　业务流程

半部件工序生产的业务流程见图 4-20。

4.7.3.2　业务场景描述

（1）输入操作工号

① 操作工通过系统输入操作工工号，系统将生产信息和操作工进行对应。

② 系统将检验操作工是否有权限操作生产机台。

（2）选择班次、班组

操作工需要选择日期、班次、班组信息，便于与生产信息进行绑定。

（3）接班

① 操作工确认录入的工号、日期、班次、班组信息正确后，就可以进行接班。

② 接班后系统将下载相应班次的生产计划。

（4）选择生产计划

① 操作工可以根据实际情况选择需要执行的生产计划。

② 选择了生产计划后，系统自动下载对应的施工表，操作工需要查看施工表。

（5）执行生产计划

① 操作工查看施工表确认正常后，执行生产过程。

② 生产操作工不允许修改已接收计划的顺序和数量。

（6）校验原材料

① 执行生产时系统将校验各个进料口原材料的准确性。

② 原材料正确即可以进行正常生产。

（7）记录扫描错误

原材料不正确时，将记录原材料错误信息，并提示进行更换原材料。

（8）更换原材料

操作工需要根据施工表和提示更换原材料。

（9）扫描进料口

① 原材料更换完成后，需要扫描进料口、更换后的原材料，建立原材料和进料口关系。

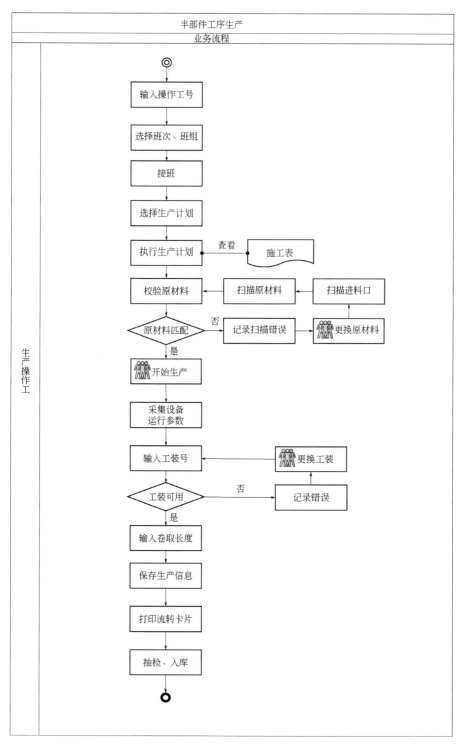

图 4-20　半部件工序生产的业务流程

② 系统重新进行原材料校验。

（10）开始生产

原材料物料匹配正确，并且设备准备就绪即可进行生产。

（11）采集设备运行参数

半部件生产过程中，系统自动记录设备运行的相关参数，便于后期进行跟踪。

（12）输入工装号

① 半部件进行卷曲前需要输入对应的工装编号，建立工装和物料的对应关系。

② 如工装不可用时，系统将记录工装使用错误。

（13）记录错误

① 工装不可用时系统将记录工装选择错误，并进行提示。

② 相关人员需要针对问题进行处理。例如未添加工装、未释放工装。

（14）更换工装

工装不可用时操作工将更换工装，重新输入工装号。

（15）输入卷取长度

生产完成后输入卷取的长度，记录生产出的半部件数量。

（16）保存生产信息

确认输入的半部件量正确后，进行生产保存，系统自动进行原材料耗用等操作。

（17）打印流转卡片

① 生产信息保存后即可以进行生产流转卡片的打印。

② 生产流转卡片包括卡片编码、生产人、物料名称、数量、生产时间、过期时间。

（18）抽检、入库

① 半部件生成后将进行抽检。

② 抽检合格或未质检的半部件可入库。

（19）不合格处理

生产过程中发现不合格半部件时，点击不合格按钮，系统开始记录不合格半部件。半部件生产合格后，点击合格按钮。期间生产的半部件为次品，在后续生产使用过程中进行提示。

4.7.4　成型工序的MES场景应用

4.7.4.1　业务流程

成型工序MES的业务流程见图4-21。

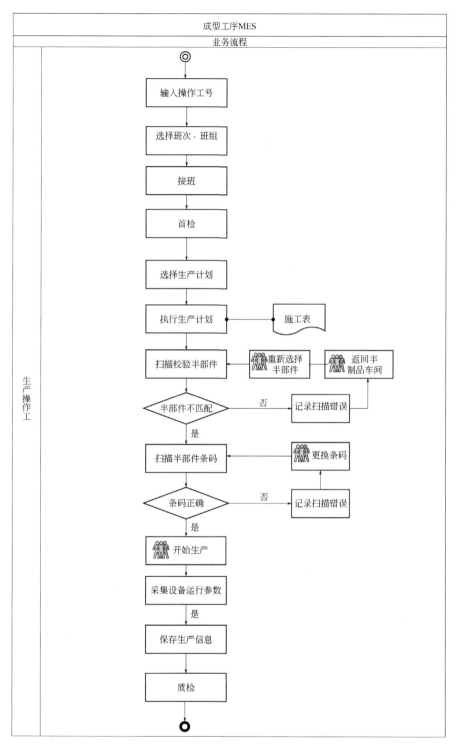

图 4-21　成型工序 MES 的业务流程

4.7.4.2 业务场景描述

（1）输入操作工号

① 操作工通过系统输入操作工工号，系统将生产信息和操作工进行对应。

② 系统将检验操作工是否有权限操作生产机台。

（2）选择班次、班组

操作工需要选择日期、班次、班组信息，便于与生产信息进行绑定。

（3）接班

① 操作工确认录入的工号、日期、班次、班组信息正确后，就可以进行接班。

② 接班后系统将下载相应班次的生产计划。

（4）选择生产计划

① 操作工可以根据实际情况选择需要执行的生产计划。

② 选择生产计划后，系统自动下载对应的施工表，操作工需要查看施工表。

（5）执行生产计划

操作工查看施工表确认正常后，执行生产过程。

（6）扫描校验半部件

① 执行生产时系统将校验各个进料口半部件的准确性。

② 原材料正确即可以进行正常生产。

③ 输入半部件物料的长度、宽度信息。

（7）记录扫描错误

半部件不正确时，将记录半部件错误信息，并提示进行更换半部件。

（8）更换半部件

操作工需要根据施工表和提示更换半部件。

（9）扫描进料口

（10）扫描半部件

① 半部件更换完成后，需要扫描进料口、更换后的半部件，建立半部件和进料口关系。

② 系统重新进行半部件校验。

（11）开始生产

半部件物料匹配正确，并且设备准备就绪即可进行生产。

（12）采集设备运行参数

半部件生产过程中，系统自动记录设备运行的相关参数，便于后期进行跟踪。

（13）更换工装

当前无可使用的工装时，需要重新选择更换工装。

（14）扫描工装号

新工装号需要重新进行扫描，扫描时系统将判断工装是否可用。

（15）记录扫描错误

工装号错误时需要记录工装号使用错误的日期，便于进行跟踪查询。

（16）扫描胎坯条码

① 胎坯生成后，需要扫描胎坯条码进行保存。

② 如胎坯条码之前未使用过并且符合编码规则，即可进行保存。

（17）记录扫描错误

胎坯号不正确时需要保存扫描记录，便于进行查询。

（18）更换条码

胎坯条码不允许使用时，需要更换条码并进行扫描。

（19）保存生产信息

条码正确后便可以保存胎坯生产信息。

（20）抽检、入库

① 半部件生成完成后将进行抽检。

② 抽检合格或未质检的半部件可入库。

4.7.5　硫化工序的 MES 场景应用

4.7.5.1　业务流程

硫化工序 MES 的业务流程见图 4-22。

4.7.5.2　业务场景描述

（1）输入操作工号

① 操作工通过系统输入操作工工号，系统将生产信息和操作工进行对应。

② 系统将检验操作工是否有权限操作生产机台。

（2）选择班次、班组

操作工需要选择日期、班次、班组信息，便于与生产信息进行绑定。

（3）接班

① 操作工确认录入的工号、日期、班次、班组信息正确后，就可以进行接班。

② 接班后系统将下载相应班次的生产计划。

（4）扫描机台左右模

① 生成每条轮胎时需要先扫描机台的左右模。

② 机台左右模条码不同，扫描时需要区分。

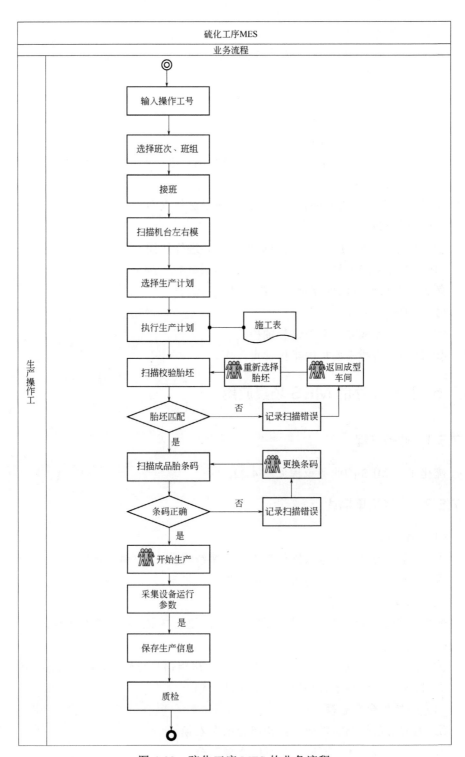

图 4-22 硫化工序 MES 的业务流程

③ 验证机台条码是否规范。

④ 验证机台是否待产满额，如果没有直接进入待硫化区。

（5）选择生产计划

① 操作工可以根据实际情况选择需要执行的生产计划。

② 选择生产计划后，系统自动下载对应的施工表，操作工需要查看施工表。

（6）执行生产计划

操作工查看施工表确认正常后，执行生产过程。

（7）扫描校验胎坯

① 扫描验证胎坯规格，系统判断胎坯是否有成型信息，规格是否正确。

② 验证胎坯条码是否规范。

③ 验证胎坯条码是否存在生产信息。

④ 验证胎坯条码是否已经硫化。

⑤ 当要停止生产,取消待硫化区的条码号时,可以通过撤销条码来进行处理,将待硫区的胎坯号和硫化号清空。

（8）记录扫描错误

如胎坯不正确，需要记录日志，可以通过管理系统进行查询。

（9）返回成型车间

胎坯不正确需要将胎坯返回成型车间进行处理。

（10）重新选择胎坯

胎坯不正确需要重新选择可用的胎坯，重新进行扫描验证。

（11）扫描成品胎条码

① 扫描成品胎条码进行生产绑定，绑定机台、胎坯、成品胎间的关系。

② 验证成品胎条码是否规范。

③ 验证成品胎条码是否已经使用。

（12）记录扫描错误

如成品胎条码已经被使用，则进行错误提示，并记录扫描错误。

（13）更换条码

成品胎条码不正确时，需要更换条码，将条码重新粘贴在胎坯的指定位置。

（14）开始生产

① 生产信息是根据设备的开合模信号来进行记录，如果没有扫描操作，则不运行设备合模。

② 合模记录当前正在硫化的胎坯号、硫化号、硫化开始时间、规格信息。

③ 开模则记录当前生产过程中的数据，并更新正在执行的计划完成数，如：硫化时间、硫化延迟时间、报警信息、胶囊使用次数。

④ 胎坯开始硫化生产，系统可以监控硫化机状态。

（15）采集设备运行参数

通过群控系统进行设备运行数据采集，并将部分信息显示在群控计算机上。系统将实时采集设备的运行参数，并保存到服务器中，便于进行查询。

在生产过程中，系统对设备实时数据进行监控，包括步骤信息、阀门信息、生产进度和温压曲线信息。

（16）保存生产信息

① 如果没有报警，开模后，生产业务结束。

② 如果报警,则实时记录当前胎坯为报警胎,开模必须通过工艺人员的质检,检查通过后，方可继续硫化生产。

③ 硫化机合模后，将记录生产信息。

（17）质检

成品胎生产完成后将进入质检环节。

4.7.6　成品胎质检工序的 MES 场景应用

4.7.6.1　业务流程

成品胎质检 MES 的业务流程见图 4-23。

4.7.6.2　业务场景描述

（1）成品胎生产

① 硫化生产的所有轮胎均需要通过系统进行扫描采集。

② 轮胎必须附有正确的条码及相关规格等信息，如信息不存在或不正确，需要硫化车间班组长进行添加或修改。

（2）外观质检

① 外观质检由人工进行质检，并将不合格的轮胎进行扫描标记。

② 外观质检的品级包括：一级品、二级品、废品、特废品和返修品。

③ 品级为返修品的轮胎需要进行返修，并且不能进行其他质检或入库。

（3）成品胎返修

① 成品胎外观判级为返修的，需要成品胎返修工进行返修。

② 返修后的成品胎需重新进行外观质检。

（4）X 射线质检

① 外观质检非返修或特废品则需要进行 X 射线质检。

② X 射线质检只记录不合格轮胎。

③ X 射线质检品级包括：一级品、二级品、废品、特废品。

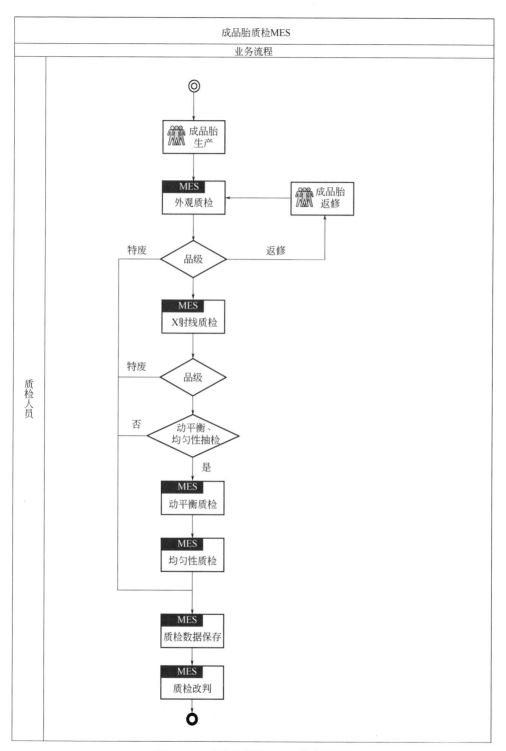

图 4-23　成品胎质检 MES 业务流程

④ 界面和业务操作与外观质检类似。

（5）动平衡、均匀性质检

① 动平衡、均匀性质检采取人工抽检的方式。

② 动平衡、均匀性质检不影响轮胎最终品级。

③ 动平衡、均匀性品级包括：A 品、B 品、C 品、D 品。

④ 设备厂家进行数据采集，通过接口直接保存于后台。

（6）质检数据保存

① 每种质检只保留最后一次质检数据（外观返修除外）。

② 质检出现偏差时可以重新进行质检判级。

③ 扫描判级的数据均存储在数据库中，可以通过管理系统进行查询。

④ 所有质检病疵只记录一个主要病疵。

（7）质检改判

① 质检完成后，技术人员可以对存在异议的判级进行改判。

② 技术人员改判只修改质检品级，不需要设置病疵。

4.7.7　成品胎仓储工序的 MES 场景应用

4.7.7.1　业务流程

成品胎库管理 MES 的业务流程见图 4-24。

4.7.7.2　业务场景描述

（1）成品胎质检

成品胎质检员对轮胎进行外观、X 射线、动平衡等多项检查，判定轮胎是否合格。

（2）技术处理

对于质检不合格的轮胎，由技术部门进行技术处理，决定轮胎是否可以进行正常入库或者入废次品库。

（3）绑定胎号、架子

运输轮胎时，首先录入或扫描物流器具编号，然后扫描每一条要托运的成品轮胎条码进行绑定。

（4）架子轮胎分类

系统自动将每一个物流器具中的所有轮胎按规格进行分组，有多少规格分多少组并进行编号。

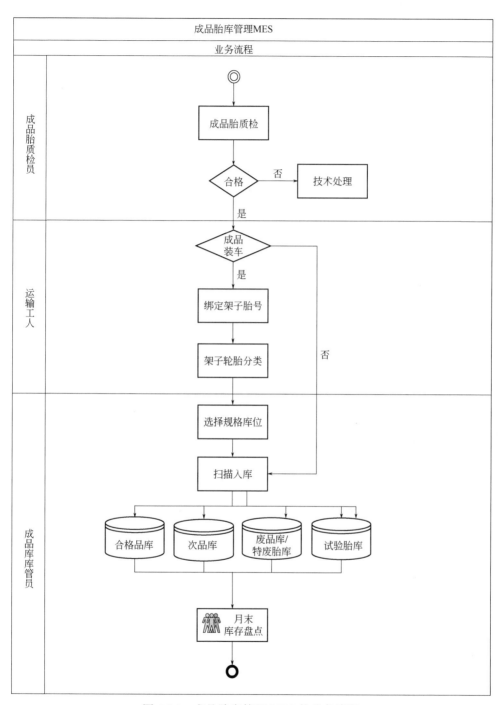

图 4-24　成品胎库管理 MES 的业务流程

（5）选择规格库位分组入库

入库时首先扫描物流工装条码，然后在手持终端上选择要入库的规格分组，再编写要存入的库位号，选择入库，则这一规格的轮胎条码一次性入此库位，即同一车队同一规格只能入一个库位。

（6）扫描入库

对于质检合格的轮胎，成品库库管员进行扫描入库操作，使用手持终端扫描轮胎的硫化条码号进行入库。扫描发现有异常数据的轮胎，提报技术人员进行技术处理，暂不入库。

手持终端需要实现的功能：成品库库管员输入用户名、密码登录系统，选择扫描入库功能，选择入库仓库后扫描硫化条码，系统自动校验轮胎是否冻结、是否为试验胎、是否质检、是否已入库、是否已出库等信息。成品库库管员可以查询已经扫描入库的轮胎信息和扫描异常的轮胎信息。

（7）依据发货单发货

成品库库管员首先接收或输入发货单。

（8）推荐发货库位

根据发货单信息，考虑先入先出原则推荐出库库位。

（9）扫描出库

成品库库管员在手持终端系统中输入出库单号、出库仓库，扫描轮胎硫化条码进行出库。

手持终端需要实现的功能：成品库库管员输入用户名、密码登录系统，选择出库仓库，扫描硫化条码，系统自动校验轮胎是否冻结、是否为试验胎、是否质检、是否已入库、是否已出库等信息。成品库库管员可以查询已经扫描出库的轮胎信息和扫描异常的轮胎信息。

4.8 MES 为轮胎企业带来的改善与收益

4.8.1 生产效益分析

① 通过计划调度管理的优化,实现从计划层、执行层到控制层的一体化控制,满足多目标、多条件下的计划排产、调度和优化要求,实现企业物流、控制流、信息流和价值流的闭环控制,能够降低库存资金占用 10%以上,提高产能 3%以上,减少生产脱节时间 5%以上。

② 通过 MES 与 PCS 集成,实现计划、工艺和生产实绩的一体化,计划下达、工艺参数传递、生产实绩采集等都通过系统自动传递和交互,操作时间在秒级,

极大地提高了生产效率和响应的及时性。

③ 应用设备控制系统和 MES 的集成，保证工艺生产执行的准确性。例如：硫化工序通过验证规格、控制硫化工艺配方、自动报警、胶囊次数报警等功能，至少使轮胎的合格率提高 0.1%；极大缩短了硫化配方更换时间；设备故障修护等待时间缩短 50%；模具更换等待时间降低 50%，从而提高设备开机率；每锅轮胎装锅时间缩短约 10s。

④ 设备 PCS 和 MES 集成，通过设备控制，避免投料防误；通过对设备工艺过程参数监控，对异常及时进行报警，避免工艺执行错误；建立全流程的工艺、质量、生产、设备、物流追溯体系；出现异常时能够及时对设备进行锁定，从而避免批量的质量事故。

⑤ 通过物料防误、过程工艺控制、现场监测和质量信息即时响应机制，保证产品一次合格率达到 90% 以上，减少废品和返工，降低因不合格料处理而产生的无效能源和人力消耗成本。

⑥ 提高计划管理水平，提高计划反馈速度，减少统计分析人员；及时分析产品质量，提高制品合格率。

⑦ 无纸化管理的推行，减少纸张费用，降低人为出错概率。

4.8.2 节能降耗

① 通过对能源仪表数据的采集、分析优化，提升企业能源管理，减少浪费，提升管理效益。实现企业三级能源计量管理，水、电、气等消耗数据自动采集，及时调整和优化生产，减少"跑、冒、滴、漏"（跑气、冒水、滴液、漏液）等现象，年节省能耗 0.5% 以上。

② 通过对各工序设备控制系统及工艺结合 MES 进行改进优化，提升效率，加强质量控制。例如：对密炼过程进行优化模型改进控制，实现密炼工艺优化和自动排胶控制，可提高炼胶质量合格率 1% 以上，缩短混炼时间 2% 以上。

③ 使用系统后，实现无纸化自动办公，减少纸张、打印机等设备维护等成本支出。

④ 通过设备自动采集，减少抄表人员支出。

⑤ 通过自动采集变压器、重要开关节点温度，避免温度异常导致事故发生。

4.8.3 设备管理

① 通过设备维修保养的预警管理、设备的实时动态监控，保证设备良好运转，从而使设备的故障发生率稳步降低，事故率和维修费用同步降低。根据实施经验统计，厂家非计划停机率可以降低 50% 以上。

② 通过对设备状态的全面监控,原来查找一个设备故障位置并确定故障原因需要耗费数小时, 应用后通过系统监控及报警, 结合智能诊断功能, 能够快速确定故障位置和原因, 时间缩短为几分钟之内; 根据维修人员水平不同, 问题发现平均时间可缩短为原来的60%左右。

③ 系统根据历史维修知识库能够快速给出维修建议方案, 缩短维修时间。根据维修人员水平不同, 平均维修时间可以大大缩短。

④ 停机率降低10%, 产能利用率可保持在96%以上。

4.8.4 质量管理

① 通过对检测标准进行标准化管理,检测数据自动采集,可以减少人员使用, 提升工作效率, 提高数据准确性及反馈速度, 整体提升产品质量。例如对快检实验室进行管控, 实现质检设备数据自动采集、存储、判级和实时发布, 保证质检数据100%准确, 质检结果从质检到判级发布时间缩短为1min之内, 效率提高20倍以上, 实现质量控制与生产实时联动, 减少不合格胶料的产生。

② 在各工序物料投料消耗时, 采用条码及RFID无线扫描方式判断物料, 确保物料消耗入口的质量和工艺等要求, 减少此类质量事故98%以上。

③ 在轮胎出入库以及订单销售过程中, 通过条码扫描, 提高轮胎出、入库业务处理速度, 防止错发轮胎、发货数量与订单不符等情况给企业带来的损失。

④ 通过对质量速报的跟踪监控, 提升不合格质量的反馈速度, 提升产品质量。

⑤ 通过SPC等综合质量分析报表, 可以减少统计分析人员, 提升质量反馈速度, 为工艺、质量改进提供必要的数据支持。

4.8.5 售后服务收益

① 根据对部分轮胎企业的调研,"三包"理赔的轮胎中有5%是由各种原因造成的误赔。MES可实现轮胎生产、销售信息的历史追溯,"三包"理赔管理系统的实施, 可将误赔率降低至1%以下。

② 通过使用系统, 简化了理赔流程, 缩短了理赔时间, 降低客户服务人员的"三包"数据统计处理工作量, 可减少进行报表统计计算的岗位人员2人以上。

③ 通过将客户使用轮胎的数据与生产过程中采集的生产、设备、人员、工艺、配方、质量等数据进行综合分析, 可以发现在生产过程中没有出现而在客户使用过程中发现的问题, 综合分析挖掘改进工艺、提升质量的方法, 从而提高产品的质量均一性。

④ 为客户提供轮胎品牌等数据查询防伪方法, 让客户买到放心轮胎, 扩展市场推广的策略, 有利于市场营销, 提高市场占有率。

4.8.6 管理提升

① 实现工厂生产的可视化管理 原料采购、计划排产、工艺执行、物料消耗、设备状况等信息都通过 MES 平台进行实时查询，响应时间在秒级，生产指令和现场实际信息通过系统能够顺畅交互。

② 实现及时、准确的生产决策 实现整个生产供应链（包括供应商和销售商在内）的信息共享和集成，提供快速、准确的信息支持；各环节 KPI 统计分析帮助管理者发现问题及资源瓶颈，及时解决问题，优化资源配置。

③ 流程的规范化、标准化 通过 MES 这个信息化工具，可实现流程固化，各环节由原来的"人管"提升为"系统"管理。

④ 提升客户满意度 以客户为中心，通过系统可提升产品质量、交货及时性，成本降低的同时又可提高产品的竞争力，应用系统打造企业的核心竞争力。

4.9 MES 在轮胎企业应用的案例分析

4.9.1 项目概述

以某一个企业的实施案例进行总结，从系统架构、应用效果等方面进行解析，为企业的规划建设提供参考。通过项目的应用实现管理信息网和过程控制网一体化统筹规划，为生产企业提供生产制造控制、生产计划、工艺技术管理、质量检查跟踪、仓储物追踪、物耗自动统计、设备远程控制、现场精益生产、物料动态库存、生产过程监控、实现动态盘点、客户订单完成进度监控、客户订单交期预测等各类数据信息，为企业生产经营决策提供科学数据支撑，所有显示数据表均可用实现导出分析。

4.9.2 项目特性

① 规范性 按照行业、国家和国际的技术标准，遵循软件、硬件和自动化系统的有关规范，使信息分类编码标准化、信息接口标准化。

② 可靠性 保证系统稳定，支持 7×24h 生产，系统需采用国内外成熟 MOM 系统软件平台。在架构设计上必须确保 MOM 系统的稳定、健壮、可靠，满足软件 7×24h 运行的需求，实现新功能、补丁实时在线更新。系统必须具有极高的安全性和容错性，系统在软件结构上，每个功能模块支持冗余架构，对于系统中可能存在的风险，都具备相应的应急预案及应急处理功能说明。

③ 先进性 系统基于先进技术和先进的生产制造管理理论，合理采用国内、

国际先进和成熟的软硬件技术，集成工作流和丰富的业务对象，并提供智能分析报表。在数据采集上，对未来的大数据分析方面具备前瞻性的设计考虑。

④ 扩展性　支持生产扩展与业务改变，MOM 系统采用模块化设计，具有良好的业务扩展性和灵活的系统部署能力。MOM 系统实施遵循"整体规划、分步实施"的原则，集成各系统接口，又具备一定的扩展接口能力。为系统提供新的集成和扩展能力，满足系统功能不断完善、技术不断更新和升级换代的要求。

⑤ 实用性　从车间生产的实际需要出发，结合企业生产经营特点和企业发展需要，实事求是地确定系统的目标和实施内容，选择合适的 MOM 系统功能模块，整体规划中高起点地运用新技术，合理保护现有投资，降低投资成本，整个系统建设既高效实用，又经济合理。

⑥ 开发性　因此项目规模比较大，在实施中将会遇到种类繁多的软件和硬件、形式多样的异构系统、水平不齐的使用人员、方式各异的输入方法、协议不同的网络连接和复杂变化的外部环境。因此项目在实际设计和实施时要充分估计各种不定因素可能带来的风险和变化，采用合理的方法规避风险，适应变化，基于各种技术的使用范围、面向对象和扩展的潜力，利用标准化、规范化的产品和管理使整个系统能够适应不同平台的需要，消除因不同环境而造成的影响，最大限度保护投资，让信息在整个平台上自由地流动。

⑦ 高可用　软件架构设计高，支持应用层冗余，一台服务器宕机不影响系统应用。数据库支持双机集群。MOM 系统实现生产数据库和历史数据库分离，保证查询和现场业务系统的执行效率。

⑧ 平台化　分层的平台化、模块化的结构设计，具有灵活性、可操作性、可移植性和可扩展性。

⑨ 多语言　支持多语言，可实现不同语言的自由切换。支持中文、英文、越南语和其他国家语言。

4.9.3　项目应用方案

4.9.3.1　APS 排产

基于现有的生产资源产能约束，及时合理地编排生产计划，快速响应生产异常，实现轮胎企业柔性产线多目标动态排产调度。通过 APS（图 4-25）可视化的柔性产线多目标动态排产有如下优点：使生产计划管理业务标准化；缩短安排生产计划的时间，减轻人员劳动难度；缩短应对生产突发问题的时间，减轻负荷；考虑设备能力、负荷安排可执行的计划，清晰掌握各个资源设备的产能利用情况、负荷承载情况，找出瓶颈工序，提高设备利用率，同时也减少计划与实绩的差异；缩短制造时间，多工序协作削减制品库存；正确且快速回答交货期，掌握各个订单的生产进度，从而实现供应链协同，提高客户满意度。

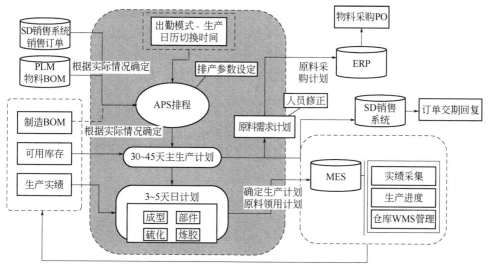

图 4-25　某企业 APS 排产方案

4.9.3.2　计划管理

企业中接收 APS 的排产计划，分解到机台、班次、班组，审核后下发到 MES 进行执行（图 4-26）。MES 严格按照计划执行，能够实时采集计划执行数据；对计划执行情况进行实时的反馈和跟踪，为计划员提供数据支持分析。

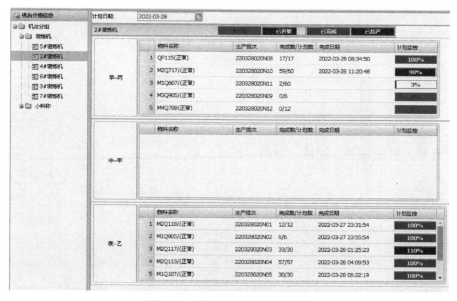

图 4-26　某企业计划执行情况

4.9.3.3 设备管理

设备管理模块（图4-27）可管理企业的设备全生命周期档案数据，对设备技术参数、维护维修数据、设备档案等随时查询，建立设备档案的知识库。预防性维护维修保养，为设备进行事前维护，降低故障率。对工单进行管理，对故障产生、解决、原因分析、故障处理的每个环节进行监控，提高了故障处理的效率。

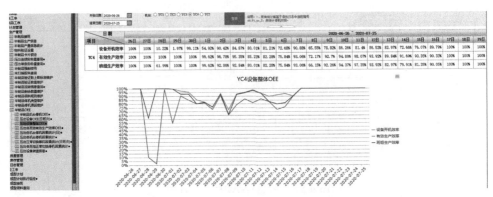

图 4-27 某企业设备 OEE 综合分析

4.9.3.4 质量管理

使用质量图表（图4-28），可更好地了解并改善生产过程质量和偏差。将简捷、功能强大的 SPC 分析组件与基于 Web 应用框架结构的灵活性和多用途性以及连通性相结合，使之成为分析工厂数据、控制工厂生产过程和鉴别生产过程失

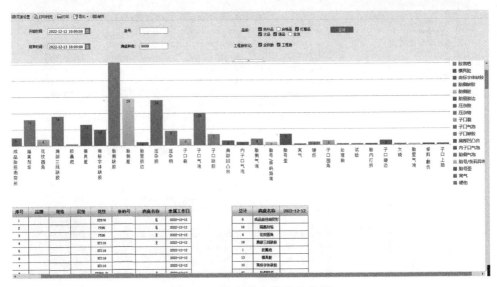

图 4-28 某企业产品质量分析

败原因的解决方案。提供强大的质量检测和保证能力，包括在线数据收集和检测以及报警，离线（数据）分析和检测，支持六西格玛分析，支持企业持续改进的流程，提供如柏拉图和 SPC 等分析引擎和工具，通过闭环的三级不合格处理流程（问题、原因、解决方案），保证质量检测得到必要的处理和解决，并形成完整的质量检测报告和记录。质量管理能实现追溯、及时反馈、SPC 分析及参与生产控制。

4.9.3.5　工艺管理

工艺配方的集中管控，工艺流程的审核流程化，与现场设备 PCS 集成，实现工艺直接下达到控制系统，取消纸质施工表等文件，避免下发回收不及时导致工艺执行错误。同时监控过程生产数据，与工艺标准比对，不符合标准给出报警并及时处理，从而保证生产过程的稳定性。某企业的施工设计界面如图 4-29 所示。

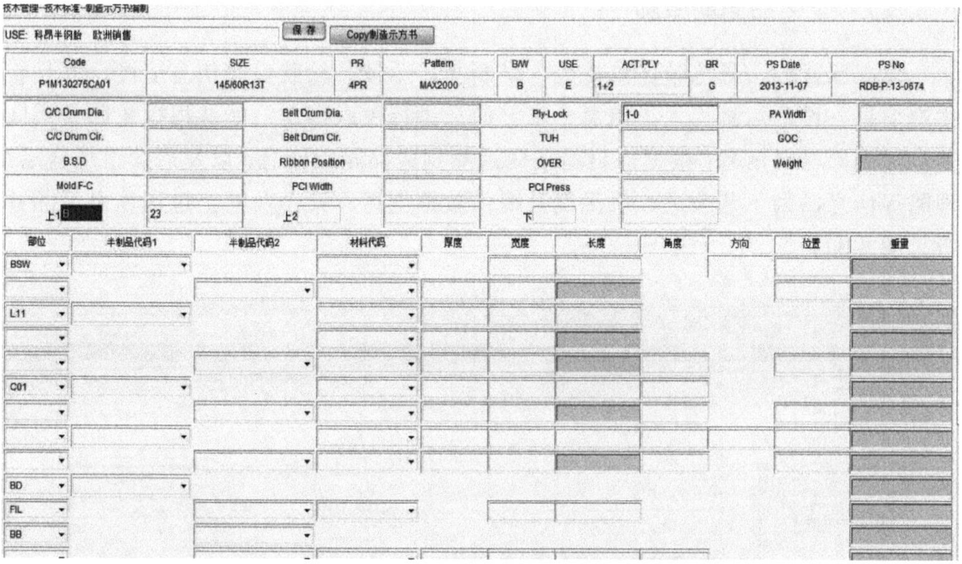

图 4-29　某企业施工设计界面

4.9.3.6　库存管理

合理划分库区库位，按照物料的形态、规格、产品去向等信息，建立库区与各生产工序的逻辑关系，为库存合理利用、物流畅通高效提供保障。对仓库的入库、出库、库存调拨、实时库存、仓库资源、库位跟踪、包装、备货/发运、库存盘点等进行管理。

对库龄进行分析，预计超期库存进行提前报警，从而对产品进行处理，避免因超期造成物料的浪费，并且保证先进先出原则。某企业的库存管理如图 4-30 所示。

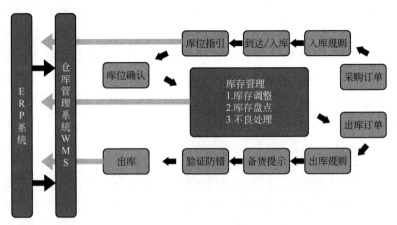

图 4-30　某企业库存管理

4.9.3.7　全生命周期追溯

建立原材料、母炼胶、终炼胶、半制品、胎坯、轮胎生产信息追溯，并且将生产信息、设备信息、人员信息、工艺信息进行关联绑定；能够根据轮胎条码向前追溯到原材料信息；根据原材料条码追溯到成品轮胎信息，以及后续市场售后、理赔等信息，为工艺改进、质量提升提供数据支持。某企业的全过程信息追溯分析见图 4-31。

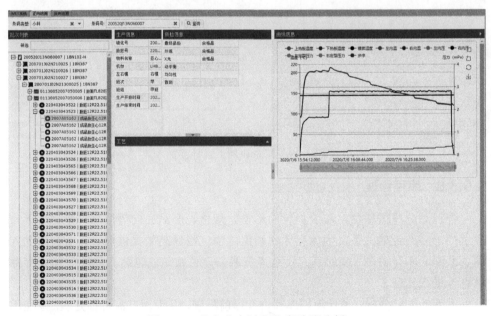

图 4-31　某企业全过程信息追溯分析

4.9.3.8 物料防误

在每一道生产制造工序进行投料扫码，根据制造 BOM 和工单计划进行防误验证，如果物料不符，控制设备停机或报警，避免用错物料，从而避免批量质量不合格品的产生，从全局角度利用数据统计技术进行更加全面的防错处理。信息化既能帮助企业消除错误原因，还能消除不良和避免缺陷扩大，给予现场操作人员很大的防错支持。某企业 MES 客户端见图 4-32。

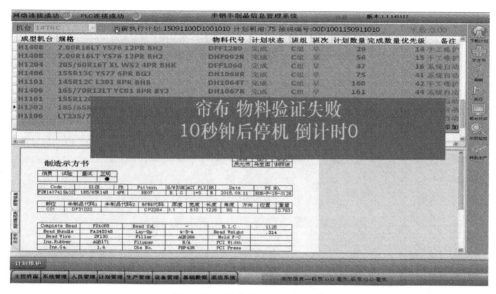

图 4-32　某企业 MES 客户端

4.9.3.9 移动端 APP

基于 5G 等工业互联网技术实现工厂状态的实时监控。现场报警及异常及时发送到相关管理人员，从而提高工厂管理能力。实现 MES 和移动互联网的融合（图 4-33），实现信息的快速发送。车间管理人员和移动办公人员可通过该移动平台实时监控、获取企业的生产运营信息。通过和移动平台进行结合，可以实现车间生产管理业务流程的优化，实现信息的高度集成和信息共享的及时性。

4.9.3.10 生产过程可视化

对生产过程、质量、设备状态等进行实时监控，提供看板管理的功能，各级管理人员可以通过 MES 实时掌控车间的生产状况（图 4-34）；实现对生产、设备、质量情况在现场能够直观地展示，能够及时获取生产现场的异常情况，及时处理并解决，提高生产管理效率。

图 4-33　MES 和移动互联网的融合

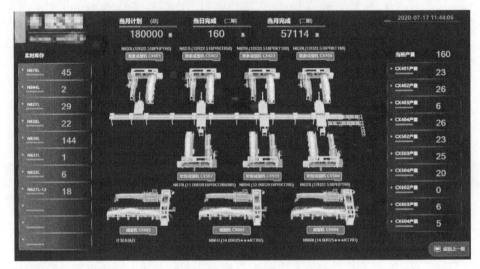

图 4-34　工厂可视化监控

4.9.3.11　驾驶舱

数字化驾驶舱（图 4-35）可快速掌握企业的运营情况，监控企业经营情况，并以此制定经营决策。监控每日投入和产出，以保证预期计划和实际达成业绩相符，也就是保证战略目标分解到每一天的完成进度。按综合评估体系建立企业战略管理模型。

4.9.3.12　库存优化

建立工厂生产、物料管理调度模型，从而优化生产库存，合理分析出入库路径，实现库存最优化管理，从而提升库存利用率。某企业库存管理实施效果见图 4-36。

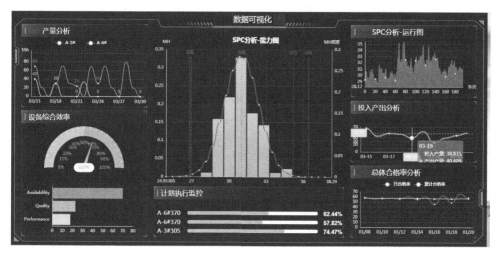

图 4-35　数字化驾驶舱

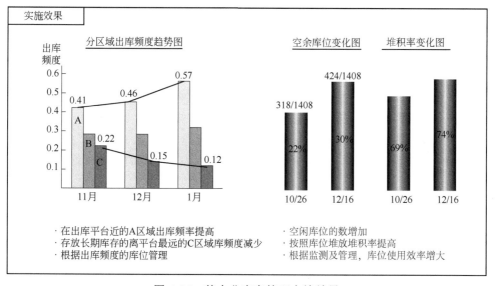

图 4-36　某企业库存管理实施效果

4.9.3.13　能耗管理

采用自动化、信息化技术和集中管理模式，对企业生产经营活动中所涉及的水、电、气等资源能源介质，实现从能源数据采集—过程控制（不包括）—能源介质消耗分析、能源管理等全流程管理，实施集中扁平化的动态监控和数字化管理，能有效改进和优化能源平衡，达到高效、节能、清洁的生产管理模式。能源动态监控和数字化管理效果见图 4-37。

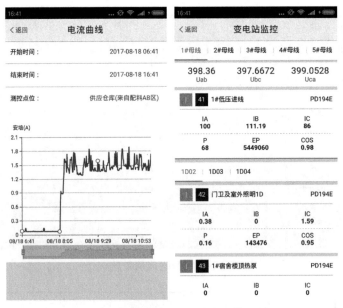

图 4-37　能源动态监控和数字化管理效果

4.9.3.14　报表管理

报表支持二次开发，能够在报表平台上进行可视化设计。报表模块支持客户自定义，同时链接多数据源，支持报表模板设计与报表站点。

全企业范围的报表功能（图 4-38），为企业管理者提供实时生产报告，反应实时生产操作状态，帮助决策，并允许管理人员对发生问题的区域进行原因分析。

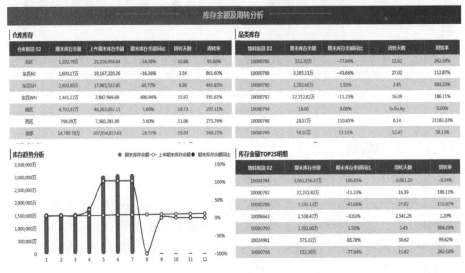

图 4-38　报表管理（能耗分析）示例

系统提供一整套预定义的报表模板以及可以客户化的报表选项，用户可以通过其快速生成各种工厂应用报表，节省大量的时间和资源。可按要求自动生成所需的各类监测画面或图表，以及分析统计报表。其中机台生产统计采用自动、手动或条码记录方式完成单机台的生产统计，对异常情况可特殊记录，系统自动完成相关考核、生产统计、报警异常分析，并建立预警及处理故障指引等。

4.9.4 数据中心应用方案

4.9.4.1 系统架构

数据中心系统架构如图 4-39 所示。

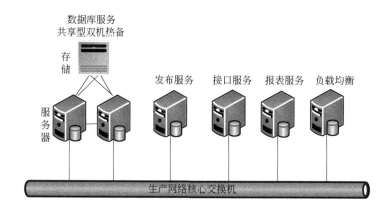

图 4-39 数据中心系统架构

4.9.4.2 双机存储架构

采用双机软件（图 4-40），Rose HA 是基于共享存储的高可用集群软件产品，实时监测应用资源运行状态，实现资源故障时自动切换，解决软硬件的单点故障，从而保障业务系统连续运营。

Rose HA 通过网络在两台主机和存储之间进行实时的数据复制。当 Active 主机发生故障时，Rose HA 会自动将服务切换到备机，并在备机镜像数据的基础上，继续为客户端提供业务服务。

Rose HA 高可用性系统，可以对主机的 IP、应用程序、数据等进行监控和保护，当应用程序或主机发生故障后，Rose HA 将自动、快速地切换应用到备机，确保应用服务的持续和可用性，保证公司业务的持续运行。

Rose HA 支持 Active/Standby 和 Active/Active 两种模式。在 Active/Standby 方式中，其中一台主机作为 Active 主机，运行重要的应用程序，向客户端提供各种应用服务，另一台主机作为备机，实时监控 Active 主机运行情况，当 Active 主机发生故障后，备机就接管 Active 主机上的应用服务。在 Active/Active 配置方式中，每台主机上运行各自的应用程序。

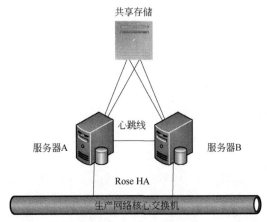

图 4-40　双机存储架构

4.9.4.3　实时数据库存储技术

针对工厂生产数据量大的特点，采用实时数据库技术，实现数据的实时采集与压缩存储，有效对数据进行实时监控、分析。

（1）系统架构

实时数据库系统架构如图 4-41 所示。

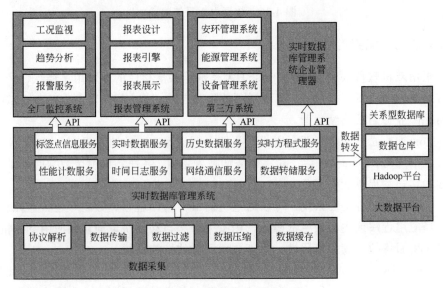

图 4-41　实时数据库系统架构

（2）数据采集架构

生产现场的系统本身具有较强的封闭性和复杂性，不同系统的数据格式、接口协议都不相同，甚至同一设备同一型号不同时间出厂的产品所包含的字段数量与名称也会有所差异，因而无论采集系统对数据进行解析，还是后台数据存储系统对数据进行结构化分解都会带来巨大的挑战。由于协议的封闭，甚至无法完成从设备对数据的采集。在可以采集的情况下，在一个工业大数据项目实施过程中，通常也至少需要数月的时间对数据格式与字段进行梳理。

实时数据库软件包中提供的数据采集适配器工具，能够识别和适配几十个工业设备厂家的若干私有协议（如西门子、倍福、巴合曼等），以及国际国内行业标准规范的数十个标准协议（如 OPC、MODBUS、IEC60870-5-101、DLT645 等），只需简单配置网络地址、端口等参数，即可便捷可靠地将数据源源不断地采集到实时数据库中。输入适配器还具备断点续传、跨网络隔离装置采集、双机冗余等能力，确保数据的及时性、完整性、可靠性和适应性。

一旦这些机器数据进入实时数据库，无论厂（场）站侧的数据平台，还是集团总部的大数据平台，都无需再为繁多的数据协议多样性烦恼，只需从实时数据库这单一数据源稳定持续地获取数据，把复杂问题简单化，是大型系统解决复杂问题的常用策略。

实时数据采集系统有如下优势：

① 基于信息标准化的现场实时数据全量、准确采集。数据全量、标准、实时、同步采集，采集系统整体可靠性高于 99.5%。

② 全厂的所有信息资源(包括全厂的实时 I/O 测点、所有设备信息、电网有关信息等)由数据库来处理，确保与机组分散控制系统(DCS)等实时控制系统信息编码的统一性和互换性，系统资料可以自动同步。

③ 跨平台运行，支持 Windows 操作系统、国产 Linux 操作系统。

④ 开放多种参数接口便于设置及调优，包括以下参数：

网络参数：是否长连接开关、发送缓冲区大小、接收缓冲区大小、连接超时时间、重连等待时间等。

程序参数：系统缓存大小、日志输出等级、存储位置、最大保存数量等。

⑤ 采集软件支持硬件跨平台功能，兼容 ARM、工控一体机和 X86 服务器等不同硬件平台。

⑥ 支持远程信息点配置、硬件启停、软件配置、网络设置、软件更新、批量建点、增加模板、数据库建点、记录简单工作流。

⑦ 具有可扩展性，方便后续独立开发部署第三方采集协议功能模块。

（3）数据传输架构

① 搭建数据可靠、高效传输网络，可保证海量数据稳定传输需求，整体可靠

性高于 99.5%；传输网络具有高可用性，带宽资源按需分配；传输网络具有高可扩展性，支持未来多数据中心架构。

② 数据流传输可透明穿越网络隔离装置，符合相关安全规范。

③ 为提高实时数据的整体传输效率，在采集接口机上将对上传的生产实时数据进行无损压缩，在满足数据传输基本安全规范要求前提下，通过数据压缩提升数据传输效率，有效提升数据传输整体的实时性、安全性、准确性、可靠性。

④ 实时数据采集系统上传的数据包含数据源的时间戳。在通信中断时，实时数据采集系统可以本地保存数据。在网络故障期间，前置接口机会将系统指定的数据按照所要求的精度或周期缓存起来，当故障恢复后，前置接口机会将缓存数据发给服务器，以确保服务器中历史数据的完整性，保证数据不丢失。

（4）实时数据库数据架构

生产过程的实时信息存储核心是实时数据库，它可以采集并存储与生产信息相关的上千万点的数据。实时数据库采用当今先进的并行计算技术和分布式系统架构，对实时、准实时数据进行高效的数据压缩和长期的历史存储，同时提供高速的实时、历史数据服务，为企业管理人员能及时、全面地掌握生产、销售情况，提升资源利用率和生产可靠性，从而增强企业的核心竞争力。

实时数据库管理系统有数据镜像服务优势。实时数据库内置数据镜像服务（Mirror），具备完善的实时数据库复制机制，一个实时数据库可将指定标签点（选择性镜像）的实时数据自动同步至另一个实时数据库中。对于历史数据的修订或补采，同样具备历史数据补传功能，允许对任意数量标签点任意时段的历史数据进行补传。

利用实时数据库镜像能力，用户可以重新定义数据采集和传输。传统的非内置数据传输模块或工具与之相比，会存在故障点成倍数增加、性能下降、传输即时性和可靠性下降、不易维护等问题。

实时数据库镜像支持级联部署，即镜像接收服务器同时也可以作为镜像发送服务器，继续向下一个节点传输数据，形成一个串行的数据链条，这在多个安全级别的数据区域间传输数据时非常有用。

实时数据库镜像还具备多对一汇聚能力，即一台镜像接收服务器可以同时接收多台镜像发送服务器上传的数据，能够搭建成一个数据逐级汇总的树形结构（图 4-42）。

4.9.4.4　业务数据库存储技术

该技术可实现企业 MES 业务数据的存储、分析，为企业生产管理提供数据支持。为提升系统的运行效率，企业应将数据库分生产数据库和历史数据库进行部署。生产数据库存储 3～6 个月最优生产单元的数据，其他时间段的数据存储到

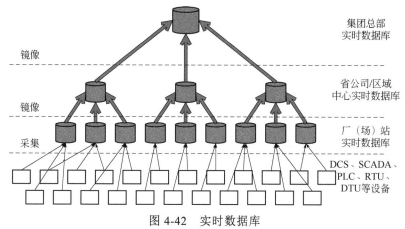

图 4-42　实时数据库

历史数据库；历史数据库根据业务模型进行定期抽取，从而搭建快速分析系统，为企业决策、产品工艺改进、质量提升提供数据分析支持。

4.9.4.5　信息安全

MES 与生产密切相关，其系统稳定性关系到生产安全。其稳定性和安全性影响较大，运行故障会为企业带来巨大的经济损失和影响。MES 会在系统层面、架构层面为企业搭建物理和逻辑安全的系统，保证系统的稳定性、可靠性。

（1）信息保密控制

双方签订保密协议，对实施过程中的信息进行保密，除非经过企业书面同意，否则不会将经营信息及商业秘密（包括生产管理的方式方法与资料、产品技术资料、客户名单、销售渠道、企业战略及其他被认为是商业秘密的信息）对外透露，保证其提供的产品、工具、模型、方法论、源代码、文档、知识资产及服务没有任何权利瑕疵，没有侵犯任何第三方权利。在使用该产品或服务的任何一部分时，免受第三方提出的任何侵犯其知识产权的权利主张。

（2）系统安全管理

系统采用统一身份认证策略，登录该系统必须正确输入用户名和密码，系统由权限认证模块通过后，才能访问本系统，建立严格的权限审批流程，权限经过审核后，才能通过系统进行配置。

系统会设定密码复杂度检测策略，要求密码设置必须是包含大写字母、小写字母、数字，且不少于 8 位密码。而且每 3 个月必须更改密码，否则系统密码自动失效，必须经过审批流程初始化密码才能登录系统。系统设置操作检测策略，检测到 30s 内不操作系统，要求重新登录验证系统才能继续操作。输入密码错误次数超过 6 次，系统自动锁定，经过管理员解锁后才能继续登录系统。现场操作上位机可考虑使用指纹或工牌认证系统，保证系统的安全性。

MES 建立严格的权限管理、操作日志、硬件网络等方面，建立完善的安全方案，杜绝安全隐患，避免数据泄露等信息安全问题。

MES 设立严格的权限管理模块，权限分配到界面、功能、按钮、记录。针对每个角色可设置能访问工厂、配方类型等权限。通过对角色及权限的分配，实现数据权限的控制。同时对登录用户的所有操作进行日志记录，能够及时追溯操作人的操作行为。

加密方法：对于工艺配方、用户密码等关键性的数据，采用加密后数据存储。支持目前 128 位的加密算法。根据业务类型采用合适的加密方法对数据和口令进行加密存储，保证数据库层面的数据安全性。

MES 记录用户对系统的各种操作，登录、退出、修改数据等，由专门的日志审计模块记录这些数据，可通过 MES 实时查看和分析这些日志数据，以跟踪用户的操作行为及分析对系统产生的潜在风险。日志记录包括操作人、登录时间、操作模块、操作行为、时间等信息。对于影响系统安全的操作，会发送给管理员进行审核。

（3）系统网络管理

提供专业的网络规划咨询服务，保证系统网络的安全性。实现工业网络及办公网络的隔离，服务器网络与生产网、办公网的 VLAN 隔离和策略控制，对端口进行规划，避免病毒等影响。部署防火墙、网关、日志审计、数据库审计、入侵检测等实现网络的安全性。

（4）系统安全

在系统部署架构及开发时考虑系统的安全性，增加防入侵等安全策略。客户端到 Web Server 的连接使用 HTTPS 协议，并且实现 SSL 加密；管理端对防 SQL 注入等策略进行规避。系统具备安全协议检测功能，对高风险频繁操作的行为进行分析，从而报警避免产生系统影响。

4.9.5　网络应用方案

4.9.5.1　网络架构

整体网络按照功能划分为办公网络（单独承建，不在本次项目范围内）和生产网络（MES 用，图 4-43 虚线圈定部分），本次项目建设范围为生产网络，采用星形结构部署，包含核心层、汇聚层、接入层，生产网络与办公网络之间部署防火墙进行策略隔离。

上述网络架构具有以下优势：以核心节点为"根"的星形分层拓扑，架构稳定，易于扩展和维护；各区域和功能分区模块清晰，模块内部调整涉及范围小，易于进行问题定位；扩展性强，可随时升级为双节点冗余设计，支持各种业务终端接入，一张网络承载所有业务；支持分支接入、员工远程接入、合作伙伴接入、外部用户访问等各种外联场景；对称性设计，网络的对称性便于业务部署，拓扑直观，便于设计和分析。

网络带宽设计为核心层至汇聚层万兆，汇聚层至交换层千兆，交换层至桌面千兆。传输介质设计为核心层至汇聚层为单模光纤，汇聚层至交换层为单模光纤，交换层至桌面为六类非屏蔽双绞线，双线单插，一用一备。

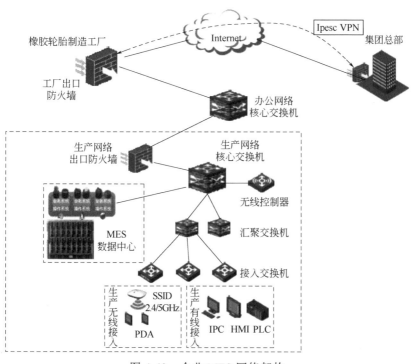

图 4-43　企业 MES 网络架构

4.9.5.2　物理组网规划

（1）核心层设计

核心层部署各功能网络的核心交换设备，核心交换机连接所有的汇聚交换机，转发各个楼层、部门、车间之间的流量。核心层对 3 个以上部门规模的企业来说是必须的，除了减少连线、路由之外，让扩展以及日常策略调整也变得简单。通常情况下，核心层需要采用全连接结构，保持核心层设备的配置尽量简单，并且和业务部门无关。核心层设备需要具有高带宽、高转发性能，否则将无法支撑企业内外部的业务流量。

（2）汇聚层设计

汇聚层是每栋楼或车间的核心，转发各楼层用户间的"横向"流量，同时提供到核心层的"纵向"流量。对接入层隐藏核心层，作为园区网的配线架，将大量用户接入互联的网络中，扩展核心层设备接入用户的数量。通常汇聚层承担L2/L3 边缘的角色，需要具有高带宽、高端口密度、高转发性能等特点，用于支撑该汇聚层下各楼层之间的流量。

（3）接入层设计

接入层是最靠近用户的网络，为用户提供各种接入方式，是终端接入网络的第一层，一般部署二层设备。接入层除了需要部署丰富的二层特性外，还需要部署安全性、可靠性等相关功能。接入层需要具有高端口密度，以支持更多的终端接入企业网络。

4.9.5.3　IP 地址及路由规划

（1）IP 地址设计原则

① 唯一性原则　唯一性是 IP 地址在 TCP/IP 协议中最基本的要求，是 IP 地址的基本特征和 IP 地址编制的重要依据。网络中每一网络所使用的 IP 地址的网络地址字段必须是唯一的，在同一网络中所使用的 IP 地址中包含的主机地址字段也必须是唯一的，这是实现 IP 网络互联互通的基本条件。

② 连续性原则　在层次化结构的网络中为各个节点划分连续的 IP 地址区间，便于实现路径叠合等优化 IP 地址的分配技术，简化路由表数据，提高路由算法的计算效率和动态路由的快速收敛，能有效利用地址空间。

③ 扩展性原则　IP 地址编制要兼顾网络规模扩展的需求，为各个节点预留足够的 IP 地址扩展区间时，应考虑对网络在用地址的继承性，满足路由协议的要求，实现 IP 地址编用的平滑连接等，这是保证网络扩展和有序管理的重要条件。

④ 规范性原则　网络各节点的网络互联设备和局域网内主要设备等采用规范的地址编制技术和方法，是网络互联互通和提高网络管理效率的有效措施。

⑤ 标准化原则　遵循有关 TCP/IP 协议标准来规划 IP 地址，是网络建设的重要原则。

（2）IP 地址编制方法

① 完全二叉树分配法　网络中各级子网 IP 地址的编制，是从完全二叉树地址空间中某一子树的根开始，逐级向下将该子树下的从属子树分配给各级子网和其下级子网，同级子网均以同样方法分配同根的二叉子树。网络互联 IP 地址和用户主机 IP 地址，都是从本级子网的从属子树地址空间中分配。采用这一 IP 地址的编制技术，既避免了各级子网 IP 地址的重叠，又保证了各级子网 IP 地址空间的连续性。

② 分布的地址空间预留技术　是指给按层次划分的各级子网 IP 地址预留空间，当由于网络扩展需要 IP 地址扩展时，可使扩展的 IP 地址空间与在用的 IP

地址空间连续，使网络继续保持其最简的路由表数据结构，保证了 IP 地址的平滑扩展。

③ 无类域间路由（CIDR）编址技术　无类域间路由 CIDR（classless interdomain routing）编址技术使用了可变长子网掩码 VLSM（variable-length subnet mask）技术和完全二叉树地址分配技术，可根据网络和主机的分布状况，灵活地选择不同的子网掩码屏蔽位长度，动态分配网络地址标志位和主机地址标志位长度，不仅能有效提高 IP 地址空间利用率，而且使路由表数据更加简化。

（3）路由设计原则

路由协议选择原则：互连是网络构建最基础和最本质的要求，选择适当的路由协议需要以此为目标，并综合考虑以下因素：

① 路由协议的开放性　开放性的路由协议保证了不同厂商都能对本路由协议进行支持，这不仅保证了目前网络的互通性，而且保证了将来网络发展的扩充能力和用户构建网络时的设备选择空间，这点在很多情况下是需要重点考虑的。

② 网络的拓扑结构　网络拓扑结构直接影响协议的选择。例如 RIP 这样比较简单的路由协议不支持分层次的路由信息计算，对复杂网络的适应能力较弱。对于比较复杂的网络，需要使用处理能力更强的协议，如 OSPF、IS-IS 等。

③ 网络节点数量　不同的协议对于网络规模的支持能力有所不同，需要按需求适当选择,有时还需要采用一些特殊技术解决适应网络规模方面的扩展性问题。节点较多，路由信息也非常多，而且网络状况会千变万化，将导致路由刷新相对频繁，所以对路由协议的性能提出很高的要求，如能支持的节点数，路由选径是否最佳，路由算法必须具有鲁棒性、快速收敛性、灵活性等。

④ 网络间的互通及关联要求　通过划分成相对独立管理的网络区域,可以减少网络间的相关性，有利于网络的管理和扩展。可通过划分区域等形式，路由协议要能支持减少网络间的相关性。必要时还要考虑路由信息安全因素和对路由交换的限制策略管理。

⑤ 管理和安全上的要求　通常要求在可以满足功能需求的情况下尽可能简化管理。但有时为了实现比较完善的管理功能或为了满足安全的需要，例如对路由的传播和选用提出一些人为的要求，就需要路由协议对策略的支持。

根据以上原则，现在各种大型网络构建中，为节省投资、保证网络的持续扩展性，都在使用开放、标准而又健壮的协议。

4.9.5.4　无线网络规划

无线网络规划设计采用"WAC+FIT AP"的组网架构，旁挂式组网，独立 WAC 建议部署在核心层。无线网络设计应该注重简单可靠、易部署、易维护，通常遵循如下原则：

① 安全性原则　WLAN 网络作为开放性的无线接入网络，在网络建设规划时需注重对用户的安全性及网络的安全性考虑。

② 可靠性原则　WLAN 网络需保证网络的信号质量、设备的稳定运行、避免单点故障，为客户提供可靠的 WLAN 无线接入业务。

③ 易维护性原则　WLAN 网络系统的设备应方便管理，易于维护，便于进行系统配置，可统一监控设备参数、数据流量、系统性能等，并可以进行远程管理和故障诊断。

④ 可扩展性原则　WLAN 系统设备不但要满足当前需要，并且在网络的扩展性方面要满足可预见将来需求，如带宽和设备的扩展，应用的扩展和办公地点的扩展等。保证建设完成后的系统在向新的技术升级时，能保护已有的投资。

4.9.6　系统集成

4.9.6.1　ERP 接口集成

与 ERP 系统进行集成，建立和 ERP 系统的信息共享。ERP 接口示例如表 4-1 所示。

表 4-1　ERP 接口示例

序号	外部接口信息	源系统	目标系统	数据属性	频率
1	订单信息	ERP	MES	订单号、物料规格、客户信息、收货信息、结算信息等	订单形成时
2	订单变更信息	ERP	MES	订单号、变更内容、变更时间、变更原因等	需变更时
3	出厂/转库计划信息	ERP	MES	提单号、运输方式、装货地点、交货地点、计划执行日期、计划执行周期、计划重量、计划件数、材料号等	产出时
4	主数据-物料	ERP	MES	原材料、胶料、半制品、成品胎的编码及名称定义，包括模具、备件等	变化时
5	主数据-BOM 清单	ERP	MES	物料质检的 BOM 关系，给 MES 做防误验证，投入产出对比分析	变化时
6	计划单	ERP	MES	ERP 指定的主计划单信息，包括计划单号、日期、物料规格、数量等	计划下达时
7	备件出库	ERP	MES	对备件进行管理，如出库人、出库时间、物料规格、数量、出库位置等	出库时
8	工作中心	ERP	MES	成本工作重心同 MES 一致	变化时
9	检测标准	ERP	MES	质检的标准：标准值、上限、下限等	制定时
10	物料信息	PDM	MES	物料编号、物料名称等信息同步	变化时
11	工艺 BOM	PDM	MES	MES 控制生产的工艺路线和 BOM	变化时
12	制造 BOM	PDM	MES	MES 生产制造的物料 BOM 关系	变化时

序号	外部接口信息	源系统	目标系统	数据属性	频率
13	订单执行跟踪信息	MES	ERP	订单号、跟踪编号、跟踪量等	变化时
14	订单变更请求信息	MES	ERP	订单号、请求内容、请求时间、变更原因等	变更前
15	生产报工	MES	ERP	各工序计划单完成报工信息，实际消耗信息	完工时
16	物料移动上传	MES	ERP	所有物料存储位置、库存状态、库存性质变化的操作，生产订单投料、工厂间转移、库存地转移、改判、库存调整等	变化时
17	物料移动反冲	MES	ERP	通过 SAP 反馈的物料凭证，反冲错误的物料移动操作	错误处理
18	入库单信息	MES	ERP	检验合格后，入库后生成入库单，包括入库日期、单号、规格、数量等	入库确认
19	发货信息	MES	ERP	出库单发货实际信息	发货确认
20	调拨单信息	MES	ERP	调拨单的实际信息	调拨确认
21	设备停机信息	MES	ERP	设备状态，设备开停机记录，设备运行状态，设备故障明细	变化时
22	检测数据	MES	ERP	检测结果及检测信息	变化时
23	生产命令信息	MES	PCS	生产订单号、订单规格、数量等	命令形成时
24	工艺标准信息	MES	PCS	物料、机台、温压等工艺标准等	新标准形成时
25	设备基本信息	MES	PCS	设备号、设备类型等	随生产命令一同下达
26	控制信号	MES	PCS	发生错误时，控制设备停机，避免质量事故	需要时
27	生产实际信息	PCS	MES	实际完成数量、实际完成重量等	产出时
28	工艺参数监控	PCS	MES	工艺参数实时监控，与报警比对，不符者报警	按时间段采集
29	设备停机信号	PCS	MES	设备停机时报警，故障申报处理流程	发生时
30	设备运转状况信息	PCS	MES	设备号、工位号、使用次数、运转状态、作业时间等	按时间段采集

4.9.6.2 接口集成技术

网络服务（web service）是一项技术，能使运行在不同机器上的不同应用无须借助附加的、专门的第三方软件或硬件，就可相互交换数据或集成。依据网络服务规范实施的应用之间，无论它们所使用的语言、平台或内部协议是什么，都可以相互交换数据。网络服务是自描述、自包含的可用网络模块，可以执行具体的业务功能。网络服务也很容易部署，因为它们基于一些常规的产业标准以及已有的一些技术，诸如 XML 和 HTTP。网络服务减少了应用接口的花费。网络服务为整个企业甚至多个组织之间的业务流程的集成提供了一个通用机制。

网络服务也是一个应用程序，它向外界暴露出一个能够通过网页进行调用的 API。用网络服务集成应用程序，可以使公司内部的商务处理更加自动化。

4.9.7 实施过程规范

按照"整体规划、分步实施"的思路，根据现场情况分三部分从后向前进行实施，先以各工序选择试点，然后逐步推广，保证实施的质量。

根据信息化 MES 的特点，整个实施过程可以分为 3 个阶段（图 4-44）：实施前准备阶段、实施过程控制阶段和实施结束后的维护支持阶段。

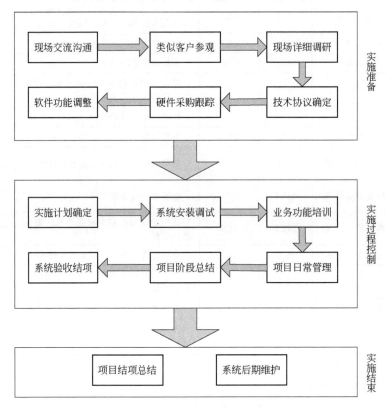

图 4-44　MES 实施过程三阶段

4.9.7.1 实施准备

实施前的准备工作非常重要，是为实施打下良好基础的阶段。这部分主要以项目经理为主开展工作，在此阶段项目实施小组人员组成基本明确。

在实施准备阶段主要包括以下工作内容：

① 现场交流沟通：对项目的范围、规划方案的交流。

② 类似客户参观：根据交流结果及对系统要求，找类似项目参观，以深入了解信息化系统内容。

③ 现场详细调研：根据项目范围及客户要求，对客户相关部门及人员进行信息化需求的详细调研，以确认系统实现细节。

④ 技术协议确定：根据现场详细调研内容，和客户确定技术协议，双方确认系统实施的具体内容。

⑤ 硬件采购跟踪：确认系统的实施内容及合同签订后，进行硬件的采购及到货跟踪。

⑥ 软件功能调整：根据技术协议内容，对系统功能进行调整完善。

4.9.7.2 实施过程控制

对项目资源的调配、计划的控制、变更的管理等内容在项目实施过程中严格按照实施过程控制规范开展工作，保证项目在可控状态下运行。

在实施过程控制阶段主要包括以下工作内容：

① 实施计划确定：项目现场实施前，根据实际情况确定具体的实施计划，协调资源、分析风险。

② 系统安装调试：系统软硬件的现场安装调试。

③ 业务功能培训：对系统的软硬件功能及维护方式，在现场分部门、分岗位地进行培训。

④ 项目日常管理：项目现场实施过程中的规范管理，项目计划的跟踪控制、变更管理，每周的项目例会、项目周报、系统问题的记录跟踪、系统配置管理等。

⑤ 项目阶段总结：根据项目实施计划，项目实施过程中有几个里程碑，每个阶段点都要进行阶段总结。

⑥ 系统验收结项：项目最终实施完毕进行验收结项。

（焦清国）

第5章

橡胶工业智能制造的方向、路径及措施

5.1 实施"双碳"目标，建设橡胶工业强国

5.1.1 "双碳"目标的提出

2020 年 9 月 22 日，我国在联合国大会上提出，二氧化碳排放力争于 2030 年前达峰，努力争取 2060 年前实现碳中和（简称为"双碳"目标），而且多次向全世界承诺。国家已经将碳达峰、碳中和列为今后经济发展的重点任务之一。如何实现碳达峰、碳中和的目标，成为业内外广泛关注和深入探讨的议题。我国二氧化碳排放量在 2019 年已经达到 102 亿吨，是全球最大的碳排放国，从 2030 年实现碳达峰到 2060 年实现碳中和难度很大。实现 2030 年碳达峰、2060 年碳中和的目标，是重要的政治问题、经济和国际贸易问题及科学问题。对于我国经济和社会发展来说都将面临巨大的挑战，也是我国经济转型升级的重要机遇。

5.1.2 实现"双碳"目标的路径

实现"双碳"目标要依靠大幅度、颠覆性的科技创新，要发展高端制造业。具体来说，实现"双碳"目标需从产业结构调整和技术进步两方面着手：一方面推动传统资源密集型低端产业、重工业向高端制造业、高技术产业发展；另一方面以科技创新推动能源效率提高。

据报道，实现"双碳"目标的主要路径有：一是通过系统、工艺及设备节能提高能效；二是通过原料、装置、产品结构调整实现降碳；三是通过生物质能、绿氢、光热、风能、储能设施、核能、地热、光伏的应用，实现可再生能源替代；四是捕集、利用与封存（CCUS），是二氧化碳减排的重要技术措施，是资源化利用，特别是生产高附加值的烯烃、甲醇等化学品来实现产业碳汇的重要手段；五是以植树造林实现林业碳汇；六是碳排放权交易，为解决二氧化碳为代表的温室气体减排的新路径，是实现"双碳"目标的政策工具。

5.1.3 我国碳排放现状

从细分行业看，电力、黑色金属、非金属矿产、运输仓储与化工是我国碳排放的前五大行业。具体来看，生产和供应电力、蒸汽及热水行业占碳排放的 44.4%，位居第一；黑色金属冶炼及压延加工占 18.0%，次之；非金属矿产和运输、仓储、邮电服务分别占 12.5% 与 7.8%，分居第三、第四位；化学原料和化学制品占 2.6%，位列第五，其中橡胶工业约占 1%。这五大行业合计碳排放约占总排放的 85.3%。可以预见的是这些行业将是未来碳减排的主攻方向，最易受到政策调控的冲击。如石油化学工业重点排放企业中，碳排放量超过 2.6 万吨的轮胎企业有 100 多家。

5.1.4 橡胶加工行业碳排放和碳足迹

关于橡胶加工行业碳排放现有数据尚少，而且差距较大，比较准确的数据需要进一步调研测算。但根据以上我国碳排放现状，橡胶加工属于碳排放排行第五的化学原料和化学制品行业，虽然不是碳排放最高的电力行业，但是为了达到国家"双碳"目标，橡胶加工行业也必须减少碳排放和碳足迹。橡胶工业的碳足迹主要是原材料、制造过程和废旧橡胶及"三废"利用。

5.1.5 橡胶工业实施"双碳"目标方向

一是扩大应用天然与生物基新材料，逐步减少化石原材料使用，这是个长期的目标。天然橡胶树每生产 1t 天然橡胶能吸收 17.5t 的二氧化碳，是负"碳足迹"绿色材料。合成橡胶一方面其原材料依赖化石资源，另一方面碳排放量高，每生产 1t 合成橡胶要排放 3.3t 二氧化碳，相比天然橡胶生产，每吨多出近 20t 的二氧化碳排放。生物基异戊橡胶、丁基橡胶和乙丙橡胶碳排放更少。

二是推行数智赋能，提高生产效率，降低能耗。加快推动新一代信息技术与橡胶工业制造技术融合发展，把智能制造作为"两化"深度融合的主攻方向，着力发展智能橡胶机械装备、自动化生产线和智能制造工厂，推进生产过程智能化，培育新型生产方式，全面提升企业研发、生产、管理和服务的智能化水平。提高橡胶机械单机智能水平，首先密炼机、挤出机、成型机、硫化机等主要设备要达到工业 3.0 标准，广泛应用由 PC、PLC 等电子、信息技术自动化控制的机械设备，提高生产效率。制造商由提供单机、裸机向提供智能设备转变。主要工序如炼胶、挤出、成型、硫化等实现自动化连续生产。在以上基础上，根据 CPS 开发适合各种橡胶产品的智能工厂架构平台，实现企业全面智能生产。物流是橡胶工厂不增值的环节，要首先推广已经成熟的传送带和自动导引车（AGV），实现工厂内部原材料、半成品和成品的物流自动化，淘汰电瓶车、叉车以及人力车搬运的落后状况。

三是推行循环经济，提高资源高效利用，大力开展废旧橡胶综合利用和"三废"利用。

5.2　橡胶工业智能制造的路径

5.2.1　橡胶新材料

（1）新材料是新工业革命的重要内容

新工业革命的内容绝不限于智能互联的机器和系统，其内涵非常广泛。当前，从基因测序到纳米技术，从可再生能源到量子计算，从新材料到 3D 打印，各个领域的技术风起云涌。这些技术之间的融合，以及它们横跨物理、数字和生物几大领域的互动，决定了第四次工业革命与前几次革命有着本质不同。

新材料是新工业革命的重要内容。新材料是指新近发展或正在发展的具有优异性能的结构材料和有特殊性质的功能材料。结构材料主要是利用它们的强度、韧性、硬度、弹性等力学性能，如新型陶瓷材料、非晶态合金等。功能材料主要是利用其所具有的电、光、声、磁、热等功能和物理效应，如以石墨烯为代表的二维材料；支撑人工智能和机器人的智能仿生材料；引发医疗行业巨大变革的智能医疗、生物芯片、细胞治疗等生物医疗材料；以分布式能源为主流，引发能源结构变革的清洁可再生能源材料；能改变光的传播特性的隐身超材料；在电机、磁悬浮运输、受控热核反应、储能等方面具有广阔应用前景的超导材料；可用于柔性可穿戴电子通信和人工智能设备的液体金属材料；以及实现人类社会可持续发展的绿色生命周期的环境材料等。

很多新材料将很快投入市场，具有几年前人们无法想象的属性。总的来说，新材料质量更轻、硬度更大，其回收性和适应性也更强。例如，现在已经投入使用的一些智能材料可以自我修复、自我清洁；一些金属具备记忆，可以恢复到原来的形状；有些陶瓷和水晶可以将压力转化为能源。

与新工业革命的很多创新一样，很难预知新材料的发展会对人们产生什么影响。以石墨烯为例，这种先进纳米材料的硬度大约是钢的 200 倍，厚度却仅为人类头发丝的百万分之一，而且还是热量和电能的优良导体。石墨烯一旦能在价格上表现出竞争力（以克来计量的石墨烯是地球上最昂贵的材料之一，微米大小的一片石墨烯其价格就超过 1000 美元），便能对制造业和基础设施行业形成巨大的冲击。此外，石墨烯还可能对一些高度依赖某些特定商品的国家产生深远影响。

还有些新材料有望在缓解人类所面临的全球性危机中发挥重要作用。例如，对于一些过去普遍认为无法回收却又广泛用于生产手机、电路板乃至航空部件的材料而言，热固性树脂的创新有望实现这些材料的回收利用。科学家也发现了一种名为聚六氢三嗪（PHTs）的新型可回收热固性聚合物，这一发现将为发展循环经济作出重大贡献。循环经济以资源再生利用为出发点，有助于打破发展对资源的高度依赖。

（2）分子设计是新材料发展的重要工具

分子设计是从分子、电子水平上通过数据库等大量实验数据，结合现代的理论方法通过计算机设计新的分子。分子设计不是一门独立的学科，也不是一种独立的技术，其设计过程是：

① 数据收集：数据可靠性是设计的关键，只有确保数据的可靠，设计的结果才有意义。

② 确定作用机理并找出有效官能团。

③ 参数提取与建模方法选择：参数可以从实验得来，也可以是从理论计算而来。理论计算参数的优点是没有人为的影响因素。

④ 模型建立：根据前面收集到的数据、参数建立数学模型，定量模型是分子设计的主要依据。

⑤ 检验建立的定量模型，确保模型可信性。

⑥ 设计新分子。

⑦ 合成及性能测试：通过一定方法合成所设计的分子，并检验新分子性能。根据情况从①～⑥步进行多轮反复。

分子设计及自组装是当代材料科学与技术领域研究工作的热点，它涉及物理、化学、数学，特别是对称性方面的知识。

（3）人工智能辅助分子设计

想要设计一种新材料，首先必须应对两个挑战：找到物质的正确化学结构，并确定哪些化学反应将正确的原子连接到所需的分子或分子组合。传统上，答案来自偶然性所引发的复杂猜测。该过程非常耗时，并且涉及许多失败的尝试。例如，合成计划可能有数百个单独的步骤，其中许多步骤会产生不想要的副反应或完全根本不发生反应。然而，现在人工智能（AI）开始提高设计和合成的效率，使之更快、更容易、更便宜，同时减少化学品浪费。

在 AI 中，机器学习算法分析所有已知的过去实验，这些实验试图发现和合成感兴趣的物质，包括那些有效的实验，更重要的是那些失败的实验。基于它们识别的模式，算法预测潜在有用的新分子结构和制造它们的可能方式。没有任何一种机器学习工具可以通过按一下按钮就能完成所有这些工作，但 AI 技术正在迅速进入材料的真实设计。例如，德国明斯特大学的研究人员开发的 AI 工具，反复模拟 1240 万个已知的单步化学反应，提出了多步合成路线，比人类的速度快30 倍。

在材料领域，像 Citrine Informatics 这样的企业正在使用类似于制药商的方法，并与包括巴斯夫和松下在内的大公司合作，以加速创新。

美国政府也支持对 AI 设计的研究。自 2011 年以来，已在材料基因组计划中投入了超过 2.5 亿美元，该计划正在建立一个包括人工智能和其他计算方法的基础设施，以加速先进材料的开发。

过去的经验告诉人们，新材料和化学品可能会对健康和安全造成无法预料的风险。幸运的是，AI 方法应该能够预测并减少这些不良后果。这些技术似乎有望显著提高新型分子和材料被发现并带入市场的速度，可以提供诸如改善医疗保健和农业、更好地保护资源以及增强可再生能源的生产和储存等益处。

（4）最新量子计算机技术将应用于新材料开发

《自然》杂志刊登了量子计算机一项重大突破：IBM 科学家利用研发的全新算法，成功在 7 量子位系统中模拟出氢化铍（BeH_2）分子，是迄今最大、最复杂的分子，打破了历史纪录。这意味着用小型量子系统研发新药指日可待。

当今超级计算机模拟氢化铍和简单分子，并已在物理学领域中广泛应用。但模拟分子最大的挑战是计算化合物的基本能态，这种相互作用遵循的是微观的量子力学原理，对传统计算机来说，模拟出这些量子特性的分子结构要消耗大量能量，随着分子内原子数增加，模拟愈加困难。

科学家将目光投向量子计算机，认为其能克服传统计算机难题。量子计算机非常敏感，其准确性会受到温度或电磁场等影响。此研究之前的纪录是，用 3 个量子位模拟出氢气分子。

据研究人员描述，人们一直认为，量子计算机在数据传输等领域的应用，还需很久才能实现，但新研究从物理学转向化学领域，使量子系统率先在发现新材料中发力。现有量子计算机已经达到 20 个量子位，如果开发出更复杂的算法，就能模拟出数十个原子的复杂分子。

现在，IBM 已经通过云服务公开其 16 个量子位计算机和化学算法，并呼吁研究人员利用其工具，进行模拟分子的研究。

（5）国家大力支持新材料发展

新材料作为国民经济先导性产业和高端制造及国防工业等的关键保障，是各国战略竞争的焦点。发达国家都将前沿新材料的研究和应用作为新一轮科技和工业革命的切入点，纷纷制定各种发展计划，整合优化资源配置，加大经费支持。特别是引导和鼓励材料行业的大型龙头企业实现强强联合，或形成跨领域跨行业的战略联盟，形成对全球市场新的垄断。

我国新材料产业的战略地位不断提升，目前已上升到国家战略层面。通过国家不断出台相关政策可以看出，国家发展新材料产业的核心目标是：提升新材料的基础支撑能力，实现我国从材料大国到材料强国的转变；具体从关键战略材料、先进基础材料和前沿新材料3个重点方向展开，同时还要结合我国实际促进特色资源新材料的可持续发展。

在我国，新材料产业是七大战略新兴产业之一。近年来，我国新材料产业发展迅速，总产值从2010年的0.65万亿元，飞速发展到2017年的3.1万亿元，年均增长超过25%。在产业政策的促进下，将保持良好的增长势头，预计到2025年产业总产值将达到10万亿元，并保持年均增长20%；到2035年，我国新材料产业总体实力将跃居全球前列，新材料产业发展体系基本建成，并能为21世纪中叶实现制造强国提供基础支持。

近年来，国家出台了一系列新材料行业相关政策。

2016年11月29日国务院在《"十三五"国家战略性新兴产业发展规划》提出：到2020年，力争使若干新材料品种进入全球供应链，重大关键材料自给率达到70%以上，初步实现我国从材料大国向材料强国的战略性转变；推动新材料产业提质增效；面向航空航天、轨道交通、电力电子、新能源汽车等产业发展需求，扩大高强轻合金、高性能纤维、特种合金、先进无机非金属材料、高品质特殊钢、新型显示材料、动力电池材料、绿色印刷材料等规模化应用范围，逐步进入全球高端制造业采购体系；推动优势新材料企业"走出去"，加强与国内外知名高端制造企业的供应链协作，开展研发设计、生产贸易、标准制定等全方位合作。

2016年12月30日，工业和信息化部、发展改革委、科技部、财政部联合印发《新材料产业发展指南》，重点任务是：突破重点应用领域急需的新材料；布局一批前沿新材料；强化新材料产业协同创新体系建设；加快重点新材料初期市场培育；突破关键工艺与专用装备制约；完善新材料产业标准体系；实施"互联网+"新材料行动；培育优势企业与人才团队；促进新材料产业特色集聚发展。

2018年4月，工信部、财政部联合印发《关于印发国家新材料产业资源共享平台建设方案的通知》，提出发展目标为：到2020年，围绕先进基础材料、关键战略材料和前沿新材料等重点领域和新材料产业链各关键环节，基本形成多方共建、公益为主、高效集成的新材料产业资源共享服务生态体系。初步建成具有较高的资源开放共享程度、安全可控水平和运营服务能力的垂直化、专业化网络平台，以及与之配套的保障有力、服务协同、运行高效的线下基础设施和能力条件；建立技术融合、业务融合、数据融合的新材料产业资源共享门户网络体系。

（6）新材料对橡胶工业发展的影响

橡胶工业的原材料分三大类，即主体材料、骨架材料和助剂材料，可以说这三大材料决定了橡胶产品的特性和功能，橡胶工业的发展基本上取决于这三大材料的发展。目前三大材料的原料 60%来源于石油和煤炭等化石资源。

新材料主要是指最近发展或正在发展之中的，具有比传统材料性能更优异和特殊性质的结构材料和功能材料。新材料的发展将对橡胶工业的新产品开发，以至制造工艺和装备等产生巨大影响。特别是对于促进橡胶工业智能制造、提高效率和质量、降低能源消耗和减少污染、建设橡胶工业强国具有重要的战略意义。

（7）橡胶新材料的进展

与新工业革命的很多创新一样，据报道，与橡胶工业有关系的新材料近几年也有了令人惊喜的进展，特别是新型碳素材料和生物材料的发展具有重要意义。

目前已知的所有合成橡胶和热塑性弹性体、骨架材料、助剂基本上依赖化石资源制造，但科技的进步，也几乎均有对应的生物制造路线，在生产技术日益成熟下，规模化放大可期。"双碳"目标背景下，科技发展有望成为生物基橡胶工业新材料启动的催化剂，引发新的发展。

① 生物基合成弹性体的研究取得了显著的进步　传统生物基合成弹性体的研究主要集中在生物可降解和生物医用方面，所制备的弹性体具有用料少、造价高、力学性能较差的特点。从成本和性能考虑，均不适合应用在轮胎、传送带、减震密封件等传统工程橡胶领域。北京化工大学张立群教授课题组首次提出了生物基工程弹性体（biobased engineering elastomer，BEE）的概念和内涵，所用原料不依赖于化石资源，主要通过可再生的生物资源来制备，单体容易获得，价格便宜。通过化学合成或者生物合成的这些弹性体应当具有良好的环境稳定性，例如较低的吸水率和非常低的降解速率。合成的弹性体应该与传统橡胶加工成型工艺有良好的相容性，可采用传统橡胶加工工艺加工成型，例如混合、模压和硫化等工艺；合成弹性体（包括增强或未增强的）应该具有与传统合成橡胶相比拟的力学性能，可以适合于多方面的工程应用。

a．聚酯生物基工程弹性体。聚酯生物基工程弹性体（polyester bio-based engineering elastomers，PBEE）主要是分子主链上含有酯基的不饱和聚合物，是由多种二元酸与二元醇聚合而成。PBEE 是一种新型的弹性体材料，具有与传统橡胶相媲美的物理性能，有望在一定领域替代传统橡胶材料。PBEE 所选用的合成原料均为现阶段大宗工业化生产的生物质单体，单体产量大且价格较为便宜，这为 PBEE 的发展提供了一定的价格优势。PBEE 可采用传统聚酯的生产工艺设备，工艺路线相对较为成熟，有一定工业化生产的基础。

这种新型的弹性体材料是由北京化工大学张立群教授课题组率先制备得到，该课题组正在建设年产100t的PBEE中试生产线。

b. 大豆油生物基工程弹性体。大豆油作为一种天然原料，环保可再生，是目前产量最大的植物油之一，因此利用大豆油制备聚合物也成为当前研究的热点。然而，目前报道的利用大豆油为原料制备弹性体的研究非常少，这主要是由于大豆油为甘油酯结构，其聚合物基本上是热固性聚合物，无法进一步加工。在弹性体领域，为了得到较低的玻璃化转变温度，弹性体分子链一般都比较柔顺，不结晶，因此大多数弹性体本身的力学性能不高（像天然橡胶这样具有拉伸结晶性能的弹性体除外），无法直接应用，需要通过二次加工引入纳米增强颗粒和其他填料来提高其力学性能和其他特殊性能，如耐老化性等。考虑到大豆油结构的特殊性，可以先制备具有可加工性能的大豆油弹性体，然后通过二次加工的方法来提高其力学性能。

北京化工大学张立群教授课题组第一次提出以环氧大豆油（ESO）与生物质癸二胺（DDA）为原料进行反应，利用癸二胺既可与环氧官能团进行开环反应进行聚合，又可与环氧大豆油结构中的甘油酯官能团发生氨解反应，从而破坏聚合物或预聚物中的交联结构，最终成功制备了非交联、具有可加工性能的大豆油生物基工程弹性体（PESD），并对其进行了二次加工，制备得到了具有实用价值的交联大豆油弹性体材料。

c. 开发成功源于生物基原料的三元乙丙橡胶（KeltanEco）。朗盛化学公司（阿朗新科公司前身）一直在研究如何进一步降低橡胶加工过程中的二氧化碳足迹。已开发成功KeltanEco产品的原料乙烯是由生物基原料制成，在许多情况下，三元乙丙橡胶制品除了橡胶之外还含有高达4倍之多的其他成分（如填料和油）。其他材料也已经试验出了一些增塑剂和填料可以同这种生物基橡胶混炼，以进一步减少橡胶混炼胶的碳足迹。朗盛研究了全系列具有不同不饱和度的亚麻籽油和橄榄油，以及改性氢化椰子油等。在潜在的"绿色"填料方面，包括微晶纤维素（取自木材）、硅灰（取自稻壳）和热解炭黑（取自废旧轮胎），以及包括源自废弃轮胎中的天然油和炭黑的利用。

② 天然杜仲种植、提胶和杜仲胶应用取得一系列进展

a. 天然杜仲胶提取技术取得突破性进展。近年来，有多家高校及企业致力于改进天然杜仲胶的提取技术，试图寻找一种更加经济和环保的提取工艺。目前天然杜仲胶的提取工艺已发展为化学法、机械物理粉碎法、微生物发酵法、部分酶解法及亚临界提取五类技术体系。

近期的研究进展有：贵州省发酵工程与生物制药重点实验室副主任、贵州大学教授张学俊带领研究团队，将生物酶解化学与工程学相结合，在杜仲树皮批量

试验中实现了全生物酶酶解杜仲胶提取，获得的杜仲胶纯度达到92%以上，达到了可作为一般工业原料使用的品级。该研究结果表明，不用化学手段，直接采用全生物酶进行杜仲胶的生产是可以实现的。

吉首大学与湘西老爹生物公司、贵州大学合作创新了物理机械法-生物酶法-化学催化三步法天然杜仲胶提取技术体系，可以使杜仲胶纯度达到99%。该体系将物理法、生物法、化学法有机地结合为一体，实现了从杜仲翅果中快速、高效提取杜仲胶的目标，具有反应条件温和、对设备要求低、无污染、杜仲胶收率和纯度高的特点，应用前景广阔。

青岛科技大学开发了机械物理粉碎法天然杜仲胶提取工艺，兰州大学开发了天然杜仲胶亚临界提取工艺。

b. 杜仲胶工业化进展良好。2013年年底，万吨级合成杜仲胶装置顺利投产，且运转良好。另有陕西安康汉阴华晔植物药业有限公司、杜仲科技实业（集团）有限公司（原湖北老龙洞杜仲开发公司）建成百吨级天然杜仲胶及相关综合利用装置。陕西略阳县嘉木杜仲产业有限公司对原杜仲胶装置进行了改造。上述装置已陆续生产一定量的杜仲胶用于应用试验。

湖南湘西老爹生物有限公司已经应用小型装置陆续生产数百千克天然杜仲胶免费提供给轮胎、高铁及汽车部件、医疗及特高压变电等领域做应用试验。

c. 杜仲胶应用领域不断扩展。在轮胎应用领域：中国杜仲胶科学研究院、青岛第派新材有限公司与红豆集团、双钱轮胎等单位密切合作，在绿色轮胎应用方面不断取得新进展。

北京橡胶工业研究设计院与湘西老爹生物公司合作，将杜仲橡胶作为生物高分子材料抗撕裂剂用于轮胎胎面，只需用少量杜仲胶即可明显改善顺丁胶的耐撕裂性能。这不仅可以解决顺丁胶撕裂强度差的问题，还可以通过使用少量杜仲胶提升轮胎的综合性能，如耐磨、抗撕裂、节能等。由此可以平衡杜仲胶成本过高的问题。

在塑料改性领域：杜仲胶研究院进行了合成杜仲胶/聚丙烯合金的制备。近期又开发了彩色、无味医用夹板专用粒料与片材；在鞋用胶底、胶垫、热塑模压鞋等领域的应用开发取得进展。目前正在开发合成杜仲胶制备TPV热塑胶和合成杜仲胶环氧化产品等。

沈阳化工大学材料学院在杜仲胶改性高聚物领域开展了一系列研究，并取得良好进展。

在减震降噪应用领域：中国南车株洲时代新材料科技股份有限公司对杜仲胶在铁路、汽车减震降噪产品应用方面做了多年研究，研究结果表明，只要在天然三叶橡胶中加入10%的杜仲胶，减震橡胶产品的耐疲劳性提高1倍以上，胶料的拉伸强度和撕裂强度显著提高。同时通过检测得出，天然杜仲胶较合成杜仲胶具有熔点更低、金属离子含量更低的优势，拓宽了杜仲胶的应用领域，在高速铁路及汽车领域中具有很大的应用发展空间。

在汽车部件应用领域：山东美晨有限公司、青岛第派新材有限公司、湖北杜仲集团公司与东风汽车公司配合开展了杜仲胶在汽车部件领域的工作。天然橡胶并用杜仲胶制成的减震垫抗疲劳性能比天然橡胶产品增加两倍之多。用于制造汽车发动机悬挂减震制品滞后损失降低一半以上，永久变形、回弹率等性能也有显著改善。

③ 生物基高性能尼龙 56 投入生产　2018 年，新疆乌苏市与凯赛生物公司合作，建设年产 10 万吨生物基尼龙 56 项目投产。目前尼龙产品是利用石油产品原料来聚合生产的，如杜邦公司是由己二胺和己二酸合成尼龙 66。目前国内己二胺主要依靠进口。凯赛公司利用生物基戊二胺与己二酸合成尼龙 56，性能媲美甚至超越了经典的尼龙 66，主要应用领域是纤维（如服装、汽车轮胎帘布、地毯和管道等）和工程塑料（如电子仪器产品和汽车的部件等）。应用生物技术合成尼龙 56，生产过程中不再使用石油原料，而是采用可以再生的糖基原料，可以减少己二胺进口，降低成本。尼龙 56 材料（结构见图 5-1）性能高，市场巨大，是轮胎、输送带等橡胶产品可以选择的骨架材料。

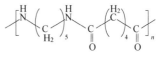

图 5-1　尼龙 56 分子结构

④ 利用稻壳（灰）等生产炭黑取得进展　四川大学的一项新成果是以稻壳（灰）、稻秆、麦壳、甘蔗渣、锯木屑等富硅植物为原料生产炭黑，其补强效果等同传统炉法炭黑，具有高定伸应力、良好的加工性、高回弹性、耐屈挠性。此类炭黑生产工艺简单、成本低，既为农副产物综合利用、变废为宝开辟了新途，又减少了炭黑生产原料依赖化石资源的问题，符合国家"双碳"目标。

另有报道，通过使用石墨烯改性稻壳炭黑，可以大幅度提高炭黑质量。

⑤ 超强高弹新型碳素材料开发成功　中美研究人员 2017 年 6 月 9 日在美国《科学进展》杂志上报道说，他们研制出一种轻质的超强新型碳材料（图 5-2），其硬度堪比钻石，弹性超过了橡胶，同时还具有导电性。

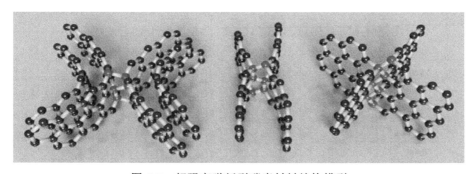

图 5-2　超强高弹新型碳素材料结构模型

据介绍，燕山大学赵智胜和田永君教授等人以玻璃碳为原料，合成了新型碳同素异形体，将其命名为"压缩玻璃碳"。它是与石墨类似的轻质材料，单轴压缩强度是通常金属及合金材料的 5 倍以上，也远大于一般陶瓷材料；比强度（即强度-质量比）极高，是碳纤维、聚晶金刚石、碳化硅和碳化硼陶瓷的 2 倍以上；硬度极高，可轻松刻画高硬度的碳化硅单晶片；具有很高的弹性恢复性，明显高于普通金属和陶瓷，甚至高于高弹性的形状记忆合金及橡胶等；此外还具有导电性。

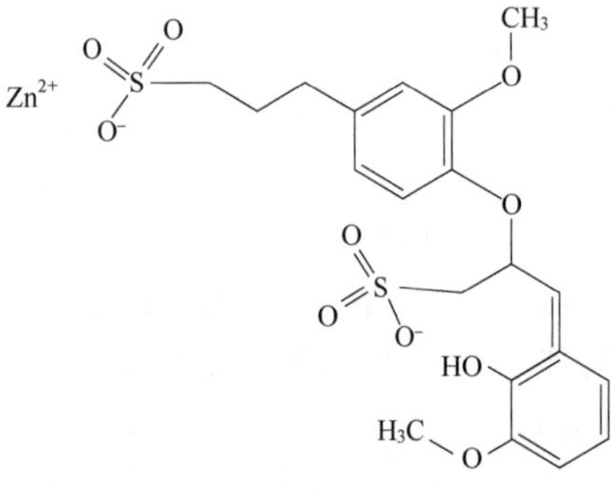

图 5-3　环保锌材料结构

⑥ 环保锌代替传统氧化锌　本产品是青岛中科和源新材料有限公司自主研发的生物质环保节能产品。产品成分主要是由锌的络合物及少量界面活性物质组成，结构见图 5-3。产品含有碳酸丁酯、多元醇、木质素磺酸盐及羟甲基、酚羟基、羧基等活性官能团。组分易分散，可有效提高与橡胶的结合，满足硫化活性需要，降低锌的用量。

经过多年多批次、多产品测试，目前，环保锌产品已经由贵州轮胎厂等试用，效果良好。

由于活性比较大、锌含量比较低的情况下，在应用中的硫化胶性能仍优于普通间接法制备的氧化锌活性。更趋近于环保高效，密度小，比表面积大，具有硫化性能高、硫化速度快、老化系数值和操作安全性能好等优点，是天然橡胶、合成橡胶以及胶乳的新型硫化活性剂。具体效果如下：

a．有效降低制品中锌含量，抑制活性金属的催化老化。

b．有效减少铅、铬、锰等重金属含量，是典型的节能环保产品。

c．环保锌密度小，仅 1.8～2.0g/cm³，远低于氧化锌的 5.606g/cm³，有效减少轮胎产品中的原材料使用。

d．增大活性基团，硫化活性等同于氧化锌。

e．分散性良好。

f．结构具有增强防老体系的防老化性能，减缓轮胎衰老过程。

g．补强性增强，提高轮胎耐磨力。

h．直接降低氧化锌采购成本：环保锌中用生物质材料替代了 20%的氧化锌，由于氧化锌的价格超过 20000 元/吨，而生物质材料的价格仅 7000 元/吨，环保锌的价格优势非常明显。

i．间接降低橡胶成本：使用环保锌后，按体积比计算，还可以间接减少橡胶使用。

j．环保锌中锌分子含量（质量分数）为 45%左右，达到降低锌含量的环保要求，可等量替代氧化锌，企业生产轮胎的原有配方无需变动。

⑦ 国内碳纤维生产取得重大进展　大型碳纤维项目陆续投产，例如 T-1000 级超强碳纤维和国产大丝束碳纤维走向量产，产品品种增加，质量不断提高，价格降低，有利于橡胶工业扩大应用。

（8）橡胶工业新材料发展的方向

根据新工业革命对新材料概念的界定和橡胶工业材料的现状，橡胶新材料今后的发展方向有五方面：

一是改变现有原材料产品的形态，以改善加工工艺，降低能耗，提高质量，改善环境。例如天然橡胶：开发天然胶乳和白炭黑组合的湿法混炼胶；研究开发航空天然橡胶、纳米黏土天然橡胶和低生热天然橡胶等。合成橡胶：扩大应用钕系顺丁橡胶、溶聚丁苯橡胶、集成橡胶（SIBR）和合成杜仲胶（TPI），以满足绿色轮胎要求，降低燃料消耗；开发应用合成橡胶和白炭黑组合的湿法混炼胶；开发生物基合成橡胶，以减少对化石资源的依赖等。

二是开发热塑性弹性体和树脂，以有利于废旧橡胶产品的回收利用。开发饱和加氢制备高耐温性能的 SEBS 和聚烯烃类弹性体（TPO 或 TPV），扩大在汽车橡胶配件中的应用；开发高气体阻隔聚酰胺弹性体，用于轮胎气密层；促进热塑性医用溴化丁基橡胶研发及产业化。

三是开发和培育第二类天然橡胶，如杜仲橡胶、蒲公英橡胶和银菊橡胶，以满足特种性能橡胶制品的需要，促进逐渐形成橡胶材料多元结构。

四是开发生物及生物基材料代替合成材料，逐步减少橡胶工业对化石资源的依赖。由可再生的玉米、土豆、甘蔗等生物质资源，经发酵得到癸二酸、衣康酸、丁二酸、1,3-丙二醇及1,4-丁二醇等生物基单体，再经化学合成得到工程弹性体。生物基弹性体可以像传统的天然橡胶或者合成橡胶一样制成轮胎以及其他一些橡胶制品，以降低对三叶天然橡胶和合成橡胶的依赖度。

五是开发应用具有特异功能的新材料，如具有记忆功能的橡胶和骨架材料、分子设计材料、3D 打印橡胶材料、智能材料、纳米材料、石墨烯、超强而且具有橡胶弹性的新型碳素材料等。

采用新型原材料是大势所趋，是橡胶工业智能制造的需要，是环保的要求，是减少橡胶工业对化石资源依赖的需要，也是决定智能制造模式的先决条件。

（9）需要开发生产的橡胶新材料项目

① 苯乙烯-异丁烯嵌段共聚物（SIBS）　SIBS 特别适合作为生物医用材料，其耐药性、稳定性、血液相容性都是新材料之首选。在心脏支架、眼科用材料等都有很大的市场空间。国际上目前只有日本 Kaneka 公司掌握了产业化技术，而且该公司装置产能小，不能完全满足市场需求。

通过高斯计算与实验相结合的方法筛选物美价廉的第三组分，稳定碳正离子，实现活性聚合。考察活性聚合的特征，重点考察异丁烯、苯乙烯的反应动力学，并实现异丁烯活性中心向苯乙烯活性中心转化。

考察影响 SIBS 分子量、分子量分布以及共聚组成的关键因素，确定 SIBS 最佳聚合条件，确定 SIBS 生产牌号。

完成 SIBS 中试生产线建设，对工艺流程、反应釜设计等关键技术实现突破。确定引发剂配置、聚合以及后处理等主要工序的工艺参数，对物料平衡和热量平衡进行计算，为产业化生产提供基础数据包。

开发具有自主知识产权的 SIBS-L 与 SIBS-M 两个牌号技术路线，实现连续生产，并开发千克级双官能团引发剂的生产技术。

② 基于超重力反应器强化的丁基橡胶聚合技术　超重力反应器是聚合反应，是卤化反应高效、连续性生产的替代性发展技术。国外还未看到此类报道。国内由陈建峰团队提出此项技术。研究超重力反应的工业化应用，设计开发适合于聚合反应的超重力反应器，考察反应过程中传质、传热规律，对反应过程进行模型化，开发高效生产及产品品质控制技术，实现丁基橡胶绿色、高效、连续生产。利用超重力反应器的自清洁功能，减少聚合物的粘连、挂胶，实现反应器连续运行，提高装置有效生产时间，大幅提高装置生产能力。

③ 航胎用特高强尼龙 66、尼龙 66/芳纶复合或全芳纶骨架材料工艺技术及应用研究

当前我国航空轮胎绝大部分依赖进口，打造航空轮胎领域的民族品牌是保障国民经济健康发展及国防安全的需求。航空轮胎的国产化之路为特高强尼龙 66、尼龙 66/芳纶复合或全芳纶等高性能纤维骨架材料的使用带来重大利好。

a. 国内外水平。全球范围内，米其林、固特异、普利司通分别占据全球航空轮胎市场份额的 37%、20% 及 30%，其余所有品牌仅占 13%。在国内，境外厂商依靠先进的研发技术和强大的品牌影响力占据 95% 以上的航空轮胎市场，基本形成垄断。

b. 现有技术基础。目前国内大型民航客机航空轮胎全部依赖进口，我国有能力生产航空轮胎的生产企业包括：沈阳三橡轮胎有限责任公司、银川佳通长城轮胎有限公司、中橡集团曙光橡胶工业研究设计院有限公司、青岛森麒麟轮胎股份有限公司等。但受限于技术和材料性能，与国外垄断企业相比，还具有一定的差距。

c. 研究内容。设计航胎用尼龙 66、尼龙 66/芳纶复合或全芳纶骨架材料的轮胎规格、轮胎结构和帘线结构。

开发二次增黏高分子尼龙 66 聚合物技术和高倍拉伸纺丝技术，提高尼龙 66 工业丝强度 15% 以上及浸胶帘布的模量，并研究特高强尼龙 66 的高耐热技术，进行航胎专用尼龙 66、特高强尼龙 66 工业丝生产工艺及配套加捻织布、浸胶技

术开发，形成具有国际先进水平的航胎专用特高强尼龙66骨架材料的生产制造技术。

研究纤维骨架材料与轮胎橡胶高黏合性能，满足大飞机航胎起降的冲击黏合强度要求。

进行大飞机航胎的应用性能评价，形成一整套的航胎专用特高强尼龙66骨架材料工艺技术包并推广应用，进行市场导入。

设计采用全芳纶结构骨架材料的航空轮胎，研究全芳纶帘线和橡胶的黏合性能，满足大飞机起降的要求。

d. 总体目标、考核目标。该技术应用在高性能航胎中，可提高其产品附加值和售价，建立2000吨/年特高强工业丝及航胎专用特高强尼龙66浸胶帘布骨架材料的产业化示范线。

④ 航空轮胎用高性能合成橡胶研究

a. 国内外现有产品技术指标状况。国产天然橡胶从产量到产品质量均不能满足航空轮胎生产需求；国内没有可替代进口1号烟片天然橡胶的国产合成橡胶技术和产品；国内有与天然橡胶类似的合成聚异戊二烯橡胶技术及其他合成橡胶技术；国内外烟片橡胶生产消耗大量木材，存在烟气污染，存在较严重的环保问题，且产品质量稳定性差；国外1号烟片胶生产商在快速减少，供应商存在断供隐患。

b. 要求技术关键指标。通过国产天然橡胶改性技术，通过仿生合成橡胶技术研究，研发出达到进口1号烟片天然橡胶产品性能要求的合成胶产品。

通过开展航空轮胎用合成橡胶技术攻关，研发符合航空轮胎使用要求的高性能合成橡胶技术和产品，研发和生产出能够完全替代进口1号烟片天然橡胶的合成橡胶，解决航空轮胎用橡胶完全依赖进口的"卡脖子"局面。

⑤ 新型生物质功能橡胶的关键技术研发和产业化应用　针对国产天然橡胶严重依赖进口（自给率不足15%）、品质较低、性质不稳定和不能用于主流轮胎制品的问题，拟采用秸秆类木质纤维原料的改性产品实现其与天然橡胶的湿法乳聚混炼，生产新型生物质基功能橡胶产品，显著增加国产天然橡胶产能，提升国产橡胶质量和功能性定制化加工，并使国产天然橡胶能够用于主流轮胎产品的生产。

生物质橡胶改性材料质量指标：125目筛余物不高于10%，105℃挥发物不高于5%，堆积密度在$0.2\sim0.4g/cm^2$之间；生物质功能橡胶门尼黏度69 ± 3，塑性初值P_0不低于36，塑性保持率（PRI）不低于59；使用生物质橡胶的轮胎面磨耗，比使用进口20号标准胶降低10%，抗老化性能显著提升；炭黑胶/白炭黑胶中，炭黑/白炭黑的用量不低于50%，轮胎加工性能良好。

实施目标：利用秸秆类木质纤维原料生产新型生物质橡胶改性材料产品，建立1~2条生物质橡胶改性材料示范生产线，产能不低于10000吨/年；利用国产天然橡胶生产全生物质的生物质功能橡胶系列产品，生物质橡胶改性材料添加量不低于天然橡胶绝干量的 10%（相当于提升国产天然橡胶产能 10%），使国产天然橡胶品质提升到进口泰国标准胶和马来西亚标准胶的水平；利用国产天然橡胶生产炭黑胶、白炭黑胶等新型生物质基功能性橡胶产品，实现炭黑/白炭黑在天然橡胶体系中的良好均匀分散，轮胎加工性能良好；利用新型乳聚工艺将生物质橡胶改性材料均匀分散到水相丁苯胶乳体系中，实现对丁苯胶乳的功能性定制化加工，产品质量达到天然橡胶同一水平，提高丁苯胶乳产能 10%，实现生物质功能橡胶的量产和产业化应用。

⑥ 本体反应挤出阴离子本体嵌段聚合丁苯橡胶系列新材料

a. 技术指标。本体反应挤出方法：由苯乙烯（St）、异戊二烯（Ip）、丁二烯（Bd）三种单体，利用双螺旋挤出聚合方法制备苯乙烯-异戊二烯-丁二烯三元共聚物橡胶（SIBR）、丁苯橡胶（SBR）和苯乙烯-异戊二烯-苯乙烯嵌段共聚物橡胶（SIS）。

该材料具有多种结构的链段，有柔性链段，也有刚性链段，有很好的耐磨性和较低的滚动阻力。目前市场上，SIBR 是性能最为全面的一种新型橡胶，也是最接近理想橡胶的一种橡胶。

b. 技术特点。设备简单，投资小；传热快，反应时间短，温度控制稳定且可连续生产；聚合物分子分布窄，分子量可控，产品质量稳定；不使用溶剂，无后续处理和溶剂回收问题；能耗低，无环境污染；添加剂可根据需要在机筒的任何时段加入，对聚合物改性容易等。

c. 项目优势。橡胶结构设计组分可调，软硬段链长可控；新产品的发展潜力大；节能减排、无环境污染；一台 ϕ125mm、长径比为 72 的同向紧啮合双螺杆挤出机，年产量达到 3000t，10 条生产线即可达到 30000t/a 的产率；经济效益可观，市场巨大；具有国际领先、完全的自主知识产权。

⑦ 面向未来轮胎性能需求的新一代合成橡胶

a. 技术指标。开发官能团改性技术，开发出性能优良的改性 SSBR 和改性 BR；开发具有经济性的发酵制取丁二烯和异戊二烯单体技术，开发基于生物质单体的橡胶聚合技术；开发具有高强度、高耐磨、高模量的纳米填料合成橡胶湿法复合材料。

b. 实施目标。国外官能团化改性溶聚丁苯橡胶（SSBR）研究与生产已经到第四代，产品牌号覆盖全部半钢及全钢轮胎细分市场；改性顺丁橡胶（BR）亦有商品销售，技术及商业化处于领先地位。国内官能团化 SSBR 已有研究报道，但一直未有成熟的商品；改性 BR 的研究报道极少。

美国、日本和欧盟等国家和组织开展生物制取合成橡胶单体，如丁二烯及异戊二烯。目前纳米填料与合成橡胶湿法复合是轮胎材料研究的重点技术，国内已经完成白炭黑/SSBR 溶液复合中试的研究和试制，总体处于领先地位，国外目前更多的是开展填料与乳液橡胶混合制备。

⑧ 1万吨/年衣康酸酯橡胶（生物基橡胶）　安全、绿色、环保是材料未来发展的主题，随着人民群众对于绿色、环保的理解不断加深，同时国家对于环保要求也在不断提高，生物质及可降解材料越来越受行业欢迎。衣康酸酯橡胶是一种生物基橡胶材料，原料完全可从农副产品制得，衣康酸酯橡胶可替代丁苯橡胶等合成橡胶用于轮胎、橡胶制品等领域，具有广阔的应用前景。

目前衣康酸酯橡胶在国内尚未工业化生产，目前需要解决工业化工艺包设计、絮凝干燥工艺及后续应用开发等问题。

⑨ 10万吨/年溶聚丁苯橡胶　溶聚丁苯橡胶因其优异的低滚阻、抗湿滑性能，广泛应用于轮胎胎面，是绿色轮胎制造不可缺少的原材料。但中国溶聚丁苯橡胶产业发展较晚，产品缺乏竞争力，有产能却无高端应用，后续应用开发存在短板。

京博中聚依靠高校资源及公司研究所，计划2023—2024年开工建设10万吨/年SSBR项目，预计2024年投产。引进国外技术，同下游轮胎客户合作开发高性能溶聚丁苯橡胶，重点攻克合成工艺优化路线及应用技术方案，使得产品产出即有优势，产出即有市场。

⑩ 年产25万吨卤化丁基橡胶　采用溶剂置换等新型绿色工艺技术的年产25万吨卤化丁基橡胶项目，包含10万吨/年星型支化丁基橡胶及溴化/氯化丁基橡胶生产能力。综合能耗低于700千克标煤/吨，星型支化比例、分子量呈双峰分布，高分子量部分占比达10%～15%。

项目实施目标：为解决我国国产卤化丁基橡胶作为战略性产品对外依赖度超过60%这一现状，开发年产25万吨卤化丁基橡胶扩产项目，实现替代进口为导向。利用自主开发的溶剂置换制备卤化丁基橡胶基础胶液的方法，无氯甲烷废气排放，固废、废水排放大大减少，实现卤化丁基橡胶的绿色制造。生产加工性能更为优异的丁基橡胶，实现产品升级换代。

⑪ 异戊二烯单体合成技术开发　该项目以解决我国合成天然橡胶关键基础材料异戊二烯短缺这一产业需求为导向，开发由碳四化学法合成异戊二烯催化剂和生产工艺，开发具有自主知识产权的成套技术，解决异戊二烯资源短缺问题，提高碳四资源利用率，促进化工产业向环境友好方向发展，彻底解决国家紧缺的战略物资——天然橡胶过度依赖进口的隐患。

技术指标：异戊二烯选择性≥85%，异戊二烯含量≥99.5%，环戊二烯含量≤3mg/kg，总炔烃含量≤30mg/kg，间戊二烯含量≤50mg/kg。

⑫ 乳酸催化转化制间戊二烯的绿色技术开发　技术指标：间戊二烯收率≥60%，间戊二烯纯度≥99%。实施目标：获得高效催化体系，形成生物基间戊二烯绿色制备技术。

⑬ 环氧化天然橡胶的制备与应用研究　围绕环氧化天然橡胶的制备和应用研究，探索最佳生产配方及工艺，并对产品进行全面的性能测试和研究，为下一

步环氧化天然橡胶工业化生产奠定必要的理论指导和实验数据支撑。

预期效果：固化工艺在 500L 的反应釜进行环氧化天然橡胶制备，产品性能全面达标；设计并制备环氧化天然橡胶的中试生产线；将环氧化天然橡胶成功应用到轮胎上，并通过路试测试。

⑭ 耐低温合成橡胶的中试研究和产业化技术开发　主要内容：建设耐低温橡胶中试装置，进行开车验证，形成初版工艺包；开发万吨级工艺包和全套生产技术；建设年产 5 万吨工业化装置，实现稳定开车生产。

预期效果：国防、军工领域耐低温橡胶的开发可以弥补我国在高尖端领域应用特种橡胶产能严重不足的问题，解决国家重大需求。民用领域随着我国高速铁路建设的飞速发展（2022 年我国高速铁路超过 4 万公里，覆盖 80%以上的大城市），在钢轨减震、车厢减震和桥梁/隧道伸缩缝等方面对耐低温特种橡胶制品的需求巨大。

⑮ 医用级异戊胶乳制备技术开发　主要内容：开发高活性、高顺 1,4-选择性的异戊二烯聚合催化剂；开发高顺异戊橡胶的生产工艺，探索聚合工艺条件对产品性能的影响。

预期效果：异戊胶乳顺式结构含量≥96%，总固含量≥65%，布氏黏度<150mPa·s，氨含量为 0%，粒径<1.6μm，机械稳定性>1500s，成膜性能优良。

⑯ 三相合金镀层钢帘线的应用　主要内容："十三五"期间，三相合金镀层的技术和工艺开发已经成熟，也经过上万条轮胎验证，理论和实验室优势得到市场验证。可以加快三相合金镀层钢帘线在全市场推广应用。

预期效果：提高钢帘线湿热老化黏合力，改善胶料的抗老化性能，降低胶料配方成本，提高轮胎里程及可翻新性能。

5.2.2　智能产品

智能橡胶产品是将传感器、处理器、通信等融入产品，成为信息终端，具有感知、通信等能力，进而实现橡胶产品可追溯、识别、定位，延伸制造服务。生活用橡胶产品，如轿车轮胎、胶鞋等智能产品最早开发应用，继而是工业用智能橡胶产品，如卡车胎、工程胎、输送带、液压胶管等。之后甚至开发出能够发电、节能的轮胎，胶鞋等也有开发。随着移动互联网的无处不在和各种传感器以及射频识别（radio frequency identification，RFID）技术的发展，性能不断提高，价格越来越便宜，将进一步促进橡胶产品的智能化水平，强化智能橡胶产品的记忆、感知、计算和传输功能，有的智能橡胶产品可以成为信息终端。

（1）RFID 智能轮胎

现在轮胎追溯标志，广泛选用"条形码+胎侧信息"的方式储存轮胎的各种信息，而条形码和胎侧部位的信息均位于胎体表层，轮胎应用后便会迅速将其损坏掉。一旦这种信息无法看清，就代表轮胎信息的遗失，进而没法识别轮胎型号规格、纹路、直径等信息，造成使用人在应用、维护保养与理赔等方面出现困难，导致纠纷案件增加，乃至对使用人的安全性造成威胁。在轮胎中嵌入 RFID 电子标签，就可以解决这些问题。

RFID 是一种非接触式的自动检索技术，它根据射频信号自动检索总体目标并获得鉴别数据，不用人工服务干预。具备扫描速度更快、抗污能力和使用性能强、数据存储量大、体型小等优势。RFID 技术已被普遍用于货运物流、生产制造、身份核查、投资管理、智慧交通等。

由软控股份等单位起草的《轮胎用射频识别（RFID）电子标签》等 4 项标准，推动我国智能轮胎制造和应用上了一个新台阶。RFID 使轮胎具备生命周期唯一标志，根据收集终端设备载入相对信息，融合配套设施管理系统软件，能够完成对轮胎的生产制造信息、市场销售信息、应用信息、翻修信息、报废信息等轮胎生命周期数据开展合理记录和追溯，并可以随时随地载入，轮胎管理方法将越来越信息化、透明化，从源头上解决了轮胎在全过程管理中产生错乱、无法追踪的缺点，为轮胎生产制造与应用全过程造就全新升级的管理机制。

轮胎加工过程中，在成型工艺流程嵌入 RFID 电子标签，并授予其唯一鉴别编号与原始信息，就可以完成半成品、硫化橡胶、质量检验等生产制造阶段的企业生产管理与监控。根据配套设施，对各工艺流程的轮胎半成品加工开展信息的收集与记录，并及时对智能管理系统开展剖析，进而完成轮胎生产制造信息记录、生产规划管理方法、产品品质管理方法等，不断改善人工抄写数据造成的疏漏和低效率等状况，完成自动化技术、信息化的生产制造监管。

在制成品轮胎的物流仓储全过程中，根据对轮胎开展扫描，可以迅速精确地获得轮胎的出厂日期、批号、型号规格、制造商等信息，进而完成自动出入库、挪动、汇总等实际操作，对公司库存量开展全方位的操纵和管理，防止出现轮胎库存积压或库存量紧缺状况，以达到控制成本、降低资金占用率、确保企业安全生产主体活动顺利开展的目的。RFID 电子标签作为轮胎项目生命周期中的唯一真实身份标志，是提高轮胎进出库效率、大批量运转的保证。

根据轮胎电子标签信息，可以查询市场销售至不同代理商、不同地域的轮胎清单信息并开展剖析，进而合理避免代理商"窜货"市场销售状况。当产生理赔时，根据载入理赔轮胎的 RFID 电子标签信息，能够快速上溯有关的货运物流及生产制造清单信息，为理赔出示基本数据。在轮胎的市场销售全过程中，融合 RFID 电子标签中储存的轮胎信息与相对的信息智能管理系统，可以完成"三包"理赔数据、客户关系管理、轮胎进出库、轮胎生产量和品质等的多维分析，为公司管理决策出示定性分析。

RFID 技术是智能化轮胎的核心技术，根据与轮胎智能化、轮胎信息化智能管理系统融合，完成轮胎项目生命周期信息服务管理。轮胎用 RFID 电子标签在轮胎的物流仓储、"三包"理赔、防窜货、防伪标志及其中后期的应用、翻修等层面，将发挥更大功效。

另外，RFID 技术性与轮胎生产技术的融合不但能够解决目前轮胎标志、追溯等全过程碰到的难题（标签嵌入轮胎内部，可载入轮胎生产制造数据、市场销售数据、应用数据、翻修数据等），且随时随地能够根据终端设备收集载入相对数据，再融合相对的管理系统软件，就可以对轮胎项目生命周期数据进行记录及追溯。

在智能轮胎产品的开发方面，还有很多文章待做，如可监控气压和路面状况的自动监测智能轮胎、预测和防止出现轮胎事故的警示智能轮胎、利用摩擦和驱动静电转换为电能的发电智能轮胎、联网智能轮胎及自动驾驶汽车的无人智能轮胎等。

（2）智能输送带

宁顺集团有限公司开发输送带内嵌 RFID 智能芯片，对输送带在煤矿井下运行情况实时远程监控和数据录入，实现产品全生命周期管理（PLM），通过智能监管系统网络平台链接用户，通过平台助力绿色矿山建设。

应用于煤矿井下用阻燃传输带的智能监管系统（图 5-4），主要包括设置于输送带产品内部的 RFID 电子标签、RFID 阅读器、RFID 天线和信息管理终端。RFID 天线与 RFID 阅读器相连，RFID 阅读器与所述信息管理终端相连，RFID 阅读器读取电子标签上的信号后，传送到信息管理终端。RFID 智能芯片可以提供带面身份信息，还具备温度、速度采集功能，具有非接触性、工作距离远、精度高、信息收集处理自动快捷及环境适用性好等一系列优点，填补输送带使用中智能监管环节的缺失，不仅能取代传统手工录入方式，且录入更及时全面，提高煤矿使用和维护的运行效率；更由于其先进的自动化识别功能，能轻易实现原先工人难以完成的任务，提高产品竞争力。

（3）智能液压胶管

EATON LifeSense 专利技术是一款液压软管状态监测和通知系统（图 5-5），能够实时监测液压软管总成的状态。它能够识别软管内部的疲劳以及外部的损坏，并且在软管接近其使用寿命时提前向用户发出通知。EATON LifeSense 智能软管通过实时监控液压软管回路健康状态，能大幅提高设备可靠性，在液压软管将要失效时发出报警信号，最大化机器正常运行时间，保护设备和人员安全，延长软管使用寿命达 50%，在需要更换液压软管时才进行更换，有利于保护环境，减少了潜在环境污染可能性。

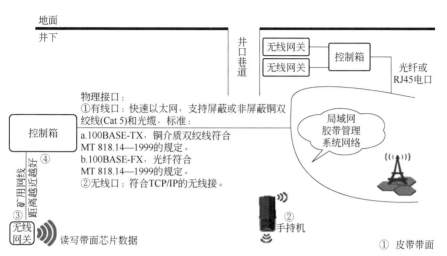

图 5-4　煤矿井下用输送带智能监管系统

物理接口：
①有线口：快速以太网，支持屏蔽或非屏蔽铜双绞线(Cat 5)和光缆，标准：
a.100BASE-TX，铜介质双绞线符合MT 818.14—1999的规定。
b.100BASE-FX，光纤符合MT 818.14—1999的规定。
②无线口：符合TCP/IP的无线接。

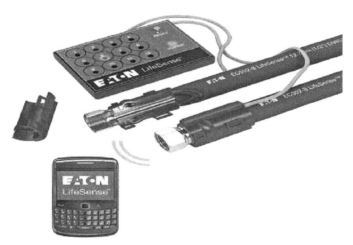

图 5-5　EATON LifeSense 液压软管状态监测和通知系统

（4）智能鞋和鞋垫

随着物联网、RFID、传感器等技术的发展，智能鞋和鞋垫应运而生，智能鞋创新彻底改变了鞋业的未来。而智能鞋的鞋底、智能鞋垫，它们的主要材质即是橡胶。

从测量运动成绩到跟踪健康状况和评估健康指标，智能鞋可以为用户提供个性化的反馈。一些企业正在努力通过集成技术来设计传统的鞋子，以提高舒适性、便利性和健康性，其中涵盖了跑鞋和普通运动鞋。智能鞋的鞋垫可以充当连接蓝牙的附件，并且可以将动作或位置链接到智能手机应用程序。

耐克（Nike）是全球最大的制鞋公司之一，它发布了创新的自系带 HyperAdapt 1.0 鞋（图 5-6）。这款鞋的鞋底有压力传感器，可以感应何时将脚放进去，并触发允许自动系鞋带的算法。借助集成的发光二极管（LED），鞋子可以提醒用户电池电量不足。而且，这些鞋子不需要每天充电，一次充电可持续长达两个星期。

图 5-6　耐克 HyperAdapt 1.0

安德玛（Under Armour）于 2018 年 2 月发布的 HOVR Phantom 和 HOVR Sonic 鞋子内置传感器，可记录许多对跑步者重要的指标，包括步伐、距离、步幅和节奏。这些鞋子可以轻松同步到手机应用程序，并且与 iOS 和 Android 手机兼容。

Digitsole 的智能鞋（图 5-7）用途广泛，适合大部分人。这些交互式智能鞋提供个性化的反馈，以分析健康、疲劳、姿势、步伐和消耗的热量，并创建精确的数据以改善健康和预防伤害。它很容易连接到蓝牙 4.0 设备，并通过智能手机应用程序实时提供个性化指导。轻巧的下一代鞋子设计具有自动系带和温度调节功能。

图 5-7　Digitsole 智能鞋

市场上的另一大公司——小米，已经开发了载满芯片的 MiJia 智能鞋（图 5-8）。

图 5-8　MiJia 智能鞋

这种鞋子可以轻松连接到小米的手机健康应用程序，以检测速度、距离、热量消耗、睡眠时间甚至体重。只需摇晃鞋子，即可连接数据并与该应用同步。而且，这些运动外观的鞋具有较长的电池寿命。MiJia 智能鞋使用了以下不同的技术：

① 智能鞋子需要可靠的系统来进行数据采集、数据传输、存储和数据分析，各种各样的传感器用于获取智能鞋的数据；

② 由加速度计、陀螺仪和磁力计组成的惯磁测量单元用于步态分析；

③ 卫星导航系统（例如 GPS、全球轨道卫星导航系统和"伽利略"）用于提供实时位置信息；

④ 压力传感器用于提供步态中体重分布的信息；

⑤ 环境传感器（包括大气压力、光线和声音传感器）用于从与海拔相关的活动和周围环境中获取数据；

⑥ 内部状态传感器用于提供有关电池和内存容量的信息。

除了传感器记录之外，数据采集系统通常还具有基于云的传输能力。使用滤波器、漂移校正或基于梯度下降的算法对原始传感器数据进行处理以获取相关信息。使用基于顺序模型的方法、基于模板的方法、多维子序列和动态时间规整方法对数据进行进一步细分。步态或活动模式可以被提取和分析，用于个性化反馈、可视化和各种健康应用。

除了上述用于评估和提高性能的鞋子外，包括 Zhor Tech 在内的其他智能鞋公司还为建筑工人设计了鞋子。这些鞋子的安全鞋垫可以计算步数，检测疲劳和评估姿势。如果发生滑动或事故，鞋垫可以检测并警告经理或主管。Ducere Technologies 设计的 Lechal 鞋类适合视力障碍的人。鞋子中基于交互式触觉的导航系统，可检测在脚下的振动并引导他们到达目的地。如果穿着者需要向左转，则可以感觉到左脚的振动，反之亦然。用户可以通过蓝牙轻松地将鞋子同步到 Lechal 应用，以指导到达目的地。

智能鞋市场将继续稳定增长，未来 4 年的年均增长率约为 23%。像阿迪达斯（Adidas）和萨洛蒙（Salomon）这样的公司已经在测试可通过脚部生物力学定制的鞋子。麻省理工学院设计实验室与彪马（Puma）合作，开发了具有生物活性的智能鞋，能够感知人们的感觉，因此可以适应穿着者。另外还有可以防止对脚的伤害，帮助用户避免受伤的智能鞋。Sensoria、Garmin、Vivobarefoot、E-Traces、E-vone 等更多公司正在塑造运动服的未来以及对它们的创新。

2018 年上市的 feeLT 智能运动鞋垫（图 5-9），成了智能鞋垫家族新添的重磅成员。feeLT，这个身负"感知运动"使命的智能运动鞋垫品牌，已经开始低调在它的跑步用户圈里流行起来。

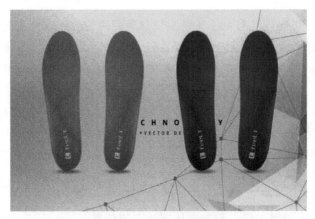

图 5-9　feeLT 智能鞋垫

feeLT 比手环和手机的记步更准确，feeLT 智能鞋垫内置了传感器模块和蓝牙天线，具有识别运动模式、记步、存储、信号传输的功能。相比手环和手机，由于脚的摆动幅度和力度更大，所以在记步算法上更准确，不管是运动模式的识别，还是最终在 APP 上反映的走、跑、跳跃等数据，都达到了 97% 以上的准确度，这是手环和手机所无法达到的记步准确度。

离线记步，跑步可以轻装上阵。很多爱跑步的朋友喜欢在跑步的时候带上手机，或者戴智能手环，因为记步需要，但却不够方便，有束缚感。其实运动的时候，人们更希望是轻简的，专注而放松才是运动时最好的状态。feeLT 智能运动鞋垫就能带来这种最优状态的体验。

feeLT 智能鞋垫给跑步机上的人群带来了轻简智能体验。用上 feeLT 智能鞋垫，在跑步机上跑步，就无需手持手机了，只需打开 feeLT 的 APP 主界面，开始跑步，就能实时看到随着自己脚步的跑动，界面的步数在不停闪动更新。轻装上阵，专注运动，无时无刻不在记录，这样轻松简便的运动体验，很多爱好跑步运动的人士，都希望亲身验证一番。

其实，智能鞋垫的概念和产品早在 2014 年就已经出现，当时就有一批公司默默地开始研发，也出现了一批实用的产品。但是，整个过程充满了曲折，其中有技术限制的原因，也有市场不成熟的因素。

2014 年，Digitsole 于美国发售，主要功能是提供健康数据的追踪，包括记步、步频、步幅、路程、热量消耗等基本数据，所有数据都通过 APP 进行查看。另外还提供了鞋内温控的功能，能做到冬暖夏凉的效果，其团队提出"Discover Running"（发现跑步）的理念，产品于 2017 年 6 月登录众筹网站 Kickstarter 发售，售价 199 美元。

2016 年，厦门品牌 Podoon，其产品在 2016 年 7 月在京东众筹，天猫上售价有 199 元和 399 元两款智能鞋垫。这款鞋垫嵌入了 Nodic 公司的 nRF5 系传感器，提供跑姿监测报告，数据维度包括了走、跑、坐、站。柔性压力传感器，据说可以监测足内旋和足外旋、触地时间、触地腾空比、过度跨步等问题，从而通过 APP 根据这些数据来提供改善跑姿的建议。Podoon 鞋垫主要针对专业的跑步运动人群销售，用 EVA 材料作为鞋垫基材，号称透气性不错。

2014 年，Stridalyzer 在鞋垫上内置了多枚传感器，在跑步的时候垫上它，能捕捉落地的信息，监测着地和离地姿势，可以通过配套的 APP 实时查看脚部受力情况。只需把 Stridalyzer 鞋垫放进鞋子，打开并启动 APP，Stridalyzer 会自动运行，并开始收集跑步的数据。Stridalyzer 可以帮助监视 3 个基本性能参数：步频、步幅和脚与地面接触时间。它可以非常精确地测量脚与地面接触时间，目前在国外众筹网站价格为 90 美元，约合人民币 564 元。

2014 年，Lechal 可穿戴科技企业 Ducere Technologies 推出了全球第一双互动鞋和鞋垫，它们是在 2014 年以 Lechal 品牌名称开始发行。该鞋类产品采用了蓝牙技术，通过 APP 应用程序和利用振动感应，与穿着者进行互动，可提供导航工具，或可以追踪健身活动轨迹。鞋子的原型用 3D 打印机打印出来，定价 925 美元一双。另外两种高跟鞋在 2016 年上市，每双价格在 300～900 美元之间。据了解，公司将其技术给其他鞋子设计商和零售商使用。目前该款鞋垫在亚马逊开售，每双鞋垫售价为 180 美元，约合人民币 1250 元。

智能鞋垫家族成员远远不止上面提到的这些，做类似功能智能鞋垫创新品牌的还有 Boogio，它生产的智能鞋垫能够检测用户脚步用力情况，并将信息发送到移动设备。置于鞋内的设备仅有纸薄，用户几乎不会感觉到它的存在。另外还有一个蓝牙模块附在鞋子的侧面，用于传送数据。这种设计的结构，在实际使用时并不太方便，因为侧面的蓝牙模块部位暴露在鞋底外面，经常挤压移位，很容易损坏内部的电子元器件。

还有一个叫 +winter 的智能鞋垫，是欧洲一家公司制造的，它可以远程控制鞋垫的温度，还能进行无线充电。不过这款鞋垫售价 150 美元，还只在国外众筹网站上发售，目前还未在用户中广泛使用。

5.2.3 智能装备

智能装备是具有感知、分析、推理、决策、控制功能的制造装备，它是先进制造技术、信息技术和智能技术的集成和深度融合。

标准的大型橡胶设备例如密炼机、压延机、挤出机等都具备 PLC 控制装置，通过嵌入智能化的单元，可以提高智能化，达到在线检测。但是存在数据不全和采集困难等问题，特别是一些非标设备。主要是网络通信协议的障碍，不同品牌、不同协议的设备都有不同格式的数据通信协议，要实现各种设备兼容，不同企业的设备彼此之间无障碍通信对话，需要解决网关接口协同和数据采集装置的问题，才能使橡胶设备真正智能化。

（1）北京敬业机械设备有限公司研发的全新一代全自动半钢子午胎两次法成型机

该机型采用真圆平鼓贴合方式，一段机三鼓结构布局、二段机四鼓结构布局，结构布局获得国家发明专利和实用新型专利。一段径向涨缩成型鼓，可实现鼓肩和胶囊组件同步调宽。正反包装置中的扣圈盘可以实现 0～5mm 范围内径向自动涨缩。通过以上设计实现了同一轮辋尺寸不同规格更换时不需要更换工装而快速更换规格。采用一段胎坯自动传送及装卸，使整个机器运行更加高效。成型过程实时检测系统，可实现贴合过程中物料定中、宽度以及接头质量的检测，对成型轮胎的检测数据进行保存和统计分析。物料可自动纠偏，内衬、胎面料头自动收集处理，导开状态智能控制。两台设备仅需一人操作，单条效率仅为 28s，班产700 条以上。控制系统采用伺服、变频、PLC 及 HMI 控制。具备 Barcode 自动贴敷扫码及 MES 接口。该产品获 2 项发明专利、5 项实用新型专利，获首批（2017）中国橡塑机及其配套行业"优质、创新产品"奖。

（2）益阳橡胶塑料机械集团有限公司研发的 DLB-G2700×16400×1 平板硫化机

该生产线突破传统的平板硫化机生产线设计形式，主机部分采用整板框架结构设计，热板温度不均匀性≤±1℃；平板厚度不均匀性≤±0.1mm，硫化过程多参数、多过程协同控制，生产效率提高 20%，节能降耗优势明显，达到国际领先水平。该产品是国际上规格最大、自动化程度较高、节能环保型钢丝绳芯输送带平板硫化机生产线，填补国内空白，在核心技术上取得自主知识产权，占领行业制高点，提升了我国橡机行业的国际竞争力。该项目获得中国化工科学技术奖二等奖，获得湖南省科学技术进步奖三等奖。

（3）萨驰智能装备股份有限公司研发的全自动一次法轿车胎成型机

总体上该机型有如下特点：全自动无人操作，SCADA 管理平台生产过程全监控，符合全生命周期的绿色评价体系，通过 CE 安全认证。

机型可扩展技术：缺气保用轮胎的功能模块，RFID 技术的应用及衔接，AGV 小车的智能对接等。全自动一次法轿车胎成型机见图 5-10。

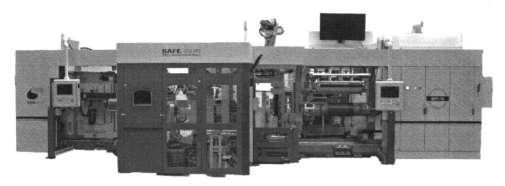

图 5-10　全自动一次法轿车胎成型机

（4）天津赛象科技股份有限公司研发的全钢工程子午线轮胎成套制造装备

该项目入选国家 863 计划，形成多项自主知识产权。通过产品出口和设备国产化，示范带动了轮胎和橡胶机械行业的科技进步，提升了我国在该领域的国际影响力和竞争力，经济和社会效益显著。采用该设备制造出的全钢工程子午线轮胎耗油量降低 8%，翻新次数增加 2 次，寿命和安全性达到国外先进水平，对节能降耗和循环经济意义重大。该产品荣获 2007 年度国家科技进步一等奖。

（5）软控 TPRO-S 全钢胎成型机和 PS2A 乘用子午胎一次法成型机

软控的发展伴随着中国橡胶行业的发展，从研发第一代子午胎成型机到现在，软控已经有了深厚的技术沉淀。轮胎智能制造已是行业发展的大趋势，智能装备的研发也迫在眉睫。基于这样的时代背景和市场需求，软控历经十几年的沉淀与锤炼，成功打造出最新一代 TPRO-S 全钢胎一次法成型机和 PS2A 乘用子午胎一次法成型机，并成功入选 2021 年度山东省首台（套）技术装备名单。

软控智能全钢胎一次法成型机（TPRO-S）经第三方测试验证，轮胎生产单循环时间≤150s，轮胎生产班产≥160 条，异常停机占比<2%，全钢胎成型机关键性能指标优于国际高端同类装备，其整体水平达国际先进水平。从机械加工制造到控制软件开发，完全自主研发，并且产业化应用成果得到市场的高度认可，可完全替代国外高端同类产品。

软控 PS2A 乘用子午胎一次法成型机具有五大特性，可让客户得到更优质、更高效、更稳定、更易用的使用体验。

第一，技术与工艺完美结合，保障高品质轮胎生产。针对用户对高品质轮胎的需求，研发团队在同步反包、自动无级全范围带束鼓、全范围同步带束层传递环、同步仿形动态滚压、智能纠偏系统、可靠的供料系统等方面进行技术攻关与升级，实现了多项技术的突破，为产出高品质轮胎提供了技术保障。

第二，单循环时间突破40s，成型效率行业领先。成型效率和成型质量是轮胎企业的核心关注点，软控一直追求成型效率和成型质量最佳平衡点。通过优化成型工序及关键路径动作，PS2A在产出高品质轮胎的情况下，产品单循环时间突破40s，并能够持续稳定生产。

第三，可维护性显著提高，隐性成本降低50%。通过模块化、标准化设计，PS2A成型机物料种类大大减少，典型结构更加统一，从而降低了设备的维护难度，实现设备的快拆、快装、快安、快调、快查、快修。同时，通过引导式故障诊断、部分可视化及无纸化备件管理等功能的应用，实现了设备维护的高便捷性。

第四，高可靠性、高稳定性，AOUT≥97%。通过物料的可靠性测试，专项研究，虚拟仿真，精密化零件加工，标准化模块装配，8D质量管控等全流程、全环节的高标准、严要求，以及有效衔接配合，PS2A的可靠性、稳定性得以保障。

第五，机电深度融合，产品智能化水平行业领先。PS2A成型机（图5-11）实现了供料部分自动定位，传递环、带束层鼓、胎圈预置均可满足全规格使用，无需换工装，从而实现了规格调整的自动化。而且在引导式故障诊断报警排除、可视化维护、一键切换规格等方面，将机械结构创新与软件智能开发应用相结合，实现了机电深度互融、人机深度互通。

图 5-11　PS2A 成型机

（6）青岛双星橡塑机械有限公司研发的变频硫化机

青岛双星橡塑机械有限公司根据轮胎行业转型升级的现状，在传统机械式硫化机的基础上进行差异化创新，开发出双星变频硫化机，适用于硫化轻卡、载重子午胎，获国家发明专利。与传统硫化机相比，具有液压系统取代动力水、装胎机构采用变频技术、新式中心机构及热板 3 项技术优势，已全部申请国家专利。此外增加了以下功能：智能监测热工管路使用的蒸汽、氮气流量，智能监测硫化机的用电量，智能检测硫化模具是否有故障。使用该种硫化机硫化轮胎质量合格率提升 4%，产能提升 12%，节约蒸汽 20%，人工效率翻 3 倍。该变频硫化机是传统机械式轮胎硫化机升级的成功案例，已经入选了《山东省重点节能技术、产品和设备推广目录》。

5.2.4　智能生产线

制造活动是按照一定工序、一定工艺、一定组织而进行的。制造工艺是制造业的核心技术，是制造业实现高质量发展的重要抓手，是制造企业的看家本领和商业秘密。随着科学技术的进步，制造业的生产效率不断提高，特别是在互联网时代，制造业由自动化进入智能制造阶段。

自动化生产线生产的产品一般有足够大的产量，产品设计和工艺应先进、稳定、可靠，并在较长时间内保持基本不变。在大批量生产中采用自动化生产线能提高劳动生产率、稳定性和产品质量。

智能生产线是自动化生产线的一个升级版，智能生产线在自动生产的过程中能够通过 PLC 技术及其无线通信技术，实现产品信息的全程跟踪、实时记录和有效追溯，通过软件进行自动判断分析处理问题。智能生产线的特点如下：

① 在生产和装配的过程中，能够通过传感器或 RFID 电子标签自动进行数据采集，并通过电子看板显示实时的生产状态；

② 能够通过机器视觉和多种传感器进行质量检测，自动剔除不合格品，并对采集的质量数据进行 SPC 分析，找出质量问题的成因；

③ 能够支持多种相似产品的混线生产和装配，灵活调整工艺，不仅适应大批量生产，也适应小批量、多品种的生产模式；

④ 具有柔性，如果生产线上有设备出现故障，能够调整到其他设备生产；

⑤ 针对人工操作的工位，能够给予智能的提示。

橡胶工业是以离散制造为主的传统产业，部分轮胎企业先行一步，在工艺革新、自动化生产线方面取得很大进展，进而进入智能制造阶段。对于大部分非轮胎橡胶制品企业来说需要补充自动化生产线。很多企业的技术改造重点，就是建立自动化生产线、装配线和检测线。自动化生产线可以分为刚性自动化生产线和柔性自动化生产线，柔性自动化生产线一般建立了缓冲。为了提高生产效率，工业机器人、吊挂系统在自动化生产线上的应用越来越广泛。

双星轮胎智能硫化生产线见图 5-12。

图 5-12 双星轮胎智能硫化生产线

5.2.5 智能车间

智能车间是以产品生产整体水平提高为核心，关注生产管理能力、产品质量、客户需求为导向的及时交付能力、产品检验设备能力、安全生产能力、生产设备能力、车间信息化建设能力、车间物流能力、车间能源管理能力等方面的提高。

通过网络及软件管理系统把数控自动化设备（含生产设备、检测设备、运输设备、机器人等设备）实现互联互通，达到感知状态（客户需求、生产状况、原材料、人员、设备、生产工艺、环境安全等信息），实时数据分析，从而实现自动决策和精确执行命令的自组织生产精益管理境界的车间。

橡胶企业一般一个车间通常有多条生产线，这些生产线要么生产相似半成品和产品，要么是上下工序的关系。要实现车间的智能化，需要通过智能装备和智能产线，对生产状况、设备状态、能源消耗、质量、物料消耗等信息进行实时采集和分析，进行高效排产和合理排班，提高设备利用率。因此，推行制造执行系统（MES）等成为企业的必然选择。

软控智能密炼车间见图 5-13。

5.2.6 智能工厂

智能工厂是以工厂运营管理整体水平提高为核心，关注产品及行业生命周期

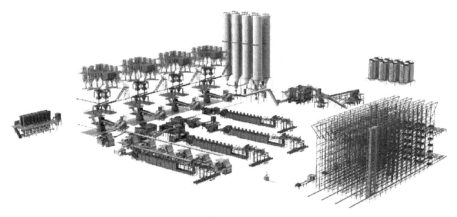

图 5-13　软控智能密炼车间

研究，通过自动化和信息化来实现从客户开始到工厂自身和上游供应商的整个供应链的精益管理，从满足到挖掘，乃至开拓客户需求的市场管理能力。从环境、安全、健康管理水平、产品研发水平、整个工厂生产水平、内外物流管理水平、售后服务管理水平、能源（电、水、气）利用管理水平等方面入手，通过自动化、信息化来实现精益工厂建设和完成工厂大数据系统建立和发展完善。

橡胶企业工厂通常由炼胶、成型、硫化、仓储等车间组成。作为智能工厂，不仅生产过程应实现自动化、透明化、可视化、精益化，同时，产品检测、质量检验和分析、生产物流也应当与生产过程实现闭环集成。一个工厂的多个车间之间要实现信息共享、准时配送、协同作业。一些离散制造企业也建立了类似流程制造企业那样的生产指挥中心，对整个工厂进行指挥和调度，及时发现和解决突发问题，这也是智能工厂的重要标志。智能工厂必须依赖无缝集成的信息系统支撑，主要包括 PLM、ERP、CRM、SCM 和 MES 五大核心系统。大型企业的智能工厂需要应用 ERP 制定多个车间的生产计划，并由 MES 根据各个车间的生产计划进行详细排产。

软控股份积极推进行业智能制造整体能力提升，2014 年 12 月软控在橡胶轮胎行业首次推出"智能工厂"的设想，并绘制中国轮胎智能制造技术发展路线图；2016 年 10 月，由软控股份有限公司总承包、实施建设的万力（合肥）工厂投产；2017 年，软控牵头成立中国轮胎智能制造与标准化联盟，联合高校、科研院所及国内大中型轮胎企业，共同推进轮胎行业智能制造转型升级；2018 年，软控承建的橡胶制品行业首个智能密炼工厂投产运营，全球首个轮胎智能工厂体验中心在软控胶州产业园启用；2018 年 11 月，软控成功入选国家智能制造整体解决方案供应商目录。

软控智能轮胎工厂架构见图 5-14。

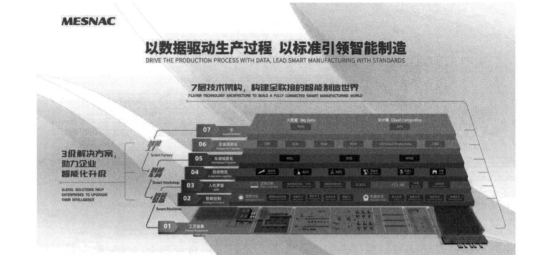

图 5-14　软控智能轮胎工厂架构

5.2.7　精益生产

（1）橡胶工业实行精益生产与智能制造深度融合的必要性

我国制造业与工业发达国家的最终差距是效率和效益。据经济合作与发展组织（以下简称经合组织）统计，2015 年中国制造业生产效率是 30 个经合成员国平均值的 15%～30%。我国橡胶工业是典型的传统制造业，生产效率也仅是橡胶强国的 30%左右，这种状况亟须改变。现代科学技术和社会经济的发展，促使工业企业模式不断发生变化，现在橡胶企业应当充分利用现代高新技术、现代管理模式和现代资本运营，改进企业经营模式，促进企业新发展。现在已经进入第四次工业革命时代，应当抓住机遇，迎头赶上，通过精益生产和智能制造的深度融合，加快转型升级。

（2）橡胶工业实行精益生产与智能制造深度融合的可能性

我国橡胶行业已经具备推行精益生产和智能制造的深度融合、加快转型升级的条件，对精益生产并不陌生，以前就推行过全面质量管理（TQM）、全员生产维护（TPM），近几年在一些企业中推行 5S、六西格玛管理和 ERP、MES 等，已经取得较好进展，特别是最近对智能制造的关注和认识有很大提高，有的企业已经取得重要进展。这些都为精益生产和智能制造的深度融合，以及加快转型升级创造了有利条件。精益生产与智能制造深度融合，是橡胶工业转型升级的必由之路。

（3）如何促进精益生产与智能制造深度融合

① 首先要继续提高对促进精益生产与智能制造深度融合的认识　企业推动

精益生产和智能制造的深度融合，加快转型升级，首先要解决认识问题。

精益生产的两大支柱是"准时化"与"智能自动化"。

至今为止，精益已经演变为一种涉及营销、研发、供应链、生产、流程乃至创业的全价值链精益管理理念和方法，带动了产业的转型，从制造业到服务业，其追求的"创造价值消除浪费"的思想、方法和工具促进了生产资源的优化配置，获得质量、效率和反应速度的快速提升。

根据企业的经验，只要企业坚持做下去，大部分都能获得50%甚至更高的提升空间。遗憾的是，精益在中国的大部分企业中并未得到有效实施，大多只是口头上说说，因为急功近利以及缺乏导入经验方法等，无法坚持下来以致半途而废。

工业智能化不可能建立在这种低效的生产模式之上，精益是必须要走的第一步，而且是投资回报最高的一条路径。因为精益几乎不需要企业做出额外的投资，只是在现有基础上重新配置生产资源就可以获得超出想象的回报。

精益的成功实施并不难，关键在于领导的决心与管理层观念的转变。浙江双箭橡胶股份有限公司聘请日本管理专家指导实施精益生产7年之久，领导和职工精益理念牢固，企业管理面貌焕然一新，首先在物流仓储方面进行智能化改造，为企业建设智能工厂打下坚实基础。

精益是制造业的重要理念。从精益生产、准时化生产到精益管理、精益思维，制造企业进入新的发展阶段。精益生产、精益管理是智能制造的基础和前提。工业互联网为制造企业实现精益生产和管理提供了新的机会和手段，也为精益生产与智能制造的结合提供了环境和可能。

② 建立精益生产智能制造产业联盟　现在推行智能制造的困难是：互联网企业不了解制造业，对橡胶工业更是知之甚少，而制造业又不懂互联网，橡胶企业大部分还停留在 PC+制造层面上。根据美国、德国、日本等推行智能制造的经验，组成互联网和制造业的联盟是一个好办法。要根据不同产品，橡胶企业与有实力的互联网企业或者高校、科研单位以及行业协会，组成若干橡胶产品精益生产智能制造产业联盟，搞好试点，逐步推动整个行业的智能制造。

橡胶企业也可以由上下游企业组成产业创新联盟，利用互联网建立制造服务平台，以延伸发展服务型制造和生产性服务业，改变传统的恶性竞争销售模式，建立如工程胎制造服务联盟和平台、输送带制造服务联盟和平台等势在必行。

新兴产业也有必要创立产业联盟，如集成杜仲种植、提胶、应用以及大健康产业链的杜仲产业联盟已运行多年，应进一步完善，建立杜仲产业链平台，充分发挥其交流、合作和市场开发的作用。杜仲产业是跨行业、跨地区、跨部门、跨领域的工农业复合型产业体系，涉及工业、农业、林业及医药保健等，如资源培育、林地管理、产业化、产品应用推广、产品质量管理及各种标准和规范的制定等。整个产业链只有互为依存、协调发展才会产生最大效益，才会实现可持续发展。

③ 健全多层次人才培养体系　在智能制造中,随着人机交互及机器间的对话越来越普遍,重复性的体力和脑力工作将逐渐被智能机器所代替,人在其中的角色也将由服务者、操作者转变为规划者、协调者、评估者、决策者。因此,智能制造时代,不会出现绝对意义上的"无人工厂",人的重要性越来越凸显,即使是最先进的软件和最好的信息系统,如果没有人对其进行规划和控制,都无法发挥出应有的功效。智能制造中各个环节必须进行跨学科合作,需要不同学科之间相互理解对方立场和方法,在战略、业务流程和系统上采用综合眼光分析问题,并提出解决方案。智能制造时代,大量需要的"数字-机械"交叉人才、数据科学以及用户界面专家。

要加强精益生产、智能制造人才的培育,可以通过内部学习与外部学习,一般教育与职业教育相结合的方式,以及企业与高校之间合作培养跨界人才。

④ 根据企业性质、现状,确定精益生产和智能制造融合的方案　要根据企业性质、现状,确定精益生产和智能制造融合的方案,不要一刀切。

老企业可以缺什么补什么,立足现状,从精益生产基础做起,从工业 2.0、工业 3.0 做起,循序渐进,逐步达到智能制造;新企业可以一步到位,精益生产和智能制造深度融合,弯道超车,跨越式发展,建立现代化的智能工厂。

5.2.8　科研开发

制造包括产品研发、产品设计、工艺设计、生产制造等,不包括研发智能化的智能制造并不完整。工业发展没有研发不行,因此要正确理解智能制造并不仅仅是智能生产那么简单,智能工厂要包括研发。

实际上智能制造就是逐步把人类多年积累的方法和算法,还有在工程实践过程中多年积累的设计知识、生产制造知识、管理知识和销售服务知识,编制成软件,由电脑协助完成设计、生产过程。智能化生产线的整个过程由软件和模型控制,就是把人的智能转化为机器智能。智能制造的关键点在于将工业知识和经验形成算法变成软件,用软件控制数据的流动,解决复杂产品的不确定性问题。

在研发环节,虚拟现实技术可以展现产品的立体面貌,使研发人员能够全方位构思产品的外形、结构、模具及零部件配置使用方案。在装配环节,虚拟现实技术目前主要应用于精密加工和大型装备产品制造领域,通过高精度设备、精密测量、精密伺服系统与虚拟现实技术的协同,能够实现加工系统中的精准配合,提高装备效率和质量。

橡胶工业是传统产业,过去很长时间,轮胎等产品设计和配方设计主要依靠经验积累、技术人员的传承和反复的试验,效率很低,而且存在技术人员一走也带走技术的弊病。虽然部分轮胎企业在产品研发方面,已经应用了 CAD、CAM、

CAE、CAPP、EDA 等工具软件和 PDM、PLM 系统，但是很多企业应用这些软件的水平并不高。企业要开发新产品，需要缩短产品研发周期，可以应用仿真技术，建立虚拟数字化样机，实现多学科仿真，通过仿真减少实物试验，需要将仿真技术与试验管理结合起来，以提高仿真结果的置信度，提高橡胶新产品制造过程中的设计、制造效率。制造新产品无论在设计还是在生产过程中都是一个迭代的过程，充满了微调。人工智能将能够显著缩短这一过程，提升制造的效率。

5.2.9 质量管控（现场）

通过在装备和产品中集成传感、控制、通信等功能，对设备进行全面联网，打造大数据监测分析的服务平台，实现装备在线状态监控、远程运维和全生命周期管理，加快了装备制造企业向服务型制造转变。该方法比传统方法维护成本减少，故障预警准确率提高。

橡胶工业的很多工序，例如原材料、半成品和成品等，特别是橡胶产品检测，离不开人工视觉检查，即使是仪器检测，例如轮胎 X 射线等检测仪由于算法落后，也离不开人。更严重的是轮胎、输送带、V 带、胶鞋以及密封件等外观检测几十年来依然依赖人海战术，效率低下，致使企业的人工成本居高不下，是橡胶工业劳动生产率大幅低于国外先进水平的重要因素。AI 设备对样品进行视觉检查的能力正在迅速提高，这使人们能够建立自动视觉检测系统。人工智能能够比较产品和照片，并决定是否通过检查。将机器视觉应用在制造业中的精确质量分析领域，通过与比人眼敏感多倍的相机结合，AI 技术和先进算法可以显著提升图像理解能力和检测效率，大幅减少人工。

5.2.10 远程运维

制造中的大型关键设备，一旦发生故障，整个工厂将停产甚至发生重大事故。对这些设备的智能监控、故障诊断、预测性维护，极大地保障了工厂的安全运行。通过在装备和产品中集成传感、控制、通信等功能，对设备进行全面联网，打造大数据监测分析的服务平台，实现装备在线状态监控、远程运维和全生命周期管理，加快了装备制造企业向服务型制造转变。比传统方法维护成本减少，故障预警准确率提高。

对于橡胶工业而言，大型、重要的橡胶产品，如轮胎、输送带、液压胶管等可以通过安装各种传感器、射频装置和联网，实现远程运维；日用健康用橡胶产品，如运动鞋等通过安装各种传感器和联网，成为健康监测终端，使产品增值；大型橡胶机械单机或生产线，如密炼机、压延机、挤出机等实现远程运维意义重大。

无锡宝通科技公司从传统制造向全面智能化转型。依托在输送领域技术的积累，基于平台开展数字化管理，打通研发、生产、管理、服务等环节，开发成功数字化输送带产品，通过平台助力绿色矿山建设，运用科技手段提升工业输送领域的工作效率。数字化输送系统主要围绕工业软硬件进行研发、生产与服务，具体为智能输送数字化产品和智能软件。智能硬件产品包括：数字化输送带产品、智能在线监测产品、5G/智能网关、智能巡检机器人、裸眼 3D 显示设备。目前，在研的产品包括数字化输送带产品、智能在线监测产品、AR/VR/MR 智能设备、裸眼 3D 显示设备等。通过输送带运行监测系统软件平台，捕捉和监测输送带运行状况，解决物料输送过程中遇到的撕裂、磨损、堵料、跑偏等问题，实现提前预警，避免产生停机事故引起的人员和财产损失，提质增效，助力客户智能化建设。

　　宝通输送带运行监测系统见图 5-15。

图 5-15　宝通输送带运行监测系统

　　虚拟现实技术能够缩短问题诊断与修复的时间，且不再需要另外派遣专家前往远端据点。事故现场任意员工皆可通过 AR 眼镜与远端专家通过视频协作完成任务，拥有极高的时效性并省下专家飞往现场提供协助的开销。远端现场的员工，可通过通信与即时视频，分享有经验的员工提供问题诊断及修复的建议，使问题瞬间解决的同时还提高了准确性。

5.2.11　物流仓储

　　制造企业的采购、生产、销售流程都伴随着物料的流动，因此，越来越多的制造企业在重视生产自动化的同时，也越来越重视物流自动化，自动化立体仓库、自动引导车（AGV）、有轨引导车（RGV）、智能吊挂系统得到了广泛的应用。而在制造企业和物流企业的物流中心，智能分拣系统、堆垛机器人、自动辊道系统的应用日趋普及。仓储管理系统（warehouse management system，WMS）和运输管理系统（transport management system，TMS）也受到制造企业和物流企业的普遍关注。

橡胶工业智能制造离不开原材料、半成品和产品的移动、配送和仓储，智能物流是智能化制造的重要环节。部分智能制造先行一步的大型轮胎企业基本实现了原材料、成品和半成品的自动输送，但需要进一步完善和提高，不仅需要建立成品自动化立体仓库，还需要建立原材料、半成品、零部件、模具等中转仓储。

非轮胎企业差距很大。需要利用 AGV、RGV、智能吊挂系统和自动化立体库等以及传感器、射频识别等装置，通过网络、软件，可有效掌握物料的移动、调度、仓储，对物料跟踪追溯，减少差错、降低库存、提高效益。

炭黑、橡胶助剂等行业，基本属于流程型工艺，物流仓储的建设重点是原材料和成品的自动称量、包装、码垛、搬运和仓储环节，在此基础上，通过网络和推行 MES 等软件，实现工厂的智能化生产。

橡胶机械行业物流仓储的重点是零部件、工具的自动仓储和搬运，以适应设备组装自动化的需要，提高橡胶机械企业智能制造的水平，见图 5-16。

图 5-16　科捷龙门机器人把轮胎成品装入钢托盘，准备送入立体仓库

5.2.12　3D 打印

3D 打印（增材制造）是快速成型技术的一种，它是一种以数字模型文件为基础，运用粉末状金属、塑料、陶瓷、水泥等可黏合材料，通过逐层打印的方式来

构造物体的技术。

3D 打印通常是采用数字技术材料打印机来实现的。常在模具制造、工业设计等领域被用于制造模型，后逐渐用于一些产品的直接制造，已经有使用这种技术打印而成的零部件。该技术在珠宝、鞋类、工业设计、建筑、工程和施工、汽车、航空航天、牙科和医疗产业、教育、地理信息系统、土木工程、枪支以及其他领域都有所应用。

据报道，3D 打印在铸造工艺上有成功案例。铸造是机械制造中重要的基础工艺之一，传统铸造行业存在能耗和原材料消耗高、环境污染严重以及工人作业环境恶劣等问题。铸造工艺中，成型、熔炼、砂处理作为重要环节，对铸件质量影响极为关键。但传统的生产过程存在人工操作干预多、信息流通不畅、关键参数不受控等弊端，造成质量波动大，无法追溯根源，存在效率低下、能耗偏高等问题，且传统工艺中作业人员的劳动强度较大。

铸造引入 3D 打印机为核心设备，配备智能加配料及智慧熔炼浇注系统、智能化砂处理及精整设备，彻底颠覆传统的铸造工艺方式方法，兴建全流程数字化绿色智能铸造工厂，摆脱了以模具制作铸型、砂芯，手工或半自动熔炼浇注、砂处理、铸件精整的方式，重新定义了铸造工艺。

烟台冰轮砂型 3D 打印机见图 5-17。

图 5-17 烟台冰轮砂型 3D 打印机

新工艺不但提升了铸件生产效率和质量稳定性，降低了原辅材料消耗，减少了人工，同时还打造了环境友好的绿色铸造模式。生产效率提升了 30%，产品不良率降低 28% 以上。实现轻体力劳动为主、低能耗、低排放的绿色铸造生产模式。

3D 打印智能成型工厂，实现了铸件产品质量的提升和作业环境的改善，给铸造带来颠覆性的变革。

3D 打印制造多材质复合铸型，能够适应复杂铸件多品种、小批量、轻量化、整体化的发展趋势，以及满足高效率、高性能、高精度的用户需求。

据研究认为，3D 打印适合橡塑产品制造。一是塑料、热塑性弹性体是适合的材料。用橡胶材料 3D 打印产品，需要解决硫化方式问题，如果这方面得到突破，将有助于 3D 打印在橡胶工业上的扩大推广。二是适合打印个性化的、多品种、小批量定制产品。三是适合制造高性能、多种材料的复合制品。目前已有相关报道。

3D 打印已应用于胶鞋、橡胶制品、橡胶机械零部件、轮胎模具甚至轮胎等产品制造，是橡胶工业柔性生产的重要工具。据预测，随着橡胶工业智能制造的推进，3D 打印在柔性生产方面大有用武之地。

5.2.13 智能决策

企业决策关系到企业运营的生死、兴衰、盈亏。智能决策就是利用电脑帮助或替代人脑对未来做出最优判断。智能决策是当下新技术革命中必须研究发展的重要领域，智能决策是智能制造的核心。

最早产生于美国的商务智能（business intelligence，BI）系统是智能决策的重要工具。BI 系统是企业信息化发展到一定程度后的产物，部分企业已应用 OA、ERP 等信息化基础系统，但融合不够，BI 可以将企业的现有数据进行有效整合。因此，采用商务决策系统很有必要。

企业在运营过程中，产生了大量的数据。一方面是来自各个业务部门和业务系统产生的核心业务数据，比如合同、回款、费用、库存、现金、产品、客户、投资、设备、产量、交货期等数据，这些数据一般是结构化的数据，可以进行多维度的分析和预测，这就是 BI 系统的范畴，也被称为管理驾驶舱或决策支持系统。同时，企业可以应用这些数据提炼出企业的 KPI（关键绩效指标），并与预设的目标进行对比，并对 KPI 进行层层分解，来对干部和员工进行考核，这就是企业绩效管理（enterprise performance management，EPM）的范畴。从技术角度来看，内存计算是 BI 的重要支撑。

制造企业核心的运营管理系统还包括人力资产管理（HCM）系统、客户关系管理（CRM）系统、企业资产管理（EAM）系统、能源管理系统（EMS）、供应商关系管理（SRM）系统、企业门户（EP）、业务流程管理（BPM）系统等，国内企业也把办公自动化（OA）作为一个核心信息系统。为了统一管理企业的核心主数据，近年来主数据管理（MDM）也在大型企业开始部署应用。实现智能管理和智能决策，最重要的条件是基础数据准确和主要信息系统无缝集成。

开发适应橡胶工业的 BI 系统势在必行。

5.2.14　营销服务

制造业从"提供产品"向"产品+服务"转型，后服务在制造业中的比重越来越大、越来越重要。伴随企业经营规模扩大、服务地域扩展、服务门类增多，信息通畅实时、物品调度供应、人员及时达到，显得格外重要。工业互联网给制造业营销服务带来便捷、实时、高效的优点，并将数据反馈给制造过程，使制造更有效、更敏捷、更贴近用户。为企业节省了时间、减少了开支、提高了效益，也为用户提高了开机效率，减少了停工带来的损失。

区块链是一种每一个人都能够分享和访问的电子分类账，交易的双方可通过区块链来跟踪交易记录。利用区块链技术可以改善和提高橡胶工业国内外贸易的成本和安全性。

5.2.15　绿色制造

2020 年 3 月生态环境部颁布《排污许可证申请与核发技术规范　橡胶和塑料制品工业》。"十三五"期间，轮胎橡胶工业在绿色化方面做了很多工作：废轮胎综合循环利用技术和利用率居世界先进水平；推行轮胎"标签法"取得重要进展；部分企业密炼车间废气、粉尘治理达标；橡胶助剂产品绿色化率达 95% 左右；开始重视天然或者生物基橡胶原材料的开发应用等。但是，与国家更高标准的环保要求和橡胶工业绿色发展目标有一定差距，各个地区和企业也存在不平衡。

今后，绿色化战略要贯穿橡胶工业全产业链，继续实施深化和普及一批橡胶工业绿色制造工程，如逐渐扩大天然和生物基橡胶原材料的开发应用，减少对化石资源的依赖；继续推进轮胎"标签法"实施进程；彻底实现废轮胎的综合循环利用和轮胎橡胶工厂"三废"治理；进一步提高橡胶助剂产品绿色化率和彻底实现清洁生产等。

（1）努力降低能耗

努力降低轮胎产品生产能耗，推广节能生产工艺技术，按照 2015 年开始执行的新《中华人民共和国环境保护法》，认真贯彻实施《轮胎单位产品能耗限额》《轮胎行业清洁生产评价体系》《排污许可证申请核发技术规范　橡胶和塑料制品》等环境标准，实现清洁生产和安全环保；在行业内实施清洁生产审核，全面提升技术、能耗、清洁和管理水平，积极向国际环保要求靠拢，全面实施轮胎行业绿色发展路线图，强调源头控制-过程控制-污染物治理的管控，禁止或限制使用有毒有害或有污染的材料，推广使用环保原材料，把绿色贯穿生产的全过程和产品的全生命周期。

炭黑行业要严格贯彻执行《炭黑单位产品能耗限额》国家强制标准，对未达标企业要进行限期整改，复查不达标的必须停止生产。同时要研究改进炭黑生产工艺，降低原料油消耗。从环保节能等方面引导我国炭黑企业健康发展，提高低碳意识，推行能效标识，选用二氧化碳排放量较少的原料，更加严格水资源利用和污水排放要求，公告污染物排放情况，提高环保透明度。

力车胎行业坚持环保绿色生产，推广应用高科技的疏水器和高压热水泵，把蒸汽冷凝水直接打入锅炉体内，形成蒸汽闭路循环硫化系统，节约煤耗 20%～30%。推广双向导热快速硫化工艺和氮气循环利用等措施，建立全员节能长效管理机制。按照《力车胎行业单位产品能源消耗限额》行业团体标准，坚持循环经济理念，大力推进绿色产品生产。逐步减少使用有毒有害物质生产力车胎产品。提倡在力车胎产品中掺用无味无害物质的再生胶，以节省资源、改善工艺，以循环经济理念发展力车胎行业。

废橡胶综合利用行业按工信部 2020 年颁布的《废旧轮胎综合利用行业规范条件》要求，使用节能、环保、清洁、高效、智能的新技术、新工艺，选择自动化效率高、能源消耗指标合理、密封性好、污染物产排量少、本质安全和资源综合利用率高的生产装备及辅助设施，采用先进的产品质量检测设备。执行《再生橡胶行业清洁生产评价指标体系》《橡胶工业污染防治技术政策》进行环保达标治理和整改。再生橡胶产品 90%以上符合《E 系再生橡胶》团体标准要求，软化剂符合《E 系再生橡胶软化剂》团体标准要求。工业用水循环利用率、烟尘控制水平、固体废物利用率、噪声控制均实现达标要求，实现行业的绿色发展。

橡胶助剂行业属于精细化工，大力推进我国橡胶助剂工业的清洁生产是非常重要的。

（2）坚持科技创新，发展和生产绿色产品

推行橡胶工业绿色制造，除了加快橡胶工业绿色改造升级，大力推广余热余压回收、水循环利用、废旧橡胶资源化、废气治理等绿色工艺技术装备外，还要加强绿色橡胶产品研发应用，推广轻量化、低功耗、易回收等技术工艺，大力促进橡胶工业绿色低碳发展。要继续完成《绿色轮胎技术规范》和《轮胎标签制度》的阶段性实施，开展"绿色轮胎安全周"活动，推动产品往节能、环保、安全、耐磨的绿色轮胎方向进行技术升级，努力扩大绿色轮胎生产比例。开发全天然材料的绿色新概念轮胎，如采用杜仲橡胶、生物基纤维为主的绿色轮胎等。

（3）废橡胶综合利用是实现橡胶工业绿色制造的重要一环

作者在橡胶行业服务近 50 年，见证了橡胶工业从小到大、从弱到强的发展过程。在橡胶工业所有领域中对废橡胶利用方面接触时间最长，下功夫最多，感悟最深。长时间以来，看多了众多企业的兴衰，不少企业家的成败沉浮，很多企业之间的纷争，包括技术路线之争、市场竞争。其实，这是正常的，这是一个行业发展的必然过程。中国的废橡胶利用行业就是在这种竞争中发展壮大，成为世界废橡胶利用技术领先、规模最大、废橡胶利用率较高的行业。

废橡胶利用企业如何在一个复杂的环境中立于不败之地，近50年的中国废橡胶利用产业发展的历史证明了3点：一是符合科学，二是符合实际，三是符合国家政策。凡是比较好地把握好这3点的企业，就能够生存和发展。根据中国国情，废橡胶综合利用的发展方向如下：

① 努力构建高效、清洁、低碳、循环的绿色橡胶工业制造体系，加强废旧橡胶综合利用，开发推广全自动化、封闭、无污染的废旧橡胶综合利用生产线，利用互联网构建集废旧橡胶材料采购、生产和销售的平台。

② 走智能制造之路，建再生胶（胶粉）全封闭、自动化、绿色生产线和智能废轮胎热裂解生产线（图5-18），促进废橡胶产业智能制造发展。

图 5-18   伊克思达智能废轮胎裂解生产线

③ 利用物联网、大数据完善废旧橡胶回收利用体系，开展信息采集、数据分析、流向监测，创立符合中国国情的现代化废旧橡胶回收利用体系。

④ 建立废旧橡胶在线交易系统，推动现有废橡胶资源交易市场向线上线下结合转型升级，逐步形成行业性、区域性、全国性的废旧橡胶原料和再生产品在线交易系统。

⑤ 到国外发展废橡胶利用产业，包括建再生胶（胶粉）全封闭、自动化、绿色生产线，建立全球废旧橡胶回收利用体系和建立废旧橡胶在线交易系统。利用"一带一路"契机，将中国先进的废橡胶利用技术和设备、废旧橡胶回收利用体系以及废旧橡胶在线交易系统推广到全世界，为中国和世界绿色橡胶工业发展作贡献。

5.2.16 网络平台

橡胶工业的大型轮胎企业，因其资金、技术等实力较强，建立了企业内部的以太网推行智能制造，与外网连接逐步打通产业链协作。橡胶工业中企业数量占90%以上的中小企业，在数字化转型和工业互联网面前，深感力不从心。因此，亟须一些面向行业的公共服务平台为他们提供咨询、培训，提供简便的云服务。可喜的是，行业外已出现不少这样的工业互联网平台，如INDICS+CMMS（航天）、COSMOPIat（海尔）等。但橡胶行业迄今尚没有形成中小橡胶企业服务的网络平台。互联网架构、标识解析技术体系以及有关标准制定相对滞后，互联网平台建设缺失，橡胶工业APP开发落后，软硬件融合水平低，非轮胎橡胶制品行业智能制造普遍落后等。

今后，要根据国务院《深化"互联网+先进制造业"发展工业互联网的指导意见》，推动建设橡胶工业互联网国家级平台，支持形成一批具有较强示范引领效应的橡胶行业企业级平台，形成国家、企业两级橡胶工业互联网平台体系，完善橡胶工业互联网架构、标识解析技术以及有关标准，促进橡胶工业全要素连接和资源优化配置。需要一批为中小橡胶企业实现数字化转型的应用服务提供商（ASP），这些ASP，人员不一定要很多，但对中小企业所处的行业熟悉，解决中小企业的问题很实在。同时，这些ASP，盈利不高，本身就是中小企业，因而需要政府的扶植。

赛轮橡链云网络平台见图5-19。

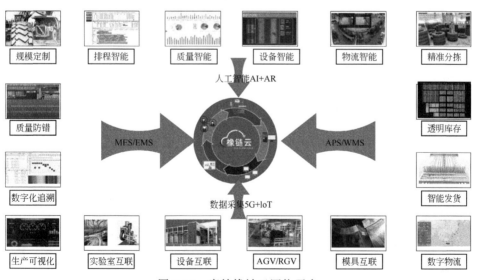

图5-19　赛轮橡链云网络平台

5.2.17　资源共享

共享经济或者资源共享是解决当今世界环境和资源问题的新途径，其核心是"共享使用，不必拥有"。这种理念是世界著名学者共识。

国家信息中心分享经济研究所发布了《中国共享经济发展报告（2020）》。报告显示，2019 年中国共享经济市场交易额为 32828 亿元，比上年增长 11.6%；共享经济直接融资规模为 714 亿元，同比下降 52.1%。

从数据来看，2019 年中国共享经济发展依然保持了高速增长，经济规模进一步扩大，住宿、医疗等领域的增长更加凸显。不过，2019 年共享经济融资规模出现了大幅下滑，可以看出共享经济正进入深度调整期。此外，以往的粗放模式逐步被摒弃，共享经济正向更加注重质量和效率的集约模式加速转型。

此外，"共享制造"的概念或将在接下来加快走向落地。也就是说，共享经济或将从服务领域向工业领域延伸，推动制造业实现新的转型升级的同时，也为整个共享经济生态的发展创造新的增长点。

后疫情期间"共享制造"将会在橡胶行业得到发展，例如共享密炼机、压延机等大型设备、精密检测设备以及密炼中心、检测中心等。

5.2.18　论坛展会

论坛展会是企业、行业、政府为了宣传、交流、推销、贸易等举行的会议和展览，其中会议含企事业单位及公司的各种业务会议、专业研讨会、各种大型会议等，展览含展览销售活动、大规模商品交易活动等。会展行业产业链长，产业关联度大，对贸易及经济发展具有较强的助推作用。

云上数字展会的票务、签到、社群筛选等功能正在迅速成熟，会展的主办和管理方依赖数字化平台可以轻松管理参与会展人员的信息。运用大数据、数字孪生、AR/VR 等技术，不仅实现了票务和管理的数字化流程，而且立体化、全方位实现了展示的功能，围绕会展的营销活动，也可完全在线上完成。

"元宇宙"打通的连接，将现实与虚拟结合成一种混沌状态，而这种状态最大的体现应该是"互动"模式的改变。未来的会展活动形式，或许会更加的虚拟化和匿名化。除了匿名化，会展活动的沟通也大幅度地被延长，以往 3 天的线下碰面，可以改成线上长期的"碰面"。会展活动可以是动态的、长期的、全方位展示的，也因此，作为会展活动的参与者，有了更多的灵活性。"元宇宙"技术所衍生出的各种交流方式，也在不断被创新，从以往的数字、图片到今天的视频、连接等，线上向线下延伸的场景有了越来越多的渠道。

橡胶行业每年举行大量论坛会展，对推动橡胶工业发展起到重要作用，在疫情突发的情况下，应该与时俱进，充分运用 5G、VR/AR、大数据等现代信息技术手段，创新橡胶工业论坛会展，促进橡胶工业转型发展。

以上橡胶工业智能制造的路径是互相联系协同的，只有逐步融合才能取得显著效果。橡胶工业智能制造转型发展可以根据企业具体情况，在以上 18 个方面或领域切入，然后逐步融会贯通，探求完善各种不同的智能制造模式，达到理想效果。

5.3 橡胶工业智能制造的措施

5.3.1 建立橡胶工业智能制造标准体系

智能工厂的标准化，是指为了实现智能工厂整个工作过程的协调运行，提高工作效率等目标，而对作业的质量、数量、时间、程序、方法等制定统一规定，即标准。这是不同于现在传统橡胶工厂的工艺规定和国家产品标准的，要从试点企业开始着手制定，进而制定行业标准。

5.3.2 完善橡胶工业创新体制

目前我国先后设立了众多的橡胶与相关产业科技研发机构，如国家工程实验室、国家工程研究中心等。但是，技术创新体制仍有待完善。

企业是需求、研发投入及成果实施的主体，企业要加大研发投入。政府要制定相关政策，鼓励企业加大研发投入，支持企业开展科技创新。

科技成果转化率低的一个重要原因是，既不可能要求科研院所完成从技术原理到全部产业化的研发任务，也不可能要求企业的研发从技术原理起步。因此，要在开发研究与成果产业化之间架设起桥梁，建立为全橡胶行业服务的、基于互联网的开放式创新平台，如"众研网"等。同时，鼓励建立名副其实、确有实效的产学研用协同创新联盟。共性技术创新平台应是独立的，能为大中小企业服务，并兼有工程人员培训的功能。

5.3.3 推行现代企业模式

现代科学技术和社会经济的发展，促使工业企业模式不断发生变化，现在我国的橡胶企业，不是计划经济时期单一的橡胶产品制造工厂，已经进入工业 4.0 的变革时代，橡胶企业应当充分利用现代高新技术、现代管理模式和现代资本运营，改进企业经营模式，促进企业新发展。

现代资本运营是指企业将自身所拥有的各种生产要素或社会资源，通过兼并、收购、重组、参股、控股、交易、转让、租赁等形式予以优化配置，以实现企业利润最大化、市场占有率最大化以及风险最小化目标的一种经营活动。

① 鼓励、支持、引导风险投资、创业投资以及民间资本进入传统橡胶产业，借助资本运营，实施兼并重组，促进橡胶工业智能制造的发展，进而改造传统橡胶工业，提高运行质量，加快我国橡胶工业向强国发展的步伐。

② 拟通过上市公司兼并重组、品牌共享兼并重组、产销一体等方式，实现上下游企业兼并重组等方式，建立纵向资产重组企业、横向资产重组企业、品牌共享重组企业、轮胎电商企业、橡胶制品电商企业和境外投资企业。

③ 继续推进"6S""六西格玛""精益生产"等现代企业管理方法。这些方法过去对企业现代化建设起到重要作用，在工业4.0时代非但没有过时，对于智能制造来说，网络化、数字化、物联网、智能网都是服务于精益生产的技术手段，都将成为工业4.0中将各项先进技术整合为一体的最佳工具，通过精益运营，能更加有效地保证智能制造的实施。

5.3.4　充分利用金融资本，助力橡胶工业智能制造

企业应该加大对智能制造的投入，转变过去那种重扩大产能的投资倾向。我国金融业今后将步入重构阶段，为实体经济发展提供更多的金融产品。金融业的发展将为橡胶行业的发展提供强有力的支持。应该抓住这个机遇，借力资本，改造和提升我国橡胶工业。

国家将加大金融改革力度，推进股票发行注册制改革是五大改革重点。这对推动智能制造是个好消息。

现在已形成"两所两系统"、多层次资本市场，即上交所和深交所，全国股份转让系统（新三板）和中证企业报价系统。特别是正在推进的互联网金融都是可以充分利用的金融资本手段，都将为橡胶工业智能制造提供强大的融资支持。

鼓励、支持、引导风险投资、创业投资以及民间资本进入橡胶工业智能制造，借助资本改造传统橡胶工业，提高运行质量，加快我国橡胶工业向强国发展的步伐。

5.3.5　大力推动重点领域突破发展

瞄准橡胶新材料、智能制造装备、"两化"融合等战略重点，引导企业和有关大学、科研单位协作，开发和建设一批对行业发展有重大影响的项目，推动橡胶工业智能制造快速发展。

（1）继续升级 10 条自动化生产线

智能制造是《中国橡胶工业强国发展战略研究》提出的十大战略之一。以信息化为基础，以机器人为代表的智能制造在橡胶行业开始受到普遍重视，中国橡胶工业协会提出落实橡胶工业智能制造的 10 条自动化生产线已经取得重大进展。10 条自动化生产线是：轮胎全自动化生产线，摩托车胎全自动化生产线，自行车胎全自动化生产线，输送带全自动化生产线，切割 V 带全自动化生产线，模压橡胶制品全自动化生产线，3D 打印橡胶制品全自动生产线，胶鞋工业智能设备及自动化生产线，废橡胶再生胶（胶粉）全封闭、自动化生产线，橡胶助剂全自动化生产线。这 10 条生产线大部分已经投入生产，日趋完善，但在软硬件融合等方面都需要进一步升级，以成为达到国际先进水平的示范智能生产线，并融入企业产业链平台，取得更大效益，推动我国橡胶工业的智能升级。

企业要结合自身情况，制定智能制造路线图，引进信息化、数字化、自动化等人才，逐步推进智能制造，通过自动化实现机器换人，通过信息化减人，通过智能化提高劳动生产率。

（2）创建电商新模式，延续橡胶工业智能制造

经过十几年的酝酿、探讨、实践、失败和总结，终于在 2014 年迎来了轮胎等橡胶产品电商的元年，初步走出了符合轮胎特点和国情的轮胎电商路子。不仅有天猫等通用网络平台，还有专业的途虎养车网、轮库、麦轮胎、好事网等电商网站，新的轮胎等橡胶产品电商网站不断出现，可以说是风起云涌，开始冲破传统营销方式。轮胎销售商联合成立以电商为主的联合轮胎股份后，引起连锁反应，相继又有几家联合轮胎销售公司成立，涉足轮胎电商。几家大轮胎厂纷纷以各种电商形式销售轮胎。除了轮胎电商外，非轮胎橡胶产品电商也受到关注，已经出现以橡胶管带为主的橡胶制品的电商平台。要继续探讨发展适合中国国情的跨境轮胎电商平台和跨境橡胶产品电商平台，延续橡胶工业智能制造到终端，以适应柔性制造和自由定制模式的需要，实现彻头彻尾的智能制造系统，也可以考虑建立轿车轮胎和鞋类自由定制平台示范，然后逐步推广。

（3）重点开发建设项目

32 项重点开发建设项目如下：

轮胎试验场建设项目、乘用子午线轮胎全自动化生产线、绿色轮胎技术研究及产业化项目、全天然概念轮胎、摩托车胎和自行车胎全自动化生产线、开发高黏合力的黏合体系、开发力车内胎自动硫化系统、热塑性弹性体芳纶输送带智能生产线、助力转向器及冷却水胶管项目、切割 V 带自动化生产线、PA 吹塑管总成、橡胶制品全自动化生产线、核工业耐高强辐射密封产品、防震橡胶仿真模拟设计研究、特种防护功能胶鞋研究、胶鞋工业智能设备及自动化生产线、聚氨酯避孕套的研发应用、乳胶制品生产包装智能生产线、3D 打印技术在乳胶制品模型

设计上的应用、研发低滚动阻力炭黑品种系列、研发高性能轮胎炭黑品种系列、研发特种炭黑品种系列、万吨级废旧轮胎绿色自动化粉碎示范生产线、废旧轮胎生产再生橡胶万吨自动化示范生产线、轮胎活络模自动化生产线、钢质活络模具型腔制造技术及产业化、促进剂 M 的清洁生产工艺、不溶性硫黄的气化一步法连续生产工艺、促进剂生产工艺自动化和信息化技术、超高强度钢帘线和胎圈钢丝开发利用、年产 10000t 芳纶帘帆布项目、生物基纤维尼龙 65 帘布的开发和应用。

5.3.6 "十四五"重大智能制造项目

（1）轮胎花纹设计工业软件开发

实现目标：三维设计、三维展示，花纹构成要素及交汇算法，关键参数实现自动计算，工程图实现自动生成。

（2）基于轮胎产品在运行过程中给予的信息收集、应用系统开发智慧云

软件系统开发：承接轮胎与车辆运行大数据的收集与分析（运行中的胎温、胎压、里程、速度等数据），实现轮胎资产管理与业务运营和轮胎研发结合。

硬件开发：数据传输需求的轮胎传感器、信号接收器、中继器以及扫描设备等开发，确保数据传输过程的稳定性，实现大数据收集和轮胎定制化服务。

实现效果：可实时监控汽车轮胎的胎温、胎压、行驶路线、载重量、花纹磨损度等数据，并实时传输到大数据分析平台，对轮胎使用的海量数据进行智能分析，并自动发出"提示、预警、指令"等信息，真正实现轮胎的全生命周期管理，为广大车主提供安全可靠的轮胎产品使用方案，杜绝因轮胎质量或使用不良引发的安全事故。

目标：通过运营模式的转变，可以解决大型物流运输企业成本难题，改变传统的轮胎企业运营模式，由卖轮胎向卖里程和卖服务的方向创造性转变，实现轮胎资产化在线化运营。

（3）智能化仓库管理系统推广

指标：库存量比传统仓库提高一倍；存品分类、存位、存量、流转状况清晰，确保"先进先出"；货架规范标准，机械化作业，内部有关终端都能查看管理情况。

（4）轮胎外观质量自动检测系统及存储自动化提升

国内外轮胎外观检查还均为人工检查，自动检查技术是空白，人工工位 10～32 位不等，成本节约有较大空间；轮胎企业修毛工段 90%为人工修毛，人工工位 2～10 位不等，有较大节约空间；胎坯的运输存储自动化、智能化同样重要，并有很大提升空间和需要。

随着轮胎工厂智能化推进，成品修整、外观检测及胎坯运输存储等环节的自动化、智能化要求越来越迫切，可大量节省人力成本，投入与产出比会比较理想。

开发轮胎自动外观检查机、修毛机和胎坯智能存储区三轴联动机器人技术是关键。

支持领域为：行业内轮胎外观识别缺陷检查参数和自动打标等内容的研究整合；利用机器视觉、人工智能等技术对轮胎外观进行成像图片瑕疵标注建模，实现判级过程的自动化、智能化；三轴联动机器人系统研究应用；高效、高精度、高可靠性桁架生产应用。

重点内容：开发轮胎自动外观检查机，实现自动化、智能化识别轮胎缺陷技术，轮胎外观质量漏检率低于 0.1%，单胎外观质检过程能在 30s 内完成；多工位全自动高效率智能化轮胎修毛机开发；胎坯运输存放实现全自动智能化，搬运胎坯尺寸全覆盖轮胎规格，机器人抓取位的输送带配有两个工位的定中装置及精度要求，工作节拍 2 条/20s（一次抓 2 条轮胎），一个系统对应 2 个通道，24h 装车能力（6×60×24=8640 条），4 个系统装车能力（8640×4=34560 条）大于 8 个通道的生产能力（28800 条）。

实施目标：半成品胎坯运输和存储，成品轮胎修整、外观检查和打标等，全部实现高效精准无人智能化状态，企业人工成本大幅节省，有突出的投入与产出比。

（5）智能工厂建设

面向橡胶轮胎企业的智能制造应用新模式，同时利用大数据云平台进行感知、分析、推理、预警、决策与控制，实现轮胎产品需求的动态响应、迅速开发以及对生产和供应链网络实时优化，为传统轮胎制造工厂提供智能制造的实践。

① 支持领域　智能研发设计体系、智能生产制造体系、智能物流仓储体系、智能营销服务全生命周期协同运营体系。

② 重点内容　产品研发及设计制造一体化：设计效率提升 3 倍，设计质量提高 99.8%。

质量透明化：质量速报，第一时间发现问题，不良率降低 60%。

订单、生产计划进度透明化：订单—产能分配—确认订单—智能排发货—运输交付—账务处理—供应链监控。

完整的追溯体系：物料、工艺、质量、责任、返工均可在轮胎内置的芯片中进行追溯。

生产管理数字化、透明化：生产效率提升 25%，物流效率提升 50%，打造自动化与信息化完美结合，构建高效、绿色、协调的智能工厂。

（6）子午线轮胎胎圈"四合一"成型工艺技术及成套装备

国内外轮胎胎圈生产分钢丝圈缠绕、包布、包胶、三角胶挤出、胎圈贴合成型几道工序完成，为分散工艺布局，严重依赖人工技能及人工搬运，自动化和生产效率非常低，且生产线结构无法适应。国内多规格少批量的生产模式，使胎圈产品存在质量不稳定和一致性差等难题。

从功能结构、工艺方法、生产设备、空间布局、制造成本、自动化程度、安全环保等全方位对轮胎胎圈生产进行创新改造，实现裸钢丝圈缠绕成型、钢圈包布、三角胶在线挤出裁断、胎圈贴合的"四合一"成型工艺技术及成套装备。应用智能物流实现全自动化和智能化输送、装卸和堆叠，满足国内多规格少批量胎圈生产模式。研制出国内领先、国际先进的高效率全自动化全钢载重轮胎胎圈"四合一"成型工艺全自动集成生产线，可以减少人工 50% 以上，生产效率提升 30%以上，质量稳定性及一致性提升 20% 以上。

（7）基于互联网技术应用的橡链云工业平台建设

中国轮胎企业在近十几年实现了跨越式的发展，但仍面临产品附加值低、结构性产能过剩等产业转型升级的压力。目前，我国橡胶轮胎行业正在由劳动密集型向技术密集型转化，设备更新换代也正在向信息化、智能化、网络化、模块化、集成化方向发展。

对国内轮胎企业来说，迫切需要将制造技术与数字技术、智能技术、网络技术等集成，并应用于轮胎设计、生产、管理、物流和营销等核心业务环节，起到提高生产效率、降低生产运营成本、提升安全信息防护等作用，将成为我国轮胎企业参与下一轮国际竞争的核心支撑。面向橡胶轮胎企业的智能制造应用新模式，同时利用大数据云平台进行感知、分析、推理、预警、决策与控制，实现轮胎产品需求的动态响应、迅速开发以及对生产和供应链网络实时优化，为传统轮胎制造工厂提供智能制造的实践。

支持领域：智能研发设计体系、智能生产制造体系、智能物流仓储体系、智能营销服务全生命周期协同运营体系。

重点内容：依托云平台支撑能力、企业信息化支撑能力、先进制造业模式经验等三大能力，以 5G、大数据、增强虚拟现实、人工智能等技术结合的工业互联构架为基础，产业链匹配为关键，上下游网络协同为核心，已初步搭建起橡胶轮胎产业链协同工业互联网平台。

此外，在人工智能、5G 技术应用方面，拥有一批涵盖模式识别、软件开发、网络技术、轮胎制造等专业技术团队，与高校、科研院所及国内外高端实验室广泛开展人工智能领域的技术合作，具备较好的基础条件。

该平台着眼于垂直行业，立足于橡胶行业产业链，发挥行业产业链平台、先进制造业模式经验、企业信息化支撑能力等优势，以工业互联为基础、产业链匹配为关键、上下游网络协同为核心，将产品、设备和服务能力数字化、网络化，满足用户按需使用产品与服务的需求，助力于企业实现设计好每一种轮胎、制造交付好每一条轮胎，并协同生态链实现每一处业务场景的智能化应用。同时，可形成一套轮胎智能制造新模式，在行业内具备可复制性和推广性，大幅提升轮胎企业的智能化水平，促进轮胎产业的智能化升级。

实施目标如下：

产品研发及设计制造一体化：设计效率提升 3 倍，设计质量提高 99.8%。

质量透明化：质量速报，第一时间发现问题，不良率降低 60%。

订单、生产计划进度透明化：订单—产能分配—确认订单—智能排发货—运输交付—账务处理—供应链监控。

完整的追溯体系：物料、工艺、质量、责任、返工均可在轮胎内置的芯片中进行追溯。

生产管理数字化、透明化：生产效率提升 25%，物流效率提升 50%。

（8）混合现实（MR）系统解决方案平台

将新一代信息通信技术与橡胶行业进行深度融合，实现生产要素数字化、网络化，实现橡胶生产过程知识自动化，以知识驱动生产过程，旨在简化管理，提升品质，降本增效绿色环保。

本项目将在高端成型机混合现实（MR）智能应用平台的基础上，全面提升和完善平台功能，通过智能装备的二次开发，以及 MR 应用技术的融合，增加植入语音同传、语义转化等功能，丰富如远程技术交流、指导安装、实景化培训、运维管理等更多场景的拓展，实现 MR 系统解决方案（平台）的研发，推动轮胎智能装备的发展，促进智能制造整体解决方案的提升，并带动相关行业与人工智能技术的融合创新。

该技术平台可全面支撑橡胶轮胎企业包括设备远程维修维护、远程验收、技术指导等相关服务。

（9）力车胎内胎成品包装自动线研发与推广

力车胎内胎附加值低，但手工作业又多，尤其是内胎成品包装占用人力最多，内胎成品包装自动线研发已成重中之重，也曾做过多次研发，尚需完善。

要求从内胎成品检查合格后，抽气、折叠、装盒、装箱全部自动化，生产效率提高 6～8 倍，短少率小于万分之三。

（10）胶管批量产品自动化生产线项目开发

现有工艺为：配料员领取所需物料，人工刻字，人工装接头扣压，效率低；把每天的标签都根据计划提前一天打印出来，按照班组分好；包装操作工领取标签、领取袋子，人工粘贴标签在袋子上，人工装产品，人工封口，人工装箱。多个工序占用了大量的人工工时，效率提升缓慢，成本非常的高。

多品种小批量自动化生产线融入 5G 技术，就是在保证刹车管安全性能的前提下，安全高效生产，从而提高生产效率和产品合格率，多品种小批量自动化生产已经成为生产制造行业发展的主导。

此项目一头一尾，从领取物料到刻字处，放置所需物料，振动盘刻字机自动下料、自动入料扣压翻转定压、自动化检测产品尺寸、自动化打印标签、自动化给袋子/盒子贴标、自动化产品装入袋子/盒子、自动化热合袋子、自动化封箱封口。先进性的设备投入，效率提高，人员减少 1/2。

（11）输送带压延成型一体化工艺改造

输送带生产工艺合并工序，把压延工序和成型工序合并成一个工序，有效提升生产效率，减少生产设备和用工量。

需要橡胶机械压延装备设计、制造领域的支持。实现压延装备的多功能联动系统，满足成型带坯的工艺技术要求。实现帆布擦贴胶后复合组成带芯，要求一次连续完成。再进行带芯的上、下覆盖层和边胶热贴合制造成带坯。

技术指标：帆布压延贴合速度大于 20m/min，带坯热贴合成型速度大于 15m/min。

带芯一次连续成型完成，带坯一次热贴合完成。与传统工艺方法比较，带坯成型生产效率提高 2 倍，操作人员减少 50%。

（12）胶鞋和特种防护鞋靴智能化成型生产

主要研究内容：自动智能化刷浆生产线的研究与应用。

关键技术：机器、胶浆、鞋靴、鞋帮、中底布之间高度配合，达到工艺要求。

总体目标：实现生产自动智能化，达到减人增效降低成本的目的，解决员工苦、脏、累的工作环境。

主要考核指标：自动刷浆减少 6～8 人，提高生产率 10%以上；刷浆位置精准稳定，产品合格率高。

目前特种防护鞋靴生产线智能化水平低、工效低，改造后可有效提高产品质量和工效。进行特种防护鞋、靴成型线智能化改造，部分核心产品的关键工序实现机器换人，部分工序实现自动化操作，减少人为操作误差。减人增效，提高实物产品质量，促进产品上档升级。

（13）制鞋行业基于 MES 的智能炼胶系统

借鉴轮胎行业智能炼胶经验，开发适合制鞋行业的基于 MES 智能密炼系统。

内容包括：上辅机系炭黑/白炭黑、粉料储存、称量与投料；液体输送、储存、称量与注射；胶料输送、称量与投料；上辅机微机控制系统（橡胶混炼信息化管理系统），配套密炼机容积 30～270L，炭黑、粉料秤物料最大称量 150 千克，液体秤物料最大称量 50 千克，胶料秤物料最大称量 300 千克，秤准确度等级Ⅲ，系统配料周期≤120 秒/批。

数字化 MES 全程贯通包含炼胶车间物流、库存、设备运转、生产计划、成本核算、生产监控、生产报表、原材料条码追溯、设备保全、质量检验、人员管理等工作环节的综合性管理系统。本系统能够将上述各环节的状态和信息实时展现给全厂的各级用户，同时将大量的原始数据按照设定的模式保存于数据库中，随时可以回放和查询。数字化 MES 还是一个以各生产车间和各管理部门为基础建立起来的全厂信息共享平台。此系统的使用会使工厂的成本控制、生产效率、人员管理得到优化，提高工厂的产品竞争力。

（14）高端轮胎模具个性化定制智能制造新模式应用项目

目前轮胎模具生产的柔性、自动、集成、智能化工作均未得到充分开展，导致传统制造模式依然大量存在，如钳修等工序用工量大，部分量大的个性化产品需要人工分拣等。轮胎模具庞大的生产规模对信息传递的效率和质量提出了更多的要求，亟须研发轮胎模具专用的数字化装备，运用信息化手段，探索适合于轮胎模具大规模个性化复杂工业品的智能制造新模式。因此，轮胎模具的智能制造是新能源汽车产业升级和企业发展的必然要求。

重点内容：实现轮胎模具智能制造单元建设；实现轮胎模具数字化车间建设；实现轮胎模具智能工厂建设；完成轮胎模具专用装备研发及应用，包括电火花成型机床、激光装备、智能测量装备等。

技术指标：生产效率提高 20%，运营成本降低 20%，产品研制周期缩短 30%，产品不良品率降低 20%，单位产值能耗降低 10%。

（15）基于机器人和人工视觉技术实现轮胎模具、胶料的自动搬运及在硫化机上自动更换的研发和应用

轮胎制造中胶料及模具重量大，搬运频繁，突破的瓶颈在于市面现有机器人难以在大负载（按单副模具 8t）的情况下自动输送并精确定位。采用机器人输送、定位系统，与模具库、模具清洗装置、EMS 信息交互，规划输送路线，实现模具在模具库、清洗装置、硫化机之间自动输送并精确定位。轮胎制造企业与国际一线设备制造商合作研制。

（16）橡胶轮胎工厂 BIM（建筑信息模型）应用研究

本项目主要研究 BIM 技术在橡胶轮胎行业的应用，基于橡胶行业数字化、智能化工厂规划的设计需求，以及工程总包项目的需求，组建团队并投入资源构建BIM 设计能力，助推行业智能化发展。形成 BIM 设计团队，具备三维设计能力。

（17）输送带智慧工厂建设

输送带产业是劳动密集型传统工业，产品质量受人为因素影响大，人工成本高，劳动强度大，生产环境恶劣，工业自动化水平低，产品竞争激烈，企业利润率低。

通过建立基于"互联网+"信息通信技术、应用软件、工控软件、加工设备及测控装置等为一体的企业信息物理系统，将设备、产品、技术、工艺、原材料、物流等要素集成在一起，打通制造环节数据壁垒，使设备与设备、设备与人、人与人之间得以异地跨界的互联互通，实时感知、采集、监控和处理各种制造数据，实现制造系统加工指令的动态优化、调整和大数据的智能分析，从而改变传统单

一的制造模式，全面提升产品制造的质量、效率和智能化程度，满足日益个性化的客户需求。

（18）天然橡胶全自动采收胶一体化技术装备研发

收获环节是天然橡胶生产的中心环节和关键技术，割胶技术直接关系着胶树的经济寿命和整个生产周期的产量水平及经济收益。近年来，由于世界许多植胶国，如马来西亚、中国、泰国等，劳动力资源、劳动成本不断攀升，胶园弃管弃割现象严重，产业面临生死存亡的关键时期，"无人化"割胶成为割胶迫切需求和关注热点。

① 主要考核指标 天然橡胶收获对采收技术和标准有极高要求，因此导致机械采胶一直是世界性难题，国内外研究了近40年都难以突破关键技术，无成熟的加工制造工艺可参照。近年来，便携式电动割胶机取得了重大突破，并开始在生产上推广应用。但在树干仿形、切割深度和耗皮厚度精准控制、老胶线快速去除、加工制造精度、部件材料的耐用性、生产加工制造与维护成本等方面，仍需不断优化改进。此外，传统人力胶刀已使用100余年，电动割胶刀要完全替代传统人力胶刀，市场培育仍是一个缓慢的过程。当前人力割胶工具落后，割胶成本占生产成本的60%以上，已成为制约天然橡胶产业发展的痛点问题。随着天然橡胶产业、社会经济和科技的不断发展，割胶工具的变革是必然趋势。天然橡胶要实现现代化，采胶工具必须实现机械化、自动化、智能化，未来产业将呈现电动采胶机和全自动智能化采胶机器人高低搭配、农艺农机融合的新模式。

② 现有技术基础 已有团队开展了近5年的割胶机械研发，熟悉国内外研究现状与技术发展水平，设计了切割深度和柔性机械精准控制的切割新装置，研发了"横铣旋切式""立铣式""往复平切式""往复摆切式"4种机械原理的手持便携式电动胶刀19款。2017年7月，推出第一代4GXJ-1型电动胶刀，经过国内外用户2年的生产应用，进行全面升级，于2019年10月推出第二代4GXJ-2型，并通过检测认证，产品已在中国、缅甸、老挝、越南、泰国、柬埔寨、印度尼西亚、马来西亚、斯里兰卡、印度、菲律宾、喀麦隆等12国进行了初步的推广应用。两代机已推广8500余台（其中第二代推广2600余台，主要集中在白沙、琼中两县，助力贫困胶农割胶脱贫、疫后复工复产和乡村振兴），填补了该领域国内外空白，在采胶机械研究领域积累了较深厚的基础与研发实力。团队设计并试制了固定式、轨道式和地走式全自动割胶机，探索了自动排胶机理。

主要研究内容：天然橡胶全自动采收胶一体化技术研究，集成信息感知、智能终端、无线数据传输、数据库与云技术等，开展具有信息感知探测、自动控制、通信等功能的硬件系统集成与软件开发等研究；天然橡胶全自动采收胶一体化装备集成与应用；基于天然橡胶全自动采收胶一体化技术的农机农艺融合技术研究。

技术关键：橡胶树采胶过程中的割胶深度和厚度毫米级智能控制、自动排胶机理技术与采收胶装备技术融合。

总体目标：攻克天然橡胶全自动采收胶一体化技术，并试制天然橡胶全自动采收胶一体化装备，开展装备应用示范。

主要考核指标：试制天然橡胶全自动采收胶一体化装备样机 1 套，具备自动采收胶、采收胶信息感知、信息传输、自动控制等功能；建立应用示范点 1 个； 实现降本增效 30%以上。

（19）缆型胎圈工艺技术及应用研究

缆型胎圈在高性能轮胎中的使用：在米其林、倍耐力等高端客户中逐步推广，市场容量大。目前，缆型胎圈主要使用在高性能轿车轮胎、飞机轮胎及要求较高的载重轮胎。

国内外水平：米其林自主生产使用，倍耐力由山东胜通钢帘线有限公司部分供货。缆型胎圈高端市场仍主要由国外客户把控。国内山东胜通拥有独立知识产权，形成从设备、工艺到产品的相对较完整的技术产业链，但受制于起步较国外企业晚，与国外企业比较，在生产工艺的完善方面还有一定差距。

研究内容：缆型胎圈工艺改进。优化工艺，将逐步探讨集约化、高效率生产，逐渐替代现有国内分步或多步生产工艺；进行缆型胎圈设备自动化研究，根据工艺集约化的要求，研究设备的集成高效，提高产品的成品率；研究胎圈的智能化制作，开发智能系统；研究工艺、使用性能数据系统。

总体目标：建设 2000 万根/年的生产线，实现单根单层钢圈生产达到国内普通钢圈的生产效率。

（20）子午线轮胎钢丝帘线智能化改造项目

钢帘线是橡胶骨架材料中发展最为广阔的产品，也是在金属制品中生产难度最大的产品。钢帘线是随子午线轮胎的发展而发展的，而子午线轮胎又是汽车工业和高速公路的伴生物。

伴随着国内信息化、智能化浪潮席卷制造业，相较国内众多大型轮胎企业已纷纷迈向智能制造，钢帘线企业在信息化、智能化方面相对落后，"两化"融合水平较低。在互联网时代，钢帘线企业应充分利用互联网技术，通过智能机器人和"互联网+"技术，形成智能网络，在提高劳动生产率的同时，稳定和提升产品品质，实现装备、生产过程和管理的智能化。

研究内容：智能制造体系重点从设备自动化、信息化改造，搭建工业互联网平台，开发智能制造执行系统，完善 ERP 系统，构建数据中心 5 个维度进行构建。

总体目标：项目对生产工序水箱区、捻股区、包装区输送线进行 AGV 本体及调控，对 EPR 及 MES 调度系统、生产管理系统进行智能化改造，为企业提供物流运输、检验检测等功能，提高产品质量。项目通过技术改造，提高产品质量技术水平、优化产品结构、增强自主创新能力。

主要考核指标：智能化升级改造后，可以减少用工人数 30%～40%，降低劳动强度 30%～60%，提高作业效率 30%～50%，提高库存与在制品周转率 15%～20%，产品质量不良率下降约 70%，安全事故下降约 60%，节约能源＞5%。

5.3.7　战略支撑与保障

① 取消天然橡胶进口关税　随着橡胶工业对天然橡胶需求量增大，国产天然橡胶根本无法满足国内企业需求，85%以上依靠进口。建议逐步取消进口关税乃至达到零关税。需要国家资金的支持。

② 天然橡胶价格调控政策　建议政府出台相应价格调控政策，通过建立价格稳定基金等，在胶价低于一定价位时给予胶农一定的补贴，在价格过高时对价格进行平抑，通过对天然橡胶市场进行调控，保证植胶生产者和下游产业的利益。

③ 建立第三方检验测试平台　在橡胶行业，国家出台政策并给予资金支持，依托技术实力强的研究院建立原材料第三方检验测试平台，为整个行业服务。

④ 支持电子商务的发展　对于开展轮胎、橡胶制品电子商务活动的主体在税收方面给予一定的政策支持，减少税负；同时，对于涉及跨境电商部分，在关税方面也给予一定的政策支持。

⑤ 通过国家政策的鼓励以及《绿色轮胎技术规范》和《轮胎标签制度》的阶段性实施，推动企业在节能、环保、安全、耐磨的绿色轮胎分级等方面进行技术升级，努力扩大绿色轮胎生产比例。希望国家对绿色轮胎生产先行企业在投资、信贷、财税等方面给予扶持。

欧盟于 2012 年制定了欧盟轮胎标签法，目前中国只是自愿张贴轮胎标签，建议国家加快对中国轮胎标签立法，这样一方面可以加快轮胎产业绿色转型升级和技术进步，同时可以更好地与国际法规接轨。

⑥ 提高研发加计扣除政策支持力度　把企业研究开发费用税前加计扣除的比例从目前的 150%提高到 200%以上。以优惠政策促进企业增加研发经费的力度，激励企业大幅增加研发投入。

⑦ 健全多层次人才培养体系　人才是第一资源，推行橡胶工业智能制造，建设橡胶工业强国，不仅需要一大批从事橡胶工业科研开发、生产技术、企业管理、产品营销等专业人才，而且更加需要一批跨学科、跨行业的复合人才。

今后，我国橡胶工业强国战略人才发展的总体目标是：培养和造就一支素质优良、富于创新、乐于奉献的橡胶人才队伍，确立我国橡胶工业人才竞争优势，建设国际一流的橡胶人才队伍，为实现我国橡胶工业强国奠定人才基础。

要坚持把工人、企业经营管理人才和专业技术人才这 3 支队伍建设好。要通过培训和引进国内外人才等方式，全面提高企业管理水平和竞争力。

根据国内轮胎等企业集中到东南亚建厂的情况,在东南亚建立国际橡胶学院。

要重视现代职业教育,考虑到国内最近几十年,高校自身教学学科调整,橡胶工艺、橡胶机械等学科先后被调整为高分子化工或橡塑化工等,学习面广而不精,从建设橡胶工业强国战略考虑,拟建立综合的"现代橡胶技术职业学院",设立天然橡胶、合成橡胶及热塑性弹性体、轮胎、橡胶制品、废橡胶循环利用等专业,全面培养建设橡胶工业强国所需要的人才。

缩 略 语

智能制造部分

缩写	英文	中文
AGV	automated guided vehicle	自动导引车
APC	advanced process control	先进过程控制
APM	asset performance management	资产性能管理
APS	advanced planning and scheduling	高级生产计划与排期
AR	augmented reality	增强现实
ASP	application service provider	应用服务提供商
BI	business intelligence	商业智能
BIM	building information modeling	建筑信息模型
BOM	bill of material	物料清单
BPM	business process modeling	业务流程建模
BTF	build to forecast	按预测生产
BTO	build to order	按订单生产
CAD	computer aided design	计算机辅助设计
CAE	computer aided engineering	计算机辅助工程
CAM	computer aided manufacturing	计算机辅助制造
CAPP	computer aided process planning	计算机辅助流程计划
CCUS	carbon capture utilization and storage	碳捕获
CIMC	computer contemporary integrated system	计算机现代集成制造系统
CPS	cyber physical system	信息物理系统（赛博系统）
CPU	central processing unit	中央处理器
CRM	customer relationship management	客户关系管理
DCS	distributed control system	分布式控制系统
DNC	distributed numerical control	分布式数控
DNS	domain name system	域名系统
EAM	enterprise asset management	企业资产管理

EDA	electronic design automation	电子设计自动化
EMS	energy management system	能源管理系统
ERP	enterprise resource planning	企业资源计划
FPY	first pass yield	一次性通过率
HCM	human capital management	人力资本管理
HMI	human machine interface	人机界面
ICT	information communication technology	信息通信技术
IE	industrial engineering	工业工程
IM	intelligent manufacturing	智能制造
IO	internal order	内部订单
IoS	internet of services	服务联网
IoT	internet of things	物联网
IPD	integrated product development	集成产品开发
IT	information technology	信息技术
JIT	just in time	准时生产方式
KPI	key performance indicator	关键绩效指标
LP	lean production	精益生产
MES	manufacturing execution system	制造执行系统
MII	manufacturing integration & intelligence	制造智能与集成
MR	mixed reality	混合现实
MRO	maintenance，repair and operations	维护、维修运行
MRP	material requirement planning	物料需求计划
OA	office automation	办公自动化
OEE	overall equipment effectiveness	设备综合效率
OT	operation technology	操作技术
PHM	prognostic and health management	故障预测与健康管理
PLC	programmable logic controller	可编程逻辑控制器
PLM	product lifecycle management	产品生命周期管理
POC	proof of concept	概念验证
QMS	quality management system	质量管理系统
RAMI 4.0	reference architecture model for industry 4.0	工业 4.0 参考架构模型
RCA	root cause analysis	根本原因分析
RF	radio frequency	射频
RFID	radio frequency identification	射频识别
RGV	rail guide vehicle	轨道自动导引车

RMS	remote maintenance and service	远程维修与服务
SCADA	supervisory control and data acquisition	数据采集与监视控制
SCM	supply chain management	供应链管理
SMC	shop floor control	车间管控
SRM	supplier relationship management	供应商关系管理
TPM	total productive maintenance	全面设备管理
TPS	Toyota production system	丰田精益生产模式
TQM	total quality management	全面质量管理
VR	virtual reality	虚拟现实
WMS	warehouse management system	库存管理系统

橡胶专业部分

缩写	中文名称
ABR	丙烯酸酯-丁二烯橡胶
ABS	丙烯腈-丁二烯-苯乙烯（塑料）
ACM	乙炔炭黑
ALS	活性低结构（炭黑）
APF	通用炉黑
AU	聚酯型聚氨酯（橡胶）
BIIR	溴化丁基橡胶
BR	聚丁二烯橡胶（顺丁橡胶）
CB	炭黑
CBS	N-环己基-2-苯并噻唑次磺酰胺
CC	导电槽黑
CF	导电炉黑
CIIR	氯化丁基橡胶
CMB	炭黑母炼胶
CPE	氯化聚乙烯
CR	氯丁橡胶
CRMB	环化橡胶母炼胶
CRF	代槽炉黑
EPM	乙丙橡胶
EPDM	三元乙丙橡胶
FT	细粒子热裂解炭黑

FVMQ	氟硅橡胶
NBR	丁腈橡胶
GR-P	聚硫橡胶
HS	高结构炭黑
HSR	高苯乙烯橡胶
HTV	高温硫化
ⅡR	丁基橡胶
ISAF	中超耐磨炉黑
IR	异戊二烯橡胶
LTV	低温硫化
LB	灯烟炭黑
NBR	丁腈橡胶
NR	天然橡胶
OER	充油橡胶
PA	聚酰胺
PAUS	褐皱片（橡胶）
PBR	丁吡橡胶
PE	聚乙烯
PP	聚丙烯
PU	聚氨酯
PVC	聚氯乙烯
RFL	间苯二酚甲醛胶乳
RFS	间苯二酚甲醛白炭黑
RSS	一级烟片（胶）
SAF	超耐磨炉黑
SBR	丁苯橡胶
SCF	超导电炉黑
SKF	氟橡胶
TPR	热塑性橡胶

参考文献

[1] 中华人民共和国工业和信息化部, 国家发展和改革委员会, 教育部, 等. 八部门关于印发《"十四五"智能制造发展规划》的通知: 工信部联规〔2021〕207 号[A/OL]. (2021-12-21)[2022-09-08].

[2] 约瑟夫·熊彼特. 经济发展理论[M]. 贾拥民, 译. 北京: 中国人民大学出版社, 2019.

[3] 克莱顿·克里斯坦森. 创新者的窘境[M]. 胡建桥, 译. 北京: 中信出版社, 2014.

[4] 宋华振. 智能制造——从精益到智能的路径分析[J]. 伺服与运动控制, 2017(4).

[5] 凯文·凯利. 必然[M]. 周峰, 董理, 金阳, 译. 北京: 电子工业出版社, 2016.

[6] 陈威如, 余卓轩. 平台战略[M]. 北京: 中信出版社, 2013.

[7] 陈威如, 王诗一. 平台转型[M]. 北京: 中信出版社, 2016.

[8] GB/T 40647—2021, 智能制造 系统架构.

[9] 李琼砚, 路敦民, 程朋乐. 智能制造概论[M]. 北京: 机械工业出版社, 2021.

[10] 彭俊松. 工业 4.0 驱动下制造业数字化转型[M]. 北京: 机械工业出版社, 2016.

[11] 中国橡胶工业协会. 橡胶强国路径之求索: 范仁德论文、报告、访谈集[M]. 北京: 中国商业出版社, 2012.

[12] 杰里米·里夫金. 第三次工业革命[M]. 张体伟, 孙豫宁, 译. 北京: 中信出版社, 2012.

[13] 克劳斯·施瓦布. 第四次工业革命[M]. 李菁, 译. 北京: 中信出版社, 2017.

[14] 夏妍娜, 赵胜. 工业 4.0[M]. 北京: 机械工业出版社, 2015.

[15] 埃里克·布莱恩约弗森, 安德鲁·麦卡菲. 第二次机器革命[M]. 蒋永军, 译. 北京: 中信出版社, 2016.

[16] Clint BoultonCIO 信息主管. 数字化转型失败的 12 个原因[EB/OL]. (2019-05-29).

[17] 于清溪. 中外橡胶工业创新三部曲[M]. 北京: 《橡胶技术与装备》杂志社, 2014.

[18] 陈维芳. 我国橡胶机械行业 40 年回顾及展望[J]. 2019 年橡胶机械年会资料汇编, 2019.

[19] 《橡胶行业"十四五"发展规划指导纲要》编辑委员会. 橡胶行业"十四五"发展规划指导纲要[M]. 北京: 中国橡胶工业协会, 2020.

[20] 范仁德. 废橡胶的综合利用技术[M]. 北京: 化学工业出版社, 1989.

[21] 范仁德. 中国橡胶工业强国发展战略研究总论[M]. 北京: 中国商业出版社, 2014.

[22] 张立群. 天然橡胶及生物基弹性体[M]. 北京: 化学工业出版社, 2014.

[23] Guo Tsing. 智能鞋创新彻底改变了鞋业的未来[EB/OL]. (2020-07-12).

[24] ISA95 MES 标准. 美国国家标准协会(ANSI), 1995.

[25] 中国轮胎智能制造与标准化联盟. 轮胎智能制造制造执行系统(MES)部署规范, 2019.

[26] 戴艳妮. 轮胎智能生产的柔性多目标动态排产[J]. 中国橡胶, 2020.

作者简介

　　范仁德，教授级高工，享受国务院特殊津贴，毕业于山东化工学院（现青岛科技大学），先后在国家政府部门、集团公司、行业协会工作，曾任中联橡胶集团总公司副总经理，中国橡胶工业协会秘书长、会长、名誉会长，现任青岛科技大学客座教授。从事橡胶行业工作 50 多年，著述颇丰，最近 10 多年，致力于橡胶工业智能制造研究和实践，发表大量论文报告。专著有《废橡胶综合利用技术》（化学工业出版社）；《橡胶强国路径之求索》（中国商业出版社）等。主编《中国橡胶工业强国发展战略研究》（中国商业出版社）。